面積

正方形の面積＝1辺×1辺

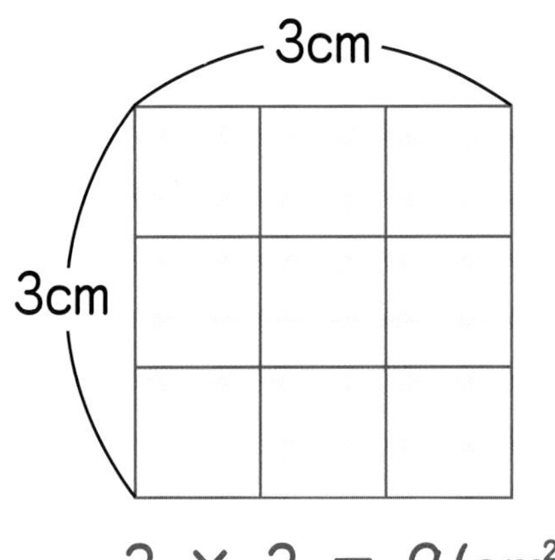

3 × 3 ＝ 9(cm^2)
1辺　1辺

長方形の面積＝たて×横

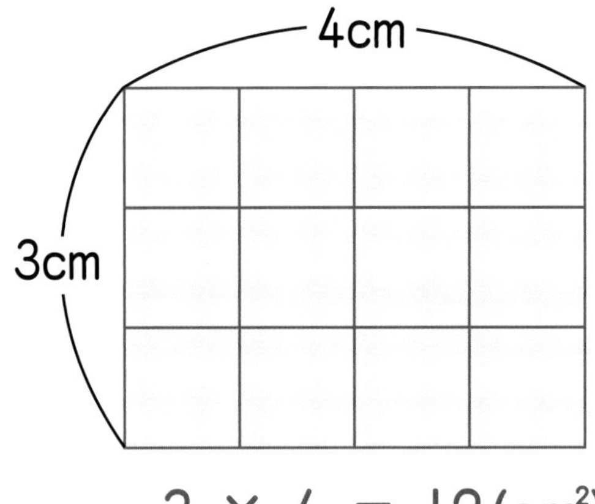

3 × 4 ＝ 12(cm^2)
たて　横

面積の単位

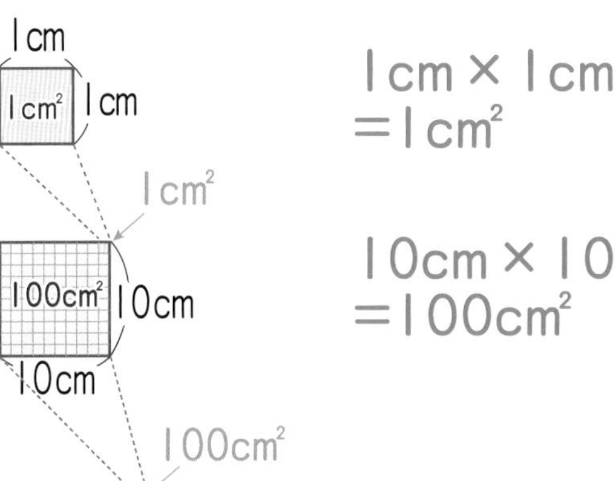

1cm × 1cm
＝1cm^2

10cm × 10cm
＝100cm^2

1m × 1m ＝1m^2
（100cm × 100cm
＝10000cm^2）
1m^2 ＝10000cm^2

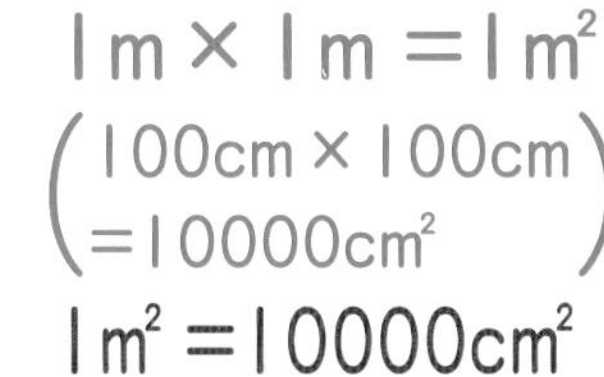

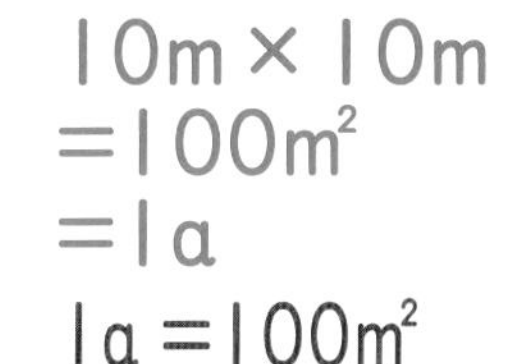

10m × 10m
＝100m^2
＝1a
1a ＝100m^2

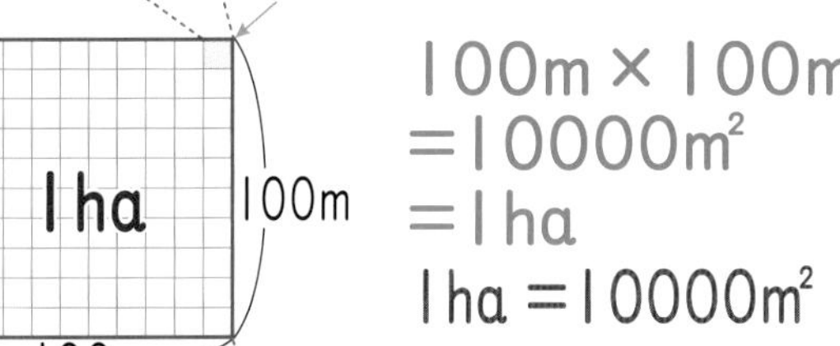

100m × 100m
＝10000m^2
＝1ha
1ha ＝10000m^2

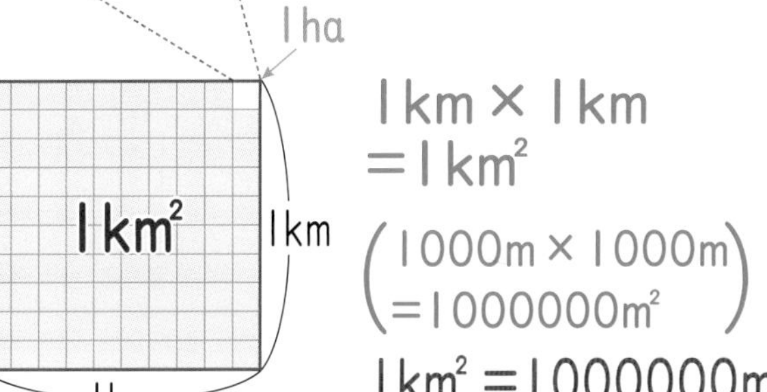

1km × 1km
＝1km^2
（1000m × 1000m
＝1000000m^2）
1km^2 ＝1000000m^2

計算のきまり

きまり①　まとめてかけても、ばらばらにかけても答えは同じ。

(■＋●)×▲＝■×▲＋●×▲　(■－●)×▲＝■×▲－●×▲

$$\begin{aligned}&102\times25\\=&(100+2)\times25\\=&100\times25+2\times25\\=&2500+50\\=&2550\end{aligned}$$

$$\begin{aligned}&99\times8\\=&(100-1)\times8\\=&100\times8-1\times8\\=&800-8\\=&792\end{aligned}$$

きまり②　たし算・かけ算は、入れかえても答えは同じ。

■＋●＝●＋■　■×●＝●×■

$3+4=7$

$4+3=7$

$3\times4=12$

$4\times3=12$

4－3✖3－4

4÷3✖3÷4

⇦ ひき算・わり算は入れかえられない。

きまり③　たし算・かけ算は、計算のじゅんじょをかえても答えは同じ。

(■＋●)＋▲＝■＋(●＋▲)　(■×●)×▲＝■×(●×▲)

$$\begin{aligned}(48+94)+6&=48+(94+6)\\&=48+100\\&=148\end{aligned}$$

$$\begin{aligned}(7\times25)\times4&=7\times(25\times4)\\&=7\times100\\&=700\end{aligned}$$

(7－3)－2✖7－(3－2)

(16÷4)÷2✖16÷(4÷2)

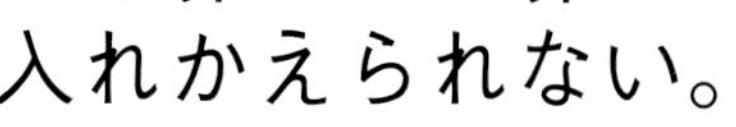

⇦ ひき算・わり算は入れかえられない。

計算のじゅんじょ

ふつうは、左から順(じゅん)に計算する

( )のある式では、( )の中をひとまとまりとみて、先に計算する。

$4+(3+2)=4+5$
$=9$

$9-(6-2)=9-4$
$=5$

式の中のかけ算やわり算は、たし算やひき算より先に計算する。

$2+3\times4=2+12$
$=14$

$12-6\div2=12-3$
$=9$

1 ( )の中のかけ算やわり算　2 ( )の中のたし算やひき算
3 かけ算やわり算の計算　4 たし算やひき算の計算

$4\times(9-2\times3)=4\times(9-6)$
$=4\times3$
$=12$

$3+(8\div2+5)=3+(4+5)$
$=3+9$
$=12$

分数の大きさ

0 $\frac{1}{2}$ 1

0 $\frac{1}{3}$ $\frac{2}{3}$ 1

0 $\frac{1}{4}$ $\frac{2}{4}$ $\frac{3}{4}$ 1

0 $\frac{1}{5}$ $\frac{2}{5}$ $\frac{3}{5}$ $\frac{4}{5}$ 1

0 $\frac{1}{6}$ $\frac{2}{6}$ $\frac{3}{6}$ $\frac{4}{6}$ $\frac{5}{6}$ 1

0 $\frac{1}{7}$ $\frac{2}{7}$ $\frac{3}{7}$ $\frac{4}{7}$ $\frac{5}{7}$ $\frac{6}{7}$ 1

0 $\frac{1}{8}$ $\frac{2}{8}$ $\frac{3}{8}$ $\frac{4}{8}$ $\frac{5}{8}$ $\frac{6}{8}$ $\frac{7}{8}$ 1

0 $\frac{1}{9}$ $\frac{2}{9}$ $\frac{3}{9}$ $\frac{4}{9}$ $\frac{5}{9}$ $\frac{6}{9}$ $\frac{7}{9}$ $\frac{8}{9}$ 1

0 $\frac{1}{10}$ $\frac{2}{10}$ $\frac{3}{10}$ $\frac{4}{10}$ $\frac{5}{10}$ $\frac{6}{10}$ $\frac{7}{10}$ $\frac{8}{10}$ $\frac{9}{10}$ 1

$\frac{1}{2}=\frac{2}{4}=\frac{3}{6}=\frac{4}{8}=\frac{5}{10}$　$\frac{1}{3}=\frac{2}{6}=\frac{3}{9}$　$\frac{2}{3}=\frac{4}{6}=\frac{6}{9}$

$\frac{1}{4}=\frac{2}{8}$　$\frac{3}{4}=\frac{6}{8}$　$\frac{1}{5}=\frac{2}{10}$　$\frac{2}{5}=\frac{4}{10}$　$\frac{3}{5}=\frac{6}{10}$　$\frac{4}{5}=\frac{8}{10}$

分子が同じ分数は、分母が大きいほど小さい！

$\frac{1}{2}>\frac{1}{3}>\frac{1}{4}>\frac{1}{5}>\frac{1}{6}>\frac{1}{7}>\frac{1}{8}>\frac{1}{9}>\frac{1}{10}$

4年

実力アップ

計算練習ノート

特別(とくべつ)ふろく

計算力がぐんぐんのびる！

このふろくは
すべての教科書に対応した
全教科書版です。

年	組	名前

「計算練習ノート」はとりはずして使用

●勉強した日　月　日

1 整数のかけ算(1)

とく点　/100点

◆ 計算をしましょう。　1つ6〔54点〕

❶ 234×955　❷ 383×572　❸ 748×409

❹ 586×603　❺ 121×836　❻ 692×247

❼ 965×164　❽ 491×357　❾ 878×729

♥ 計算をしましょう。　1つ6〔36点〕

❿ 6700×70　⓫ 850×250　⓬ 990×450

⓭ 720×520　⓮ 190×300　⓯ 500×650

♠ 1本195mL入りのかんジュースが288本あります。ジュースは全部で何L何mLありますか。　1つ5〔10点〕

式

答え（　　　）

2 整数のかけ算(2)

とく点

/100点

◆ 計算をしましょう。 1つ6〔54点〕

❶ 802×458　❷ 146×360　❸ 792×593

❹ 504×677　❺ 985×722　❻ 488×233

❼ 625×853　❽ 366×949　❾ 294×107

♥ 計算をしましょう。 1つ6〔36点〕

⑩ 3200×50　⑪ 460×730　⑫ 460×680

⑬ 210×140　⑭ 5900×20　⑮ 9300×80

♠ 1500mL の水が入ったペットボトルが 240 本あります。水は全部で何L ありますか。 1つ5〔10点〕

式

答え（　　　）

3 1けたでわるわり算(1)

とく点
/100点

◆ 計算をしましょう。 1つ5〔30点〕

❶ 80÷4　❷ 140÷7　❸ 240÷8

❹ 900÷3　❺ 600÷6　❻ 150÷5

♥ 計算をしましょう。 1つ5〔30点〕

❼ 48÷2　❽ 76÷4　❾ 75÷5

❿ 84÷6　⓫ 72÷3　⓬ 91÷7

♠ 計算をしましょう。 1つ5〔30点〕

⓭ 79÷7　⓮ 58÷5　⓯ 65÷6

⓰ 86÷4　⓱ 31÷2　⓲ 46÷3

♣ 96cm のテープの長さは、8cm のテープの長さの何倍ですか。 1つ5〔10点〕

式

答え（　　　）

●勉強した日　月　日

4 1けたでわるわり算(2)

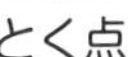

とく点　/100点

◆ 計算をしましょう。　1つ5〔30点〕

❶ 90÷3　❷ 360÷6　❸ 720÷9

❹ 800÷2　❺ 210÷7　❻ 320÷4

♥ 計算をしましょう。　1つ5〔30点〕

❼ 68÷4　❽ 90÷6　❾ 92÷4

❿ 84÷7　⓫ 56÷4　⓬ 90÷5

♠ 計算をしましょう。　1つ5〔30点〕

⓭ 67÷3　⓮ 78÷7　⓯ 53÷5

⓰ 61÷4　⓱ 82÷5　⓲ 47÷3

♣ 75ページの本を、1日に6ページずつ読みます。全部読み終わるには何日かかりますか。　1つ5〔10点〕

式

答え（　　　）

5 1けたでわるわり算(3)

とく点
/100点

◆ 計算をしましょう。　1つ6〔54点〕

❶ 462÷3　❷ 740÷5　❸ 847÷7

❹ 936÷9　❺ 654÷6　❻ 540÷5

❼ 224÷8　❽ 357÷7　❾ 132÷4

♥ 計算をしましょう。　1つ6〔36点〕

⑩ 845÷6　⑪ 925÷4　⑫ 641÷2

⑬ 473÷9　⑭ 269÷3　⑮ 372÷8

♠ 赤いリボンの長さは、青いリボンの長さの4倍で、524cmです。青いリボンの長さは何cmですか。　1つ5〔10点〕

式

答え（　　　）

●勉強した日　月　日

6 1けたでわるわり算(4)

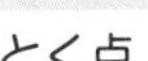

とく点

/100点

◆ 計算をしましょう。　1つ6〔54点〕

❶ 912÷6　❷ 741÷3　❸ 504÷4

❹ 968÷8　❺ 756÷7　❻ 836÷4

❼ 189÷7　❽ 315÷9　❾ 546÷6

♥ 計算をしましょう。　1つ6〔36点〕

⑩ 767÷5　⑪ 970÷6　⑫ 914÷3

⑬ 612÷8　⑭ 244÷3　⑮ 509÷9

♠ 285cm のテープを 8cm ずつ切ります。8cm のテープは何本できますか。　1つ5〔10点〕

式

答え（　　　）

●勉強した日　月　日

7 2けたでわるわり算(1)

とく点

/100点

◆ 計算をしましょう。 1つ6〔36点〕

❶ 240÷30　❷ 360÷60　❸ 450÷50

❹ 170÷40　❺ 530÷70　❻ 620÷80

♥ 計算をしましょう。 1つ6〔54点〕

❼ 88÷22　❽ 75÷15　❾ 68÷17

❿ 91÷19　⓫ 78÷26　⓬ 84÷29

⓭ 63÷25　⓮ 92÷16　⓯ 72÷23

♠ 57本の輪(わ)ゴムがあります。18本ずつ束(たば)にしていくと、何束できて何本あまりますか。 1つ5〔10点〕

式

答え（　　　　）

8 2けたでわるわり算(2)

とく点　/100点

◆ 計算をしましょう。　1つ6〔90点〕

❶ 91÷13　❷ 84÷14　❸ 93÷31

❹ 78÷26　❺ 80÷16　❻ 58÷17

❼ 83÷15　❽ 99÷24　❾ 76÷21

❿ 87÷36　⓫ 92÷32　⓬ 73÷22

⓭ 68÷12　⓮ 86÷78　⓯ 75÷43

♥ 89 本のえん筆を、34 本ずつふくろに分けます。全部のえん筆をふくろに入れるには、何ふくろいりますか。　1つ5〔10点〕

式

答え（　　　）

●勉強した日　　月　　日

9 2けたでわるわり算(3)

とく点

/100点

◆ 計算をしましょう。 1つ6〔90点〕

❶ 119÷17　❷ 488÷61　❸ 504÷72

❹ 634÷76　❺ 439÷59　❻ 353÷94

❼ 924÷84　❽ 378÷27　❾ 952÷56

❿ 748÷34　⓫ 630÷42　⓬ 286÷13

⓭ 877÷25　⓮ 975÷41　⓯ 888÷73

♥ 785mL の牛にゅうを、95mL ずつコップに入れます。全部の牛にゅうを入れるにはコップは何こいりますか。 1つ5〔10点〕

式

答え（　　　　）

●勉強した日　月　日

10 2けたでわるわり算(4)

とく点

/100点

◆ 計算をしましょう。　1つ6〔90点〕

❶ 272÷68　❷ 891÷99　❸ 609÷87

❹ 441÷97　❺ 280÷53　❻ 927÷86

❼ 496÷16　❽ 936÷39　❾ 546÷42

❿ 648÷54　⓫ 874÷23　⓬ 780÷30

⓭ 783÷65　⓮ 889÷28　⓯ 532÷40

♥ 900 このあめを、75 まいのふくろに等分して入れると、1 ふくろ分は何こになりますか。　1つ5〔10点〕

式

答え（　　　）

11 けた数の大きいわり算(1)

とく点

/100点

◆ 計算をしましょう。 1つ6〔54点〕

❶ 6750÷50　❷ 8228÷68　❸ 7476÷21

❹ 8456÷28　❺ 8908÷17　❻ 9943÷61

❼ 2774÷73　❽ 2256÷24　❾ 4332÷57

♥ 計算をしましょう。 1つ6〔36点〕

⑩ 7880÷32　⑪ 9750÷56　⑫ 5839÷43

⑬ 1680÷19　⑭ 4185÷44　⑮ 3200÷38

♠ 6700円で1こ76円のおかしは何こ買えますか。 1つ5〔10点〕

式

答え（　　　）

12 けた数の大きいわり算 (2)

とく点

/100点

◆ 計算をしましょう。　1つ6〔54点〕

❶ 638÷319　❷ 735÷598　❸ 936÷245

❹ 2616÷218　❺ 8216÷632　❻ 9638÷564

❼ 3825÷425　❽ 4600÷758　❾ 5328÷669

♥ 計算をしましょう。　1つ6〔36点〕

❿ 4500÷900　⓫ 5400÷600　⓬ 6700÷400

⓭ 7200÷500　⓮ 39000÷800　⓯ 86000÷700

♠ 2900mL のジュースを 300mL ずつびんに入れます。全部のジュースを入れるには、びんは何本いりますか。　1つ5〔10点〕

式

答え（　　　　）

13 式と計算(1)

とく点　/100点

◆ 計算をしましょう。　1つ6〔60点〕

❶ 120−(72−25)

❷ 85+(65−39)

❸ 7×8+4×2

❹ 7−(8−4)÷2

❺ 7−8÷4×2

❻ 7−(8−4÷2)

❼ 7×(8−4)÷2

❽ (7×8−4)×2

❾ 25×5−12×9

❿ 78÷3+84÷6

♥ くふうして計算しましょう。　1つ5〔30点〕

⓫ 59+63+27

⓬ 24+9.2+1.8

⓭ 54+48+46

⓮ 3.7+8+6.3

⓯ 20×37×5

⓰ 25×53×4

♠ 1本50円のえん筆が125本入っている箱を、8箱買いました。全部で、代金はいくらですか。　1つ5〔10点〕

式

答え（　　　）

14 式と計算(2)

とく点
/100点

◆ 計算をしましょう。　1つ5〔40点〕

❶ $75-(28+16)$　❷ $90-(54-26)$

❸ $2\times7+16\div4$　❹ $150\div(30\div6)$

❺ $4\times(3+9)\div6$　❻ $3+(32+17)\div7$

❼ $45-72\div(15-7)$　❽ $(14-20\div4)+4$

♥ くふうして計算しましょう。　1つ6〔48点〕

❾ $38+24+6$　❿ $4.6+8.7+5.4$

⓫ $28\times25\times4$　⓬ $5\times23\times20$

⓭ $39\times8\times125$　⓮ 96×5

⓯ 9×102　⓰ 999×8

♠ 色紙が280まいあります。1人に12まいずつ16人に配ると、残(のこ)りは何まいになりますか。　1つ6〔12点〕

式

答え（　　　　）

15 小数のたし算とひき算(1)

とく点
/100点

◆ 計算をしましょう。　1つ5〔40点〕

❶ 1.92＋2.03　　❷ 0.79＋2.1

❸ 2.31＋0.92　　❹ 2.33＋1.48

❺ 0.24＋0.16　　❻ 1.69＋2.83

❼ 1.76＋3.47　　❽ 1.82＋1.18

♥ 計算をしましょう。　1つ5〔50点〕

❾ 3.84－1.13　　❿ 1.75－0.3

⓫ 1.63－0.54　　⓬ 1.49－0.79

⓭ 2.85－2.28　　⓮ 2.7－1.93

⓯ 4.23－3.66　　⓰ 1.27－0.98

⓱ 2.18－0.46　　⓲ 3－1.52

♠ 1本のリボンを2つに切ったところ、2.25mと1.8mになりました。リボンははじめ何mありましたか。　1つ5〔10点〕

式

答え（　　　　　）

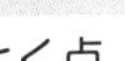

16 小数のたし算とひき算(2)

とく点

/100点

◆ 計算をしましょう。 1つ5〔50点〕

❶ 0.62+0.25　❷ 2.56+4.43

❸ 0.8+2.11　❹ 3.83+1.1

❺ 0.15+0.76　❻ 2.71+0.98

❼ 3.29+4.31　❽ 1.27+4.85

❾ 5.34+1.46　❿ 2.07+3.93

♥ 計算をしましょう。 1つ5〔40点〕

⓫ 4.46−1.24　⓬ 0.62−0.2

⓭ 2.72−0.41　⓮ 3.26−1.16

⓯ 4.28−1.32　⓰ 5.4−2.35

⓱ 4.71−2.87　⓲ 1−0.83

♠ 3.4 L の水のうち、2.63 L を使いました。水は何 L 残(のこ)っていますか。 1つ5〔10点〕

式

答え（　　　　）

17 小数のたし算とひき算（3）

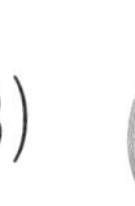

とく点　/100点

◆ 計算をしましょう。　1つ5〔40点〕

❶ 3.26＋5.48　❷ 0.57＋0.46

❸ 0.44＋6.58　❹ 7.56＋5.64

❺ 0.67＋0.73　❻ 3.72＋4.8

❼ 0.78＋6.3　❽ 10.44＋5.06

♥ 計算をしましょう。　1つ5〔50点〕

❾ 7.43－3.56　❿ 6.04－0.78

⓫ 16.36－4.7　⓬ 8.25－7.67

⓭ 1.8－0.48　⓮ 10.3－9.45

⓯ 31.7－0.76　⓰ 2.3－2.24

⓱ 9－5.36　⓲ 2－0.94

♠ 赤いリボンの長さは 2.3 m、青いリボンの長さは 1.64 m です。長さは何 m ちがいますか。　1つ5〔10点〕

式

答え（　　　）

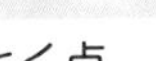

18 がい数

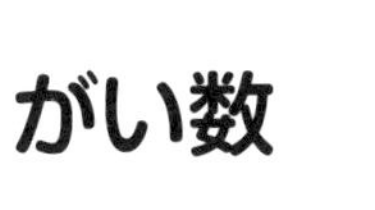

とく点

/100点

◆ □にあてはまる数を書きましょう。　1つ4〔28点〕

① 34592 を百の位で四捨五入すると □ です。

② 43556 を四捨五入して、百の位までのがい数にすると □ です。

③ 63449 を四捨五入して、上から 2 けたのがい数にすると □ です。

④ 百の位で四捨五入して 51000 になる整数のはんいは、□ 以上 □ 以下です。

⑤ 四捨五入して千の位までのがい数にしたとき 30000 になる整数のはんいは、□ 以上 □ 未満です。

♥ それぞれの数を四捨五入して千の位までのがい数にして、和や差を見積もりましょう。　1つ9〔36点〕

⑥ 38755＋2983

⑦ 12674＋45891

⑧ 69111－55482

⑨ 93445－76543

♠ それぞれの数を四捨五入して上から 1 けたのがい数にして、積や商を見積もりましょう。　1つ9〔36点〕

⑩ 521×129

⑪ 1815×3985

⑫ 3685÷76

⑬ 93554÷283

●勉強した日　月　日

19 面　積

とく点

/100点

◆ □にあてはまる数を書きましょう。 1つ6〔30点〕

❶ たてが16cm、横が22cmの長方形の面積(めんせき)は□cm^2です。

❷ たてが13m、横が17mの長方形の面積は□m^2です。

❸ たてが4km、横が8kmの長方形の面積は□km^2です。

❹ 1辺(ぺん)が40mの正方形の面積は□aです。

❺ たてが200m、横が150mの長方形の面積は□haです。

♥ □にあてはまる数を書きましょう。 1つ5〔10点〕

❻ 面積が576cm^2で、たての長さが18cmの長方形の横の長さは□cmです。

❼ 面積が100cm^2の正方形の1辺の長さは□cmです。

♠ □にあてはまる数を書きましょう。 1つ6〔60点〕

❽ 70000cm^2＝□m^2

❾ 33000m^2＝□a

❿ 900000m^2＝□ha

⓫ 19000000m^2＝□km^2

⓬ 48m^2＝□cm^2

⓭ 27a＝□m^2

⓮ 89a＝□cm^2

⓯ 53ha＝□m^2

⓰ 34km^2＝□m^2

⓱ 75000a＝□ha

●勉強した日　　月　　日

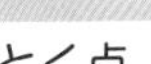

20 小数と整数のかけ算 (1)

とく点

/100点

◆ 計算をしましょう。　1つ5〔45点〕

❶ 1.2×3　❷ 6.2×4　❸ 0.5×9

❹ 0.6×5　❺ 4.4×8　❻ 3.7×7

❼ 2.83×2　❽ 0.19×6　❾ 5.75×4

♥ 計算をしましょう。　1つ5〔45点〕

⓾ 3.9×38　⓫ 6.7×69　⓬ 7.3×27

⓭ 8.64×76　⓮ 4.25×52　⓯ 5.33×81

⓰ 4.83×93　⓱ 8.95×40　⓲ 6.78×20

♠ 53人に7.49mずつロープを配ります。ロープは何mいりますか。　1つ5〔10点〕

式

答え（　　　　　）

●勉強した日　　月　　日

21 小数と整数のかけ算(2)

とく点

/100点

◆ 計算をしましょう。　1つ5〔45点〕

❶ 3.4×2　❷ 9.1×6　❸ 0.9×7

❹ 7.4×5　❺ 5.6×4　❻ 1.03×3

❼ 4.71×9　❽ 0.24×4　❾ 2.65×8

♥ 計算をしましょう。　1つ5〔45点〕

❿ 9.7×86　⓫ 8.4×48　⓬ 1.7×66

⓭ 6.03×54　⓮ 2.88×15　⓯ 7.05×22

⓰ 3.16×91　⓱ 5.72×43　⓲ 4.87×70

♠ 毎日 2.78km の散歩(さんぽ)をします。1か月(30日)では何km歩くことになりますか。　1つ5〔10点〕

式

答え(　　　　)

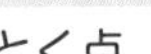

22 小数と整数のわり算(1)

とく点　/100点

◆ わりきれるまで計算しましょう。　1つ6〔54点〕

❶ 8.8÷4　❷ 9.8÷7　❸ 7.2÷8

❹ 22.2÷3　❺ 16.8÷4　❻ 34.8÷12

❼ 13.2÷22　❽ 19÷5　❾ 21÷24

♥ 商は一の位(くらい)まで求(もと)め、あまりもだしましょう。　1つ6〔18点〕

❿ 79.5÷3　⓫ 31.2÷7　⓬ 47.8÷21

♠ 商は四捨五入(ししゃごにゅう)して、$\frac{1}{10}$の位までのがい数で求めましょう。　1つ6〔18点〕

⓭ 29÷3　⓮ 47÷7　⓯ 90.9÷12

♣ 50.3mのロープを23人で等分すると、1人分はおよそ何mになりますか。答えは四捨五入して、$\frac{1}{10}$の位までのがい数で求めましょう。1つ5〔10点〕

式

答え（　　　　）

●勉強した日　月　日

23 小数と整数のわり算 (2)

とく点　/100点

◆ わりきれるまで計算しましょう。　1つ6〔54点〕

❶ 4.24÷2　❷ 3.68÷4　❸ 0.84÷21

❹ 0.305÷5　❺ 8.32÷32　❻ 91÷28

❼ 26.22÷19　❽ 53.04÷26　❾ 2.96÷37

♥ 商は$\frac{1}{10}$の位(くらい)まで求(もと)め、あまりもだしましょう。　1つ6〔18点〕

❿ 28.22÷3　⓫ 2.85÷9　⓬ 111.59÷27

♠ 商は四捨五入(ししゃごにゅう)して、上から2けたのがい数で求めましょう。　1つ6〔18点〕

⓭ 5.44÷21　⓮ 21.17÷17　⓯ 209÷23

♣ 320 L の水を、34 この入れ物に等分すると、1 こ分はおよそ何 L になりますか。答えは四捨五入して、上から 2 けたのがい数で求めましょう。

式

1つ5〔10点〕

答え（　　　）

24 分数のたし算とひき算(1)

とく点

/100点

◆ 計算をしましょう。　1つ5〔40点〕

❶ $\frac{2}{7}+\frac{4}{7}$　　❷ $\frac{5}{9}+\frac{6}{9}$

❸ $\frac{3}{8}+\frac{5}{8}$　　❹ $\frac{4}{3}+\frac{5}{3}$

❺ $\frac{8}{6}-\frac{7}{6}$　　❻ $\frac{7}{5}-\frac{3}{5}$

❼ $\frac{9}{7}-\frac{2}{7}$　　❽ $\frac{11}{4}-\frac{3}{4}$

♥ 計算をしましょう。　1つ6〔48点〕

❾ $\frac{3}{8}+2\frac{4}{8}$　　❿ $1\frac{7}{9}+\frac{4}{9}$

⓫ $\frac{5}{7}+4\frac{2}{7}$　　⓬ $1\frac{1}{5}+3\frac{3}{5}$

⓭ $3\frac{5}{6}-\frac{4}{6}$　　⓮ $4\frac{1}{9}-\frac{5}{9}$

⓯ $6-3\frac{2}{5}$　　⓰ $5\frac{3}{4}-2\frac{2}{4}$

♠ 油が $1\frac{3}{8}$L あります。そのうち $\frac{6}{8}$L を使いました。油は何L残って(のこ)いますか。　1つ6〔12点〕

式

答え（　　　　）

●勉強した日　月　日

25 分数のたし算とひき算 (2)

とく点

/100点

◆ 計算をしましょう。　1つ5〔40点〕

❶ $\frac{3}{5}+\frac{2}{5}$

❷ $\frac{4}{6}+\frac{10}{6}$

❸ $\frac{13}{9}+\frac{4}{9}$

❹ $\frac{8}{3}+\frac{4}{3}$

❺ $\frac{11}{8}-\frac{3}{8}$

❻ $\frac{12}{7}-\frac{10}{7}$

❼ $\frac{9}{2}-\frac{5}{2}$

❽ $\frac{11}{4}-\frac{7}{4}$

♥ 計算をしましょう。　1つ6〔48点〕

❾ $3\frac{1}{4}+1\frac{1}{4}$

❿ $4\frac{5}{8}+\frac{5}{8}$

⓫ $\frac{4}{5}+2\frac{4}{5}$

⓬ $3\frac{4}{7}+2\frac{5}{7}$

⓭ $3\frac{5}{6}-1\frac{4}{6}$

⓮ $2\frac{1}{3}-\frac{2}{3}$

⓯ $7\frac{6}{8}-2\frac{7}{8}$

⓰ $4-1\frac{3}{9}$

♠ バケツに $2\frac{2}{6}$ L の水が入っています。さらに $1\frac{5}{6}$ L の水を入れると、バケツには全部で何 L の水が入っていることになりますか。　1つ6〔12点〕

式

答え（　　　）

●勉強した日　月　日

26 分数のたし算とひき算(3)

とく点

/100点

◆ 計算をしましょう。　1つ5〔40点〕

❶ $\frac{6}{9}+\frac{8}{9}$　❷ $\frac{9}{7}+\frac{3}{7}$

❸ $\frac{11}{4}+\frac{10}{4}$　❹ $\frac{7}{3}+\frac{8}{3}$

❺ $\frac{8}{6}-\frac{3}{6}$　❻ $\frac{9}{8}-\frac{6}{8}$

❼ $\frac{17}{2}-\frac{5}{2}$　❽ $\frac{14}{5}-\frac{7}{5}$

♥ 計算をしましょう。　1つ6〔48点〕

❾ $2\frac{1}{3}+5\frac{1}{3}$　❿ $2\frac{1}{2}+3\frac{1}{2}$

⓫ $5\frac{3}{5}+3\frac{4}{5}$　⓬ $1\frac{5}{8}+4\frac{4}{8}$

⓭ $4\frac{8}{9}-1\frac{4}{9}$　⓮ $3\frac{3}{6}-1\frac{5}{6}$

⓯ $2\frac{2}{7}-1\frac{3}{7}$　⓰ $6-2\frac{3}{4}$

♠ 家から駅まで $3\frac{7}{10}$km あります。いま、$1\frac{2}{10}$km 歩きました。残(のこ)りの道のりは何km ですか。　1つ6〔12点〕

式

答え（　　　　）

●勉強した日　　月　　日
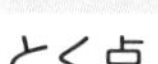

27 4年のまとめ(1)

とく点
/100点

◆ 計算をしましょう。わり算は商を整数で求め、わりきれないときはあまりもだしましょう。　1つ6〔90点〕

❶ 296×347　❷ 408×605　❸ 360×250

❹ 62÷3　❺ 270÷6　❻ 812÷4

❼ 704÷7　❽ 80÷16　❾ 92÷24

❿ 174÷29　⓫ 400÷48　⓬ 684÷19

⓭ 558÷186　⓮ 861÷17　⓯ 900÷109

♠ カードが560まいあります。35まいずつ束にしていくと、何束できますか。　1つ5〔10点〕

式

答え（　　　　）

●勉強した日　月　日

とく点

/100点

28 4年のまとめ(2)

◆ 計算をしましょう。わり算は、わりきれるまでしましょう。 1つ6〔72点〕

❶ $2.54+0.48$　❷ $0.36+0.64$　❸ $3.6+0.47$

❹ $5.32-4.54$　❺ $12.4-2.77$　❻ $8-4.23$

❼ 17.3×14　❽ 3.18×9　❾ 6.74×45

❿ $61.2\div18$　⓫ $52\div16$　⓬ $5.4\div24$

♥ 計算をしましょう。 1つ4〔16点〕

⓭ $\frac{4}{5}+2\frac{3}{5}$　⓮ $3\frac{2}{9}+4\frac{5}{9}$

⓯ $3\frac{3}{7}-\frac{6}{7}$　⓰ $4-2\frac{3}{4}$

♠ 40.5mのロープがあります。このロープを切って7mのロープをつくるとき、7mのロープは何本できて何mあまりますか。 1つ6〔12点〕

式

答え（　　　　）

答え

1
❶ 223470 ❷ 219076
❸ 305932 ❹ 353358
❺ 101156 ❻ 170924
❼ 158260 ❽ 175287
❾ 640062 ❿ 469000
⓫ 212500 ⓬ 445500
⓭ 374400 ⓮ 57000
⓯ 325000
式 195×288＝56160
答え 56 L 160 mL

2
① 367316 ② 52560
③ 469656 ④ 341208
⑤ 711170 ⑥ 113704
⑦ 533125 ⑧ 347334
⑨ 31458 ⑩ 160000
⑪ 335800 ⑫ 312800
⑬ 29400 ⑭ 118000
⑮ 744000
式 1500×240＝360000
答え 360 L

3
① 20 ② 20 ③ 30 ④ 300
⑤ 100 ⑥ 30 ⑦ 24 ⑧ 19
⑨ 15 ⑩ 14 ⑪ 24 ⑫ 13
⑬ 11 あまり 2 ⑭ 11 あまり 3
⑮ 10 あまり 5 ⑯ 21 あまり 2
⑰ 15 あまり 1 ⑱ 15 あまり 1
式 96÷8＝12 答え 12 倍

4
❶ 30 ❷ 60 ❸ 80 ❹ 400
❺ 30 ❻ 80 ❼ 17 ❽ 15
❾ 23 ❿ 12 ⓫ 14 ⓬ 18
⓭ 22 あまり 1 ⓮ 11 あまり 1
⓯ 10 あまり 3 ⓰ 15 あまり 1
⓱ 16 あまり 2 ⓲ 15 あまり 2
式 75÷6＝12 あまり 3 12＋1＝13
答え 13 日

5
① 154 ② 148 ③ 121
④ 104 ⑤ 109 ⑥ 108
⑦ 28 ⑧ 51 ⑨ 33
⑩ 140 あまり 5 ⑪ 231 あまり 1
⑫ 320 あまり 1 ⑬ 52 あまり 5
⑭ 89 あまり 2 ⑮ 46 あまり 4
式 524÷4＝131 答え 131 cm

6
① 152 ② 247 ③ 126
④ 121 ⑤ 108 ⑥ 209
⑦ 27 ⑧ 35 ⑨ 91
⑩ 153 あまり 2 ⑪ 161 あまり 4
⑫ 304 あまり 2 ⑬ 76 あまり 4
⑭ 81 あまり 1 ⑮ 56 あまり 5
式 285÷8＝35 あまり 5 答え 35 本

7
❶ 8 ❷ 6 ❸ 9
❹ 4 あまり 10 ❺ 7 あまり 40
❻ 7 あまり 60 ❼ 4 ❽ 5
❾ 4 ❿ 4 あまり 15 ⓫ 3
⓬ 2 あまり 26 ⓭ 2 あまり 13
⓮ 5 あまり 12 ⓯ 3 あまり 3
式 57÷18＝3 あまり 3
答え 3 束(たば)できて 3 本あまる。

8
① 7 ② 6 ③ 3 ④ 3 ⑤ 5
⑥ 3 あまり 7 ⑦ 5 あまり 8
⑧ 4 あまり 3 ⑨ 3 あまり 13
⑩ 2 あまり 15 ⑪ 2 あまり 28
⑫ 3 あまり 7 ⑬ 5 あまり 8
⑭ 1 あまり 8 ⑮ 1 あまり 32
式 89÷34＝2 あまり 21
2＋1＝3 答え 3 ふくろ

9
① 7 ② 8 ③ 7
④ 8 あまり 26 ⑤ 7 あまり 26
⑥ 3 あまり 71 ⑦ 11 ⑧ 14
⑨ 17 ⑩ 22 ⑪ 15
⑫ 22 ⑬ 35 あまり 2
⑭ 23 あまり 32 ⑮ 12 あまり 12
式 785÷95＝8 あまり 25
8＋1＝9 答え 9 こ

10 ❶ 4　❷ 9　❸ 7
❹ 4あまり53　❺ 5あまり15
❻ 10あまり67　❼ 31　❽ 24
❾ 13　❿ 12　⓫ 38
⓬ 26　⓭ 12あまり3
⓮ 31あまり21　⓯ 13あまり12
式 900÷75＝12　答え 12こ

11 ❶ 135　❷ 121　❸ 356
❹ 302　❺ 524　❻ 163
❼ 38　❽ 94　❾ 76
❿ 246あまり8　⓫ 174あまり6
⓬ 135あまり34　⓭ 88あまり8
⓮ 95あまり5　⓯ 84あまり8
式 6700÷76＝88あまり12
答え 88こ

12 ❶ 2　❷ 1あまり137
❸ 3あまり201　❹ 12
❺ 13　❻ 17あまり50
❼ 9　❽ 6あまり52
❾ 7あまり645　❿ 5　⓫ 9
⓬ 16あまり300　⓭ 14あまり200
⓮ 48あまり600　⓯ 122あまり600
式 2900÷300＝9あまり200
9＋1＝10　答え 10本

13 ❶ 73　❷ 111　❸ 64　❹ 5
❺ 3　❻ 1　❼ 14　❽ 104
❾ 17　❿ 40　⓫ 149
⓬ 35　⓭ 148　⓮ 18
⓯ 3700　⓰ 5300
式 50×125×8＝50000
答え 50000円

14 ❶ 31　❷ 62　❸ 18　❹ 30
❺ 8　❻ 10　❼ 36　❽ 13
❾ 68　❿ 18.7　⓫ 2800
⓬ 2300　⓭ 39000　⓮ 480
⓯ 918　⓰ 7992
式 280−12×16＝88　答え 88まい

15 ❶ 3.95　❷ 2.89　❸ 3.23
❹ 3.81　❺ 0.4　❻ 4.52
❼ 5.23　❽ 3　❾ 2.71
❿ 1.45　⓫ 1.09　⓬ 0.7
⓭ 0.57　⓮ 0.77　⓯ 0.57
⓰ 0.29　⓱ 1.72　⓲ 1.48
式 2.25＋1.8＝4.05　答え 4.05m

16 ❶ 0.87　❷ 6.99　❸ 2.91
❹ 4.93　❺ 0.91　❻ 3.69
❼ 7.6　❽ 6.12　❾ 6.8
❿ 6　⓫ 3.22　⓬ 0.42
⓭ 2.31　⓮ 2.1　⓯ 2.96
⓰ 3.05　⓱ 1.84　⓲ 0.17
式 3.4−2.63＝0.77　答え 0.77L

17 ❶ 8.74　❷ 1.03　❸ 7.02
❹ 13.2　❺ 1.4　❻ 8.52
❼ 7.08　❽ 15.5　❾ 3.87
❿ 5.26　⓫ 11.66　⓬ 0.58
⓭ 1.32　⓮ 0.85　⓯ 30.94
⓰ 0.06　⓱ 3.64　⓲ 1.06
式 2.3−1.64＝0.66　答え 0.66m

18 ❶ 35000　❷ 43600　❸ 63000
❹ 50500、51499
❺ 29500、30500　❻ 42000
❼ 59000　❽ 14000　❾ 16000
❿ 50000　⓫ 8000000
⓬ 50　⓭ 300

19 ❶ 352　❷ 221　❸ 32　❹ 16
❺ 3　❻ 32　❼ 10　❽ 7
❾ 330　❿ 90　⓫ 19
⓬ 480000　⓭ 2700
⓮ 89000000　⓯ 530000
⓰ 34000000　⓱ 750

20 ❶ 3.6 ❷ 24.8 ❸ 4.5
❹ 3 ❺ 35.2 ❻ 25.9
❼ 5.66 ❽ 1.14 ❾ 23
❿ 148.2 ⓫ 462.3 ⓬ 197.1
⓭ 656.64 ⓮ 221 ⓯ 431.73
⓰ 449.19 ⓱ 358 ⓲ 135.6
式 7.49×53=396.97 答え 396.97m

21 ❶ 6.8 ❷ 54.6 ❸ 6.3
❹ 37 ❺ 22.4 ❻ 3.09
❼ 42.39 ❽ 0.96 ❾ 21.2
❿ 834.2 ⓫ 403.2 ⓬ 112.2
⓭ 325.62 ⓮ 43.2 ⓯ 155.1
⓰ 287.56 ⓱ 245.96 ⓲ 340.9
式 2.78×30=83.4 答え 83.4km

22 ❶ 2.2 ❷ 1.4 ❸ 0.9 ❹ 7.4
❺ 4.2 ❻ 2.9 ❼ 0.6 ❽ 3.8
❾ 0.875 ❿ 26 あまり 1.5
⓫ 4 あまり 3.2 ⓬ 2 あまり 5.8
⓭ 9.7 ⓮ 6.7 ⓯ 7.6
式 50.3÷23=2.18… 答え 約 2.2m

23 ❶ 2.12 ❷ 0.92 ❸ 0.04
❹ 0.061 ❺ 0.26 ❻ 3.25
❼ 1.38 ❽ 2.04 ❾ 0.08
❿ 9.4 あまり 0.02 ⓫ 0.3 あまり 0.15
⓬ 4.1 あまり 0.89
⓭ 0.26 ⓮ 1.2 ⓯ 9.1
式 320÷34=9.41… 答え 約 9.4L

24 ❶ $\frac{6}{7}$ ❷ $\frac{11}{9}\left(1\frac{2}{9}\right)$ ❸ 1
❹ 3 ❺ $\frac{1}{6}$ ❻ $\frac{4}{5}$ ❼ 1
❽ 2 ❾ $2\frac{7}{8}\left(\frac{23}{8}\right)$ ❿ $2\frac{2}{9}\left(\frac{20}{9}\right)$
⓫ 5 ⓬ $4\frac{4}{5}\left(\frac{24}{5}\right)$ ⓭ $3\frac{1}{6}\left(\frac{19}{6}\right)$
⓮ $3\frac{5}{9}\left(\frac{32}{9}\right)$ ⓯ $2\frac{3}{5}\left(\frac{13}{5}\right)$ ⓰ $3\frac{1}{4}\left(\frac{13}{4}\right)$
式 $1\frac{3}{8}-\frac{6}{8}=\frac{5}{8}$ 答え $\frac{5}{8}$L

25 ❶ 1 ❷ $\frac{14}{6}\left(2\frac{2}{6}\right)$ ❸ $\frac{17}{9}\left(1\frac{8}{9}\right)$
❹ 4 ❺ 1 ❻ $\frac{2}{7}$ ❼ 2
❽ 1 ❾ $4\frac{2}{4}\left(\frac{18}{4}\right)$ ❿ $5\frac{2}{8}\left(\frac{42}{8}\right)$
⓫ $3\frac{3}{5}\left(\frac{18}{5}\right)$ ⓬ $6\frac{2}{7}\left(\frac{44}{7}\right)$ ⓭ $2\frac{1}{6}\left(\frac{13}{6}\right)$
⓮ $1\frac{2}{3}\left(\frac{5}{3}\right)$ ⓯ $4\frac{7}{8}\left(\frac{39}{8}\right)$ ⓰ $2\frac{6}{9}\left(\frac{24}{9}\right)$
式 $2\frac{2}{6}+1\frac{5}{6}=4\frac{1}{6}\left(\frac{25}{6}\right)$
答え $4\frac{1}{6}$L $\left(\frac{25}{6}\text{L}\right)$

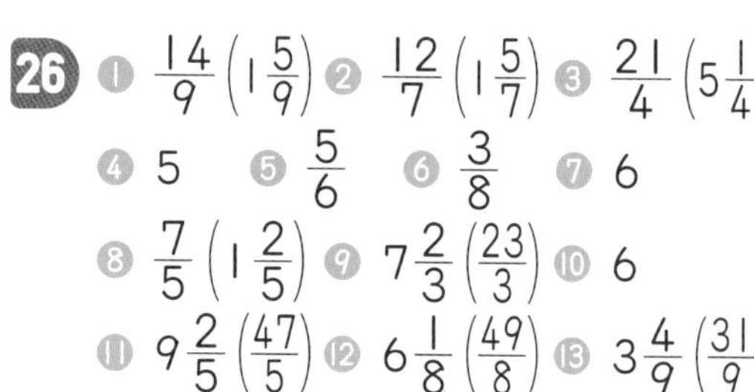

26 ❶ $\frac{14}{9}\left(1\frac{5}{9}\right)$ ❷ $\frac{12}{7}\left(1\frac{5}{7}\right)$ ❸ $\frac{21}{4}\left(5\frac{1}{4}\right)$
❹ 5 ❺ $\frac{5}{6}$ ❻ $\frac{3}{8}$ ❼ 6
❽ $\frac{7}{5}\left(1\frac{2}{5}\right)$ ❾ $7\frac{2}{3}\left(\frac{23}{3}\right)$ ❿ 6
⓫ $9\frac{2}{5}\left(\frac{47}{5}\right)$ ⓬ $6\frac{1}{8}\left(\frac{49}{8}\right)$ ⓭ $3\frac{4}{9}\left(\frac{31}{9}\right)$
⓮ $1\frac{4}{6}\left(\frac{10}{6}\right)$ ⓯ $\frac{6}{7}$ ⓰ $3\frac{1}{4}\left(\frac{13}{4}\right)$
式 $3\frac{7}{10}-1\frac{2}{10}=2\frac{5}{10}\left(\frac{25}{10}\right)$
答え $2\frac{5}{10}$km $\left(\frac{25}{10}\text{km}\right)$

27 ❶ 102712 ❷ 246840
❸ 90000 ❹ 20 あまり 2
❺ 45 ❻ 203 ❼ 100 あまり 4
❽ 5 ❾ 3 あまり 20 ❿ 6
⓫ 8 あまり 16 ⓬ 36 ⓭ 3
⓮ 50 あまり 11 ⓯ 8 あまり 28
式 560÷35=16 答え 16 束(たば)

28 ❶ 3.02 ❷ 1 ❸ 4.07
❹ 0.78 ❺ 9.63 ❻ 3.77
❼ 242.2 ❽ 28.62 ❾ 303.3
❿ 3.4 ⓫ 3.25 ⓬ 0.225
⓭ $3\frac{2}{5}\left(\frac{17}{5}\right)$ ⓮ $7\frac{7}{9}\left(\frac{70}{9}\right)$
⓯ $2\frac{4}{7}\left(\frac{18}{7}\right)$ ⓰ $1\frac{1}{4}\left(\frac{5}{4}\right)$
式 40.5÷7=5 あまり 5.5
答え 5 本できて 5.5m あまる。

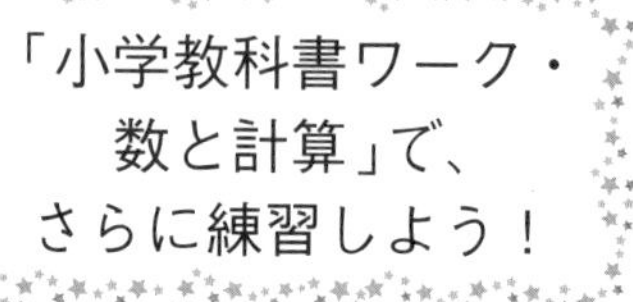

教科書ワーク もくじ

学校図書版 算数4年

動画 コードを読みとって、下の番号の動画を見てみよう。

勉強した日　月　日

学習の目標
千万より大きい数の読み方や表し方を覚え、大きさを考えよう。

おわったらシールをはろう

① 大きい数

きほんのワーク

教科書 上 12〜18ページ　答え 1ページ

きほん1 千万より大きい数の読み方・書き方がわかりますか。

☆126533406 の読み方を漢字で書きましょう。

とき方 千万を 10 こ集めた数を、100000000（0が8こ）と書き、一億（いちおく）と読みます。
また、1 億とも書きます。
千万の 1 つ上の位（くらい）を一億の位といいます。上の数の、2 は □ 万の位、1 は □ 億の位にあります。

千	百	十	一	千	百	十	一	千	百	十	一
			億				万				
			1	2	6	5	3	3	4	0	6

右から 4 けたごとに区切って読もう。

答え

1 次の数の読み方を漢字で書きましょう。　教科書 13ページ1 14ページ2

❶ 431815176　（　　）

❷ 826543007000　（　　）

きほん2 千億より大きい数の読み方・書き方がわかりますか。

☆7530840000000 の読み方を漢字で書きましょう。

とき方 千億 を 10 こ集めた数を、1000000000000（0が12こ）と書き、一兆（いっちょう）と読みます。また、1 兆とも書きます。

千	百	十	一	千	百	十	一	千	百	十	一	千	百	十	一
			兆				億				万				
		7	5	3	0	8	4	0	0	0	0	0	0	0	0

さんこう
万、億、兆が表す位の中は、一、十、百、千のくり返しになっています。

答え

2 次の数の読み方を漢字で書きましょう。　教科書 15ページ2 16ページ1 2

❶ 6413000520000　（　　）

❷ 15423800000000　（　　）

はってん さんすうはかせ
兆よりも大きい数は、「京（けい）、垓（がい）、秭（じょ）、穣（じょう）、溝（こう）、澗（かん）、正（せい）、載（さい）、極（ごく）、恒河沙（ごうがしゃ）、阿僧祇（あそうぎ）、那由他（なゆた）、不可思議（ふかしぎ）、無量大数（むりょうたいすう）」と続（つづ）くよ。

きほん3 大きな数のしくみがわかりますか。

☆4661000 を 10 倍した数を書きましょう。

とき方 数は、位が 1 つ左へ進むごとに □ 倍になっています。

千	百	十	一	千	百	十	一	千	百	十	一
			億				万				
					4	6	6	1	0	0	0
				4	6	6	1	0	0	0	0

10倍

たいせつ
どんな整数でも、10 倍すると、位は 1 つ上がります。また、$\frac{1}{10}$ にすると、位は 1 つ下がります。

答え □

3 次の数を書きましょう。 教科書 17ページ 3 1 2

❶ 70 億の 100 倍 (　　　)
❷ 50 億の 1000 倍 (　　　)
❸ 40 兆の $\frac{1}{10}$ の数 (　　　)
❹ 9600 億の 10 倍 (　　　)
❺ 23 兆の 100 倍 (　　　)
❻ 14 億の $\frac{1}{10}$ の数 (　　　)

きほん4 数直線の目もりが表す数がわかりますか。

☆右の数直線で、㋐、㋑にあてはまる数を書きましょう。

0　㋐　5000 万　1 億　㋑

とき方 1 億を 10 等分しているので、1 目もりは □ 万を表しています。

答え ㋐ □ ㋑ □

4 下の数直線で、□ にあてはまる数を書きましょう。 教科書 18ページ 3

❶ 0　100 億
□ □ □

❷ 0　1 兆
□ □ □

1 目もりはいくつ分かな。

5 次の 2 つの数の大小を、不等号（ふとうごう）を使って表しましょう。 教科書 18ページ 4

❶ 980100325 □ 8560913256

❷ 7189600000 □ 7189530000

まずはけた数をくらべてみよう。

ポイント 億や兆などの大きな数でも、右から 4 けたごとに区切ると、読んだり書いたりしやすくなります。また、位が 1 つ左へ進むごとに 10 倍になるしくみを理かいしましょう。

勉強した日　　月　　日

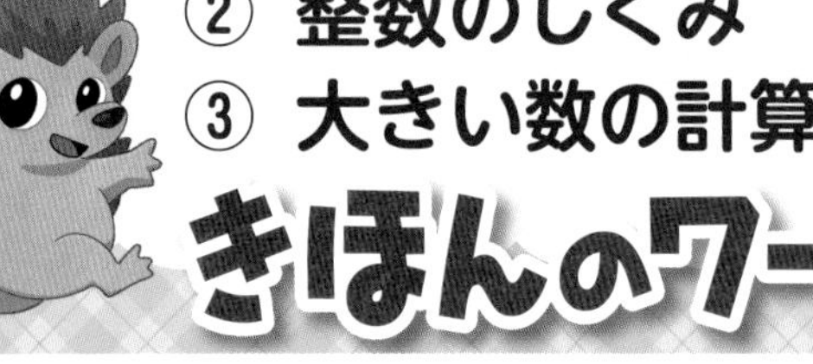

② 整数のしくみ
③ 大きい数の計算
きほんのワーク

学習の目標
整数のしくみを知り、大きい数の計算ができるようになろう。

おわったらシールをはろう

教科書 上 19〜21ページ　答え 1ページ

きほん1 0から9までの10この数字を使って、数が作れますか。

☆下の12まいのカードをどれも1回ずつ使ってできる12けたの整数のうち、いちばん大きい数といちばん小さい数を作りましょう。

0 0 0 1 2 3 4 5 6 7 8 9

とき方　左の位の数字が大きい方が大きい数になるので、いちばん大きい数を作るときは、いちばん大きい数の 9 のカードから、順にならべます。

9 □□□□□□□□□□□

いちばん小さい数は、1をいちばん左の位にして、あとは小さい数字の順にならべます。

1 □□□□□□□□□□□

いちばん左に0がくると、12けたの整数にならないね。

答え　いちばん大きい数（　　　）
　　　いちばん小さい数（　　　）

たいせつ
どんな大きさの整数でも、0から9の10この数字を使って表すことができます。

1 0から8までの数字のカードが、1まいずつあります。このカードをどれも1回ずつ使って、次のような9けたの数を作りましょう。　教科書 19ページ1

❶ いちばん大きい数　（　　　）

❷ 3億より小さい数のうち、いちばん大きい数　（　　　）

❸ 3億より大きい数のうち、いちばん小さい数　（　　　）

2 40020000000000について、□にあてはまる数を書きましょう。

教科書 19ページ1

❶ 1兆を□こと、1億を□こ合わせた数です。

❷ 10兆を□こと、100億を□こ合わせた数です。

❸ 1億を□こ集めた数です。

さんすうはかせ　大きい数では、「123,456,789,000」のように3けたごとに区切って書くこともあるよ。

きほん2 大きい数のたし算、ひき算ができますか。

☆38 億＋25 億の計算をしましょう。

とき方 1 億をもとにして計算します。

38 億は 1 億が [　　] こ、25 億は 1 億が [　　] こです。38＋25＝[　　] より、38 億＋25 億は、1 億が [　　] こです。

答え [　　] 億

たいせつ
たし算の答えを和(わ)、ひき算の答えを差(さ)といいます。

3 次の和を求(もと)めましょう。 教科書 20ページ1

❶ 53 億＋42 億　❷ 874 万＋656 万

❸ 74 兆＋69 兆　❹ 407 兆＋397 兆

❷は 1 万を、❸、❹ は 1 兆 をもとにして計算するといいね。

4 次の差を求めましょう。 教科書 20ページ1

❶ 142 億－37 億　❷ 68 万－59 万　❸ 726 兆－698 兆

きほん3 大きい数のかけ算、わり算ができますか。

☆14 万×4 の計算をしましょう。

とき方 かけ算やわり算も、1 万、1 億、1 兆をもとにして計算することができます。

14 万は 1 万が [　　] こです。14×4＝[　　] より、14 万×4 は、1 万が [　　] こです。

答え [　　] 万

たいせつ
かけ算の答えを積(せき)、わり算の答えを商(しょう)といいます。

5 次の積を求めましょう。 教科書 21ページ3

❶ 46 万×4　❷ 85 億×6　❸ 173 億×10

6 次の商を求めましょう。 教科書 21ページ3

❶ 540 万÷10　❷ 80 兆÷8　❸ 63 億÷9

ポイント 万や億、兆がいくつ分と考えて、これまでに学んだ計算と同じように計算します。答えに、もとにした万や億、兆をつけるのをわすれないようにしましょう。

勉強した日　月　日

練習のワーク

教科書 ㊤12~23ページ　答え 1ページ

できた数　/13問中

おわったらシールをはろう

1 大きい数 次の数を漢字で書きましょう。

❶ 200850008000 (　　　)

❷ 7020995000000 (　　　)

2 大きい数のしくみ 次の□にあてはまる数を書きましょう。

❶ 6000億を10倍した数は、□です。

❷ 28兆の$\frac{1}{10}$の数は、□です。

❸ 7040兆は、10兆を□こ集めた数です。

❹ 100億を360こ集めた数は、□です。

❺ 1230000000の2は、□が2こあることを表しています。

3 数の作り方 0、1、3、6、7の5つの数字をどれも3回ずつ使ってできる15けたの整数のうち、いちばん小さい数を作りましょう。

(　　　)

4 大きい数の計算 次の計算をしましょう。

❶ 738万+182万　　❷ 42億−27億

❸ 16万×15　　❹ 42兆÷6

5 大きい数の計算 今日は、みかさんのお兄さんのたん生日で、12才になりました。お兄さんは生まれてから今までに何秒たちましたか。ただし、うるう年は考えないものとします。

式

答え (　　　)

てびき

1 大きい数
右から4けたごとに区切って、それぞれの位を見つけると、読みやすくなります。

2 大きい数のしくみ
整数は、位が1つ左へ進むごとに、10倍になっています。

一兆の位	千億の位	百億の位	十億の位	一億の位

(10倍)

3 数の作り方
小さい数を考えるときは、大きい位の数字をできるだけ小さくすることを考えます。

ちゅうい
いちばん左の位を0からはじめることはできません。

4 大きい数の計算
1万、1億、1兆をもとにして、それが何こあるかを考えます。

5 1時間の秒数→1日の秒数→1年間の秒数→12年間の秒数の順に計算していきます。

できるナビ 大きい数の計算では、数を○万、○億、○兆と表したまま計算ができます。また、そうすることでまちがいをへらすことができます。

時間20分

とく点 /100点

おわったらシールをはろう

1 右の数直線を見て、答えましょう。 1つ6〔18点〕

❶ この数直線の１目もりが表している数はいくつですか。

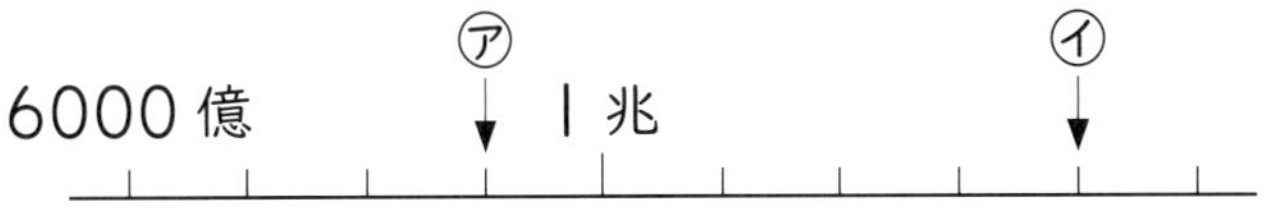

6000億 ㋐ 1兆 ㋑

（　　　　）

❷ ㋐、㋑にあてはまる数を書きましょう。

㋐（　　　　）　㋑（　　　　）

2 次の問題に答えましょう。 1つ8〔16点〕

❶ 100億は、100万を何倍した数ですか。（　　　　）

❷ 10兆は、１億を何倍した数ですか。（　　　　）

3 よく出る 次の数を数字で書きましょう。 1つ8〔40点〕

❶ 二千億七千五十万（　　　　）

❷ １兆を57こと、１億を4083こ合わせた数（　　　　）

❸ 100億を60こと、10万を216こ合わせた数（　　　　）

❹ １億を10879こ集めた数（　　　　）

❺ 8億300万を100倍した数（　　　　）

4 下のような10まいのカードがあります。このカードをどれも１回ずつ使って、いちばん大きい数を作りましょう。 〔10点〕

0	0	2	3	4	5	6	7	8	9

（　　　　）

5 家を買うために、毎年1800000円ずつはらいます。25年間はらい続(つづ)けたとき、全部で何円はらいましたか。 1つ8〔16点〕

式

答え（　　　　）

チェック
□大きい数のしくみや、表し方がわかったかな？
□大きい数の計算ができたかな？

月　　日

① 折れ線グラフ　② 折れ線グラフのかき方　③ 折れ線グラフのくふう

きほんのワーク

学習の目標
変わり方のようすを、グラフに表して、読み取れるようになろう。

おわったらシールをはろう

教科書 上 25～32ページ　答え 2ページ

きほん1 折れ線グラフの読み方がわかりますか。

☆右のグラフを見て、答えましょう。

❶ 午前11時の気温は、何℃ですか。

❷ 気温がいちばん高いのは、何時で、何℃ですか。

❸ 気温の変(か)わり方がいちばん大きいのは、何時から何時の間ですか。

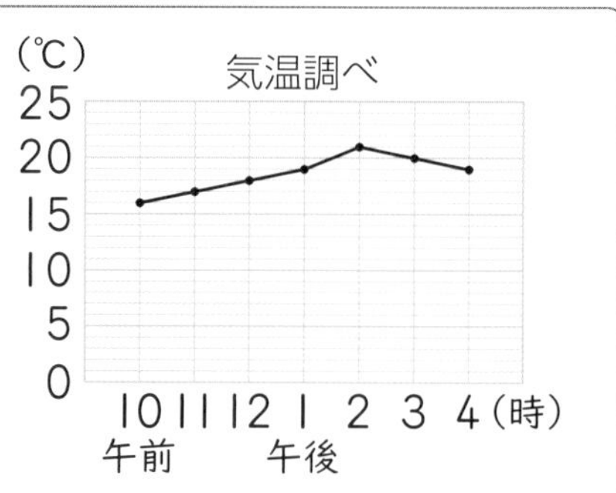

とき方 上のようなグラフを折(お)れ線(せん)グラフといいます。上のグラフで、横のじくは時こく、たてのじくは［　　］を表しています。

気温などが変わっていくようすを表すときは、**折れ線グラフ**を使うといいよ。

❶ 午前11時の気温は、11時のところの点から左を見て［　　］℃です。

❷ いちばん高いところにある点から、下を見て午後［　　］時、左を見て［　　］℃です。

❸ 線のかたむきがいちばん急なところは、午後［　　］時から午後［　　］時の間です。

たいせつ
折れ線グラフでは、線のかたむきで変わり方がわかります。
また、線のかたむきが急であるほど、変わり方が大きいことを表しています。

上がる（ふえる）　変わらない　下がる（へる）

答え ❶［　　］℃

❷ 午後［　　］時［　　］℃

❸ 午後［　　］時から午後［　　］時の間

1 右のグラフを見て答えましょう。 教科書 26ページ1 28ページ2

❶ 気温が22℃なのは、何時ですか。（　　　　）

❷ 気温がいちばん高いのは、何時で、何℃ですか。

時こく（　　　　）　気温（　　　　）

❸ 気温の下がり方がいちばん大きいのは、何時から何時の間ですか。（　　　　）

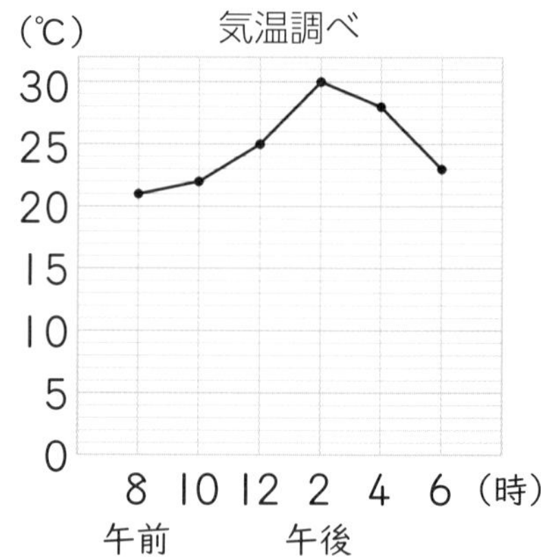

2つのものの変わるようすは、1つの図に2本の折れ線グラフをかくとちがいがわかりやすくなるよ。

きほん2 折れ線グラフのかき方がわかりますか。

☆下の表は、ある町の１年間の気温の変わり方を調べたものです。これを、折れ線グラフに表しましょう。

月別気温

月	1	2	3	4	5	6	7	8	9	10	11	12
気温(℃)	0	2	6	10	16	22	26	24	20	14	8	4

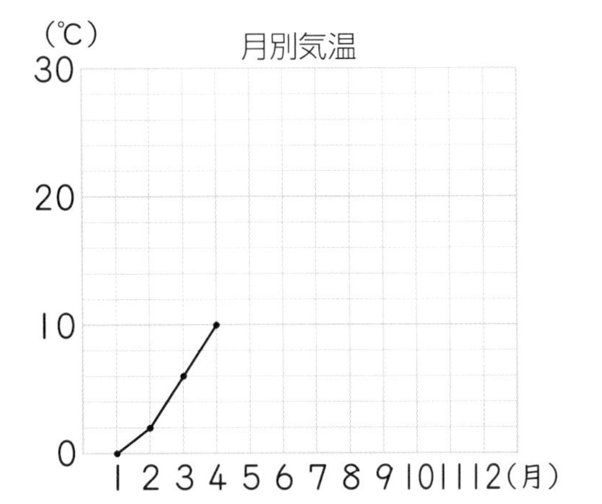

とき方 折れ線グラフは、次のようにかきます。

1 横のじくとたてのじくの単位を書く。

2 横のじくに、調べた月を、同じ間をあけて書き、たてのじくに、最高気温の[　　]℃が表せるように、目もりを書く。

3 表を見て、点を打つ。

4 点と点を[　　]で結ぶ。

5 表題を書く。

答え 左の問題に記入

2 はるとさんは、午前８時から午後５時までの気温の変わり方を調べました。

気温の変わり方

時こく(時)	午前 8	9	10	11	12	午後 1	2	3	4	5
気温 (℃)	13	14	15	16	18	21	21	20	18	16

これを、折れ線グラフに表しましょう。

教科書 30〜32ページ

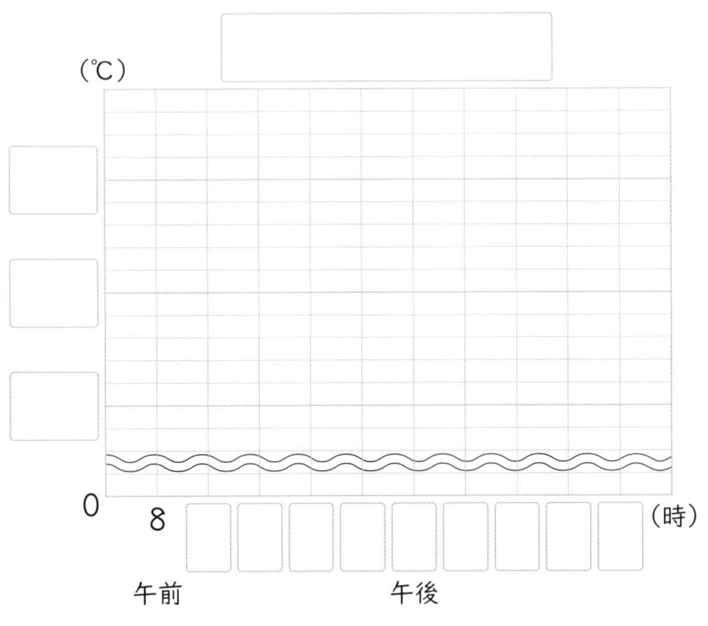

折れ線グラフでは、左の図のように、〰のしるしを使って、目もりのと中を省けるよ。ここでは、10℃より小さい目もりを省くといいね。

ポイント 身のまわりにある、気温などのように変わっていくものを見つけて、そのようすを折れ線グラフに表したり、グラフから変わり方の特ちょうを読み取れるようにしましょう。

練習のワーク

教科書 上 25～37ページ　答え 2ページ

できた数　/6問中

おわったら シールを はろう

1 折れ線グラフ　次の㋐～㋔の中で、折れ線グラフに表した方がよいのはどれですか。

㋐ 毎月１日にはかった自分の体重
㋑ クラスで調べた好きな本の種類とその人数
㋒ １時間ごとに調べた教室の温度
㋓ 同じ時こくに調べたいろいろな池の水温
㋔ ４年生のクラスごとの虫歯のある人の数

（　　　）

2 折れ線グラフのかき方　下の表は、ある日の気温の変わり方を調べたものです。

気温の変わり方

時こく(時)	午前4	6	8	10	12	午後2	4	6	8
気温（℃）	16	16	18	19	23	24	22	19	18

❶ 折れ線グラフに表すとき、横のじくとたてのじくには、それぞれ何を表すとよいですか。

横（　　　）
たて（　　　）

❷ 気温の変わり方を、折れ線グラフに表しましょう。

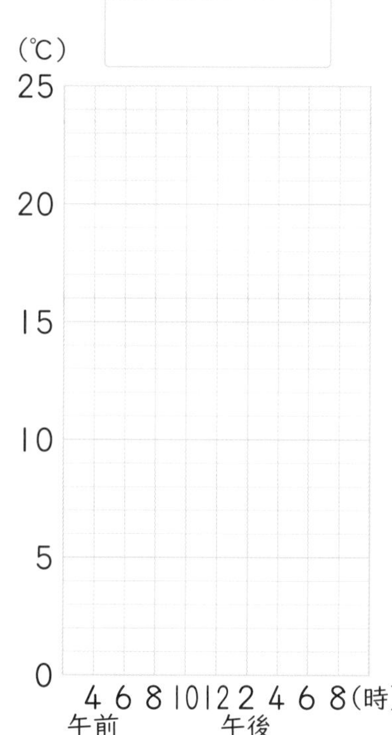

❸ 気温が変わっていないのは何時から何時の間ですか。

（　　　）

❹ グラフを見て、変わり方についてわかったことを書きましょう。

（　　　）

てびき

1 折れ線グラフ
変わり方のようすを表すときには、折れ線グラフを使うとわかりやすくなります。
記録を整理するには、折れ線グラフのほかに、ぼうグラフの利用や表の活用も考えられます。

2 折れ線グラフのかき方

1. 横のじくとたてのじくに、それぞれ何を表すか決めて単位を書き、目もりをつけます。
2. 記録を表すところに点を打ち、点と点を直線で結びます。
3. **表題**を書きます。

グラフをかくときは、目もりをまちがえないようにしよう。

できるナビ　折れ線グラフは、線のかたむきぐあいで変わり方のようすがわかります。線がかたむいていないところは、変わらないことを表しています。

まとめのテスト

教科書 ㊤25〜37ページ　答え 2ページ

とく点
/100点

おわったらシールをはろう

1 よく出る 下の表は、ある市の月別気温を調べたものです。これを、折れ線グラフに表しましょう。〔40点〕

月別気温

月	1	2	3	4	5	6	7	8	9	10	11	12
気温(℃)	3	4	7	13	18	22	26	27	23	16	11	7

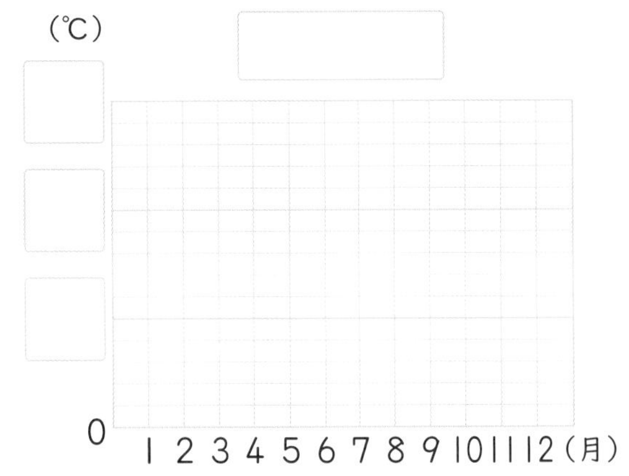

2 下の㋐のグラフは、4月から11月までのハムスターの体重の変わり方を表したものです。体重の変わり方がよくわかるように、㋑のグラフにかきなおしました。

1つ10〔30点〕

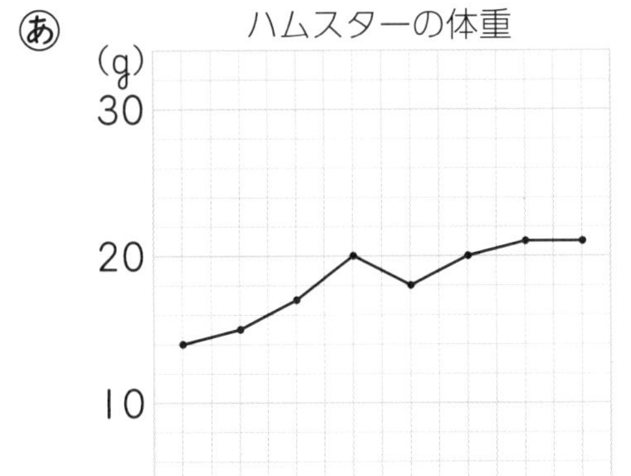

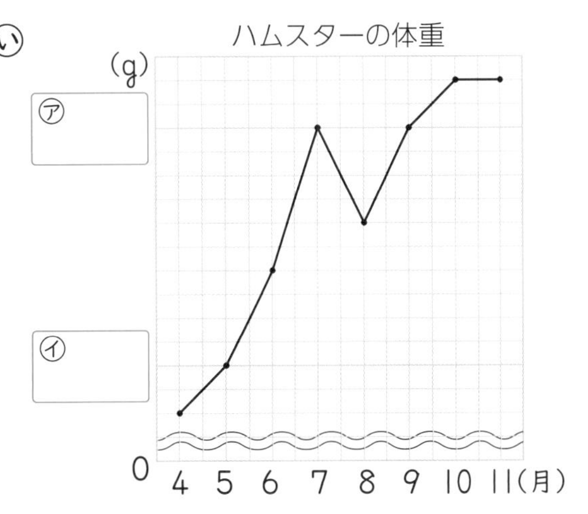

❶ ㋐、㋑にあてはまる数を書きましょう。

❷ 体重のふえ方がいちばん大きいのは、何月から何月の間ですか。
(　　　　)

3 右のグラフは、ある市の月別最高気温と月別最低気温を表したものです。1つ10〔30点〕

❶ 最高気温と最低気温の差が、いちばん大きいのは、何月で、何℃ですか。

月(　　　　)　気温(　　　　)

❷ 最高気温と最低気温では、どちらの変わり方が大きいといえますか。

(　　　　)

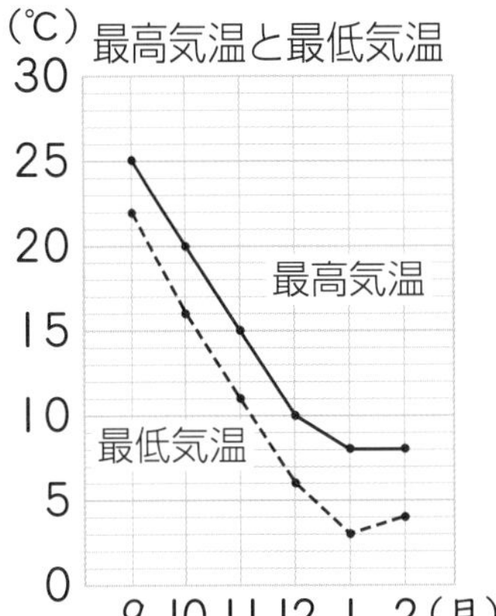

□ 折れ線グラフのかき方がわかったかな？
□ 折れ線グラフから変わり方のようすが読み取れたかな？

勉強した日　月　日

① わり算のきまり
② 何十、何百のわり算

きほんのワーク

学習の目標・
整数を10や100のまとまりと考えるわり算の仕方をおぼえよう。

おわったらシールをはろう

教科書 上38～44ページ　答え 3ページ

きほん1 わられる数とわる数に同じ数をかけるときの商がわかりますか。

☆次の□にあてはまる数を求めましょう。

8 ÷ 2 = □
↓×□　↓×□
32 ÷ 8 = □

とき方　わられる数8に4をかけて32にしたとき、わる数2にも□をかけて8にすると、商は変わりません。

答え　左の問題に記入

たいせつ
わり算では、わられる数とわる数に同じ数をかけても、商は変わりません。
また、わられる数とわる数を同じ数でわっても、商は変わりません。

1 わり算のきまりを使って、□にあてはまる数を求めましょう。　教科書 39ページ1

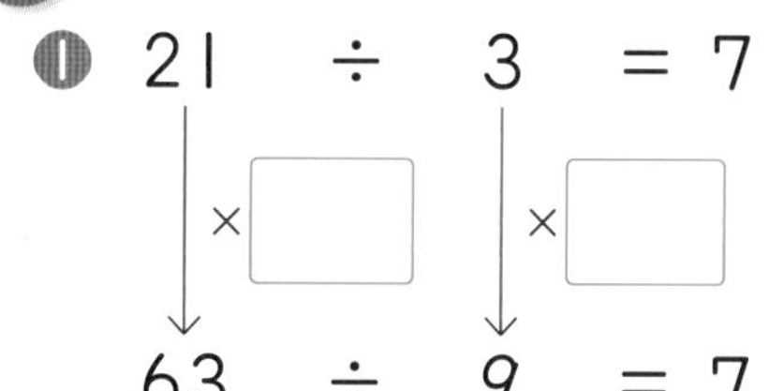

❶ 21 ÷ 3 = 7
↓×□　↓×□
63 ÷ 9 = 7

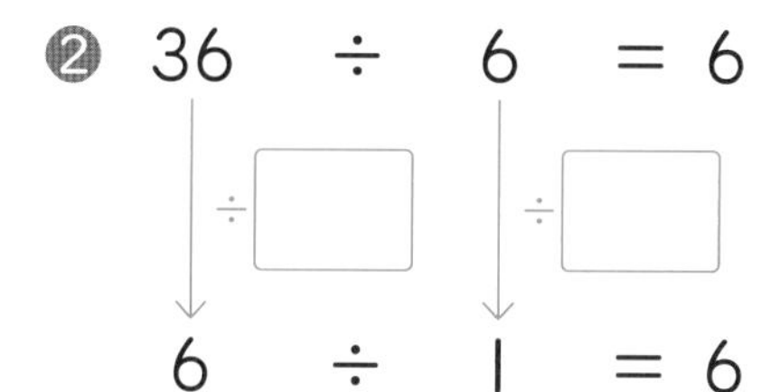

❷ 36 ÷ 6 = 6
↓÷□　↓÷□
6 ÷ 1 = 6

2 わり算のきまりを使って、□にあてはまる数を求めましょう。　教科書 41ページ2

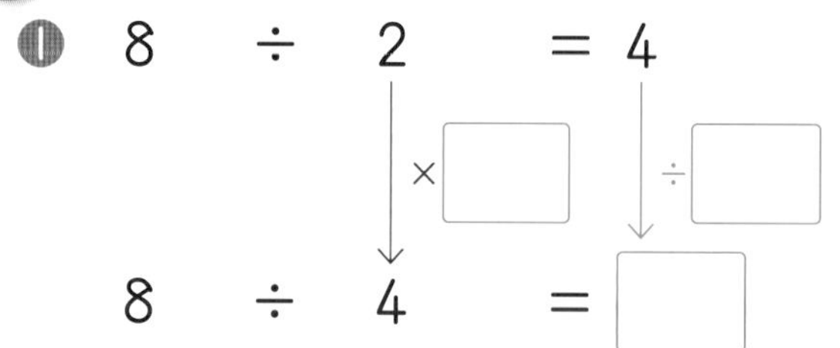

❶ 8 ÷ 2 = 4
　↓×□　↓÷□
8 ÷ 4 = □

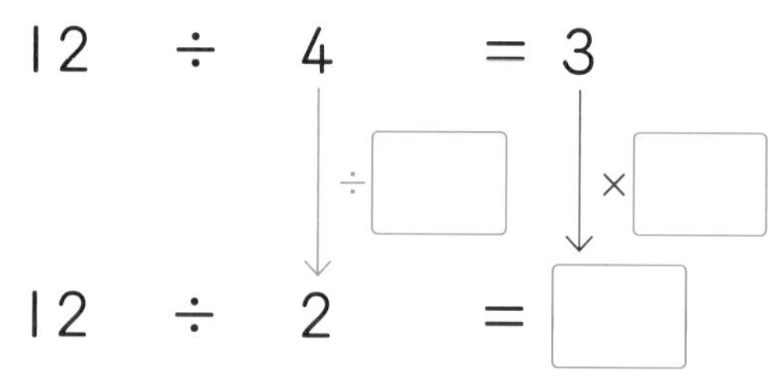

❷ 12 ÷ 4 = 3
　↓÷□　↓×□
12 ÷ 2 = □

3 みかんが24こあります。1人に4こずつ分けると、6人でぴったり分けられました。　教科書 41ページ2

❶ 1人に8こずつ分けると、何人でぴったり分けられますか。

(　　　　)

❷ 1人に2こずつ分けると、何人でぴったり分けられますか。

(　　　　)

たいせつ
わり算では、わる数を□倍するとき、商は元の商を□でわった数になります。わる数を□でわると、商は（元の商の）□倍になります。

さんすうはかせ　たし算の答えは「和」、ひき算の答えは「差」、かけ算の答えは「積」、わり算の答えは「商」というよ。和・差・積・商ということばも覚えておこう。

きほん2 何十、何百のわり算ができますか。

☆900 このキャンディーを、3 つの箱に同じ数ずつ入れます。1 つの箱には何こ入りますか。

とき方 答えを求める式は、「全部の数÷箱の数」から、900÷□ とわり算になります。

3つに分けると、3こずつになる。

何十、何百のわり算は、10 や 100 のまとまりで考えます。

900 は、100 のまとまりが □ こです。

1 つの箱に入る 100 のまとまりの数は □÷3=□

100 のまとまりが 3 こだから、900÷3=□

答え □ こ

4 80 まいのシールを、4 人で同じ数ずつ分けます。 教科書 43ページ1

❶ 80 まいのシールを 10 まいずつのたばで考えて分けるとき、1 人分は何たばですか。

(　　　　)

❷ 80 まいのシールを分けるとき、1 人分は何まいですか。

(　　　　)

5 次の計算をしましょう。 教科書 43ページ2

❶ 50÷5　　❷ 80÷2　　❸ 180÷3

❹ 700÷7　　❺ 400÷2

❻ 1200÷2　　❼ 3200÷4

❸の 180 は、10 のまとまりが 18 こだね。
❻の 1200、❼の 3200 は、それぞれ 100 のまとまりが 12 こ、32 こだね。

ポイント わり切れるとき、あまりは 0 です。このときは、(わる数)×(商)を計算して、その答えが「わられる数」になることをたしかめましょう。

勉強した日　　月　　日

① 角の大きさ　② 回転の角の大きさ　③ 角のはかり方

きほんのワーク

学習の目標・
角の大きさの単位を知り、はかり方を身につけよう。

おわったらシールをはろう

教科書　上 46～54ページ　答え　3ページ

きほん 1　いろいろな角の大きさがわかりますか。

☆下の㋐～㋕の角で、直角の2つ分になっているのはどれですか。

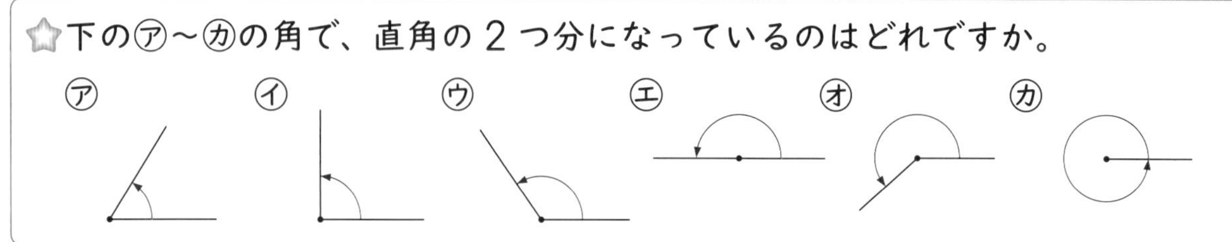

とき方　角を作っている辺(へん)の開きぐあいを［　　］の大きさといい、角の大きさは辺の開きぐあいで決まります。㋑の角の大きさが直角です。
直角の2つ分になっているのは、㋓の角の大きさで、［　　］直角といいます。
また、㋕の角の大きさは［　　］直角です。
4直角の角を1回転の角、2直角の角を半回転の角ともいいます。 答え［　　］

1 右の図で、半回転の角より大きく、1回転の角より小さい角を選(えら)びましょう。 教科書 48ページ1

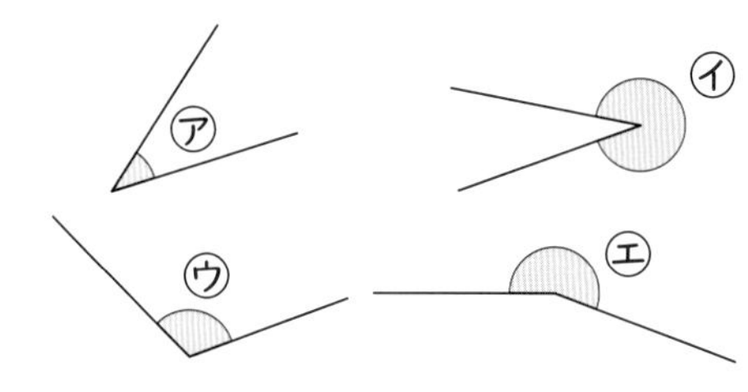

(　　　　　　)

きほん 2　角の大きさのはかり方がわかりますか。

☆下の図の㋓の角の大きさは何度ですか。

とき方　角の大きさを正しくはかるには、分度器(ぶんどき)を使います。
1 分度器の中心を、角の頂点(ちょうてん)アに合わせる。
2 0°の線を、角の1つの辺アイに重ねる。
3 もう1つの辺アウと重なっている目もりで、0°と同じ側(がわ)の数を読む。 答え［　　］°

ウ
ア　イ
角の頂点
分度器の中心
0°の線

たいせつ
1回転した角を360等分した1つ分の角の大きさを**1度**といい、1°と書きます。度は角の大きさを表す単位(たんい)で、**1直角＝90°**、4直角＝360°です。角の大きさのことを**角度**(かくど)ともいいます。

直角よりも小さい角を「鋭角(えいかく)」といい、直角よりも大きく180°より小さい角を「鈍角(どんかく)」というよ。

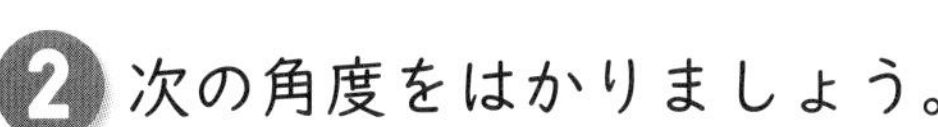

2 次の角度をはかりましょう。

教科書 51～53ページ

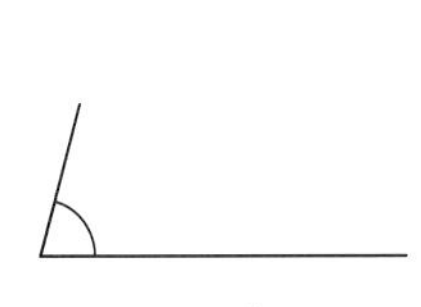

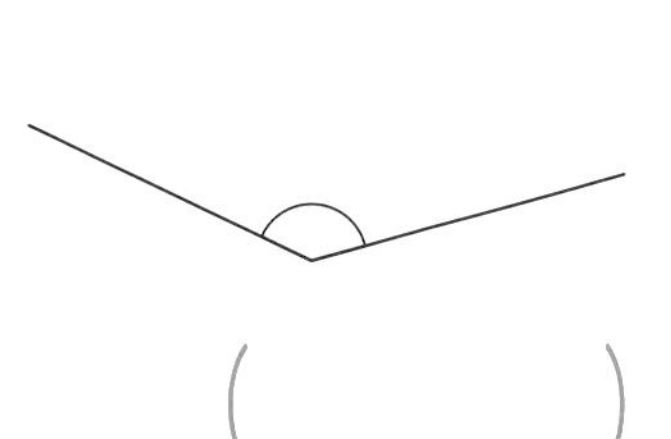

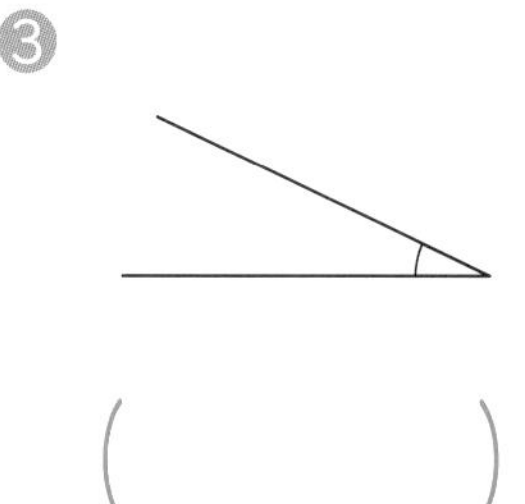

❶（　　　）　❷（　　　）　❸（　　　）

きほん3　180°より大きい角度のはかり方がわかりますか。

☆右の図のあの角度は何度ですか。

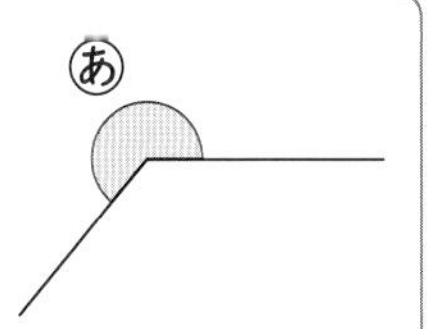

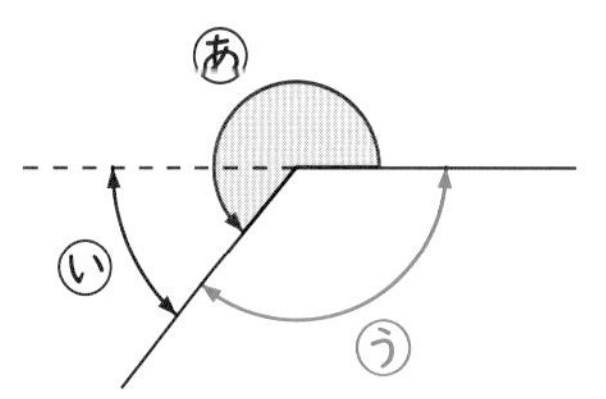

とき方　180°より大きい角度をはかるには、右上の図のいやうの角度をはかってから、計算で求(もと)めます。

《1》180°より何度大きいかを分度器ではかります。いの角度は□°

だから、あの角度は、180°＋い ⇨ 180°＋□°＝□°

《2》360°より何度小さいかを分度器ではかります。うの角度は□°

だから、あの角度は、360°－う ⇨ 360°－□°＝□°

答え □°

3 次の角度をはかりましょう。

教科書 53ページ3 54ページ1

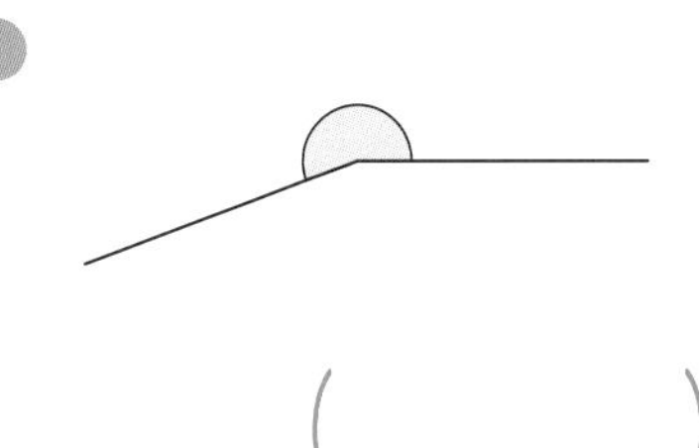

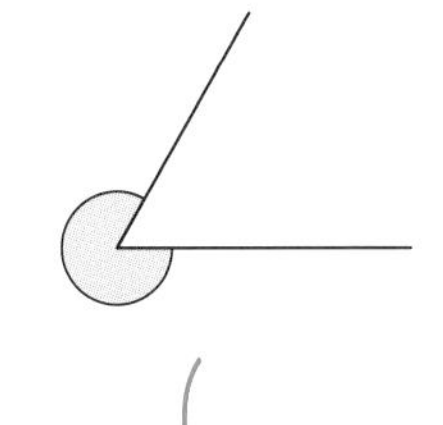

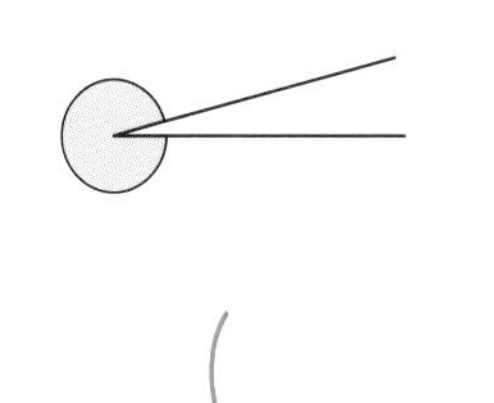

❶（　　　）　❷（　　　）　❸（　　　）

きほん4　2本の直線が交わってできる角度がわかりますか。

☆あの角度は何度ですか。

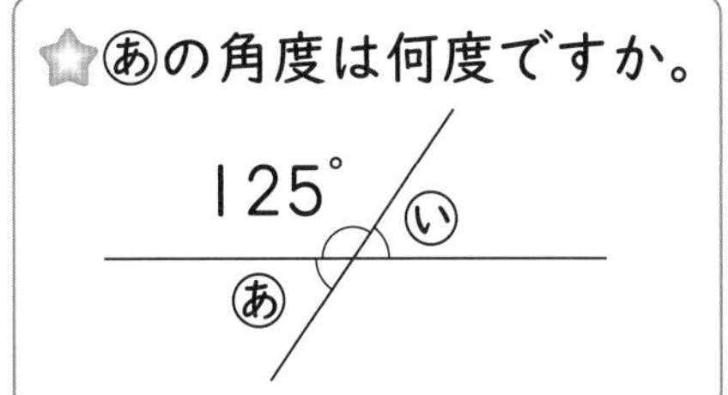

とき方　分度器を使ってはかることもできますが、一直線の角度(2直角＝180°)からひいて計算で求めることもできます。あの角度は、

180°－□°＝□°　**答え** □°

4 きほん4の図で、いの角度は何度ですか。

教科書 54ページ2

（　　　）

ポイント　分度器を使って、角度をはかります。180°より大きい角もくふうしてはかれるようになりましょう。また、全円分度器を使うと、1回ではかることができます。

勉強した日　月　日

学習の目標
角や三角形のかき方を身につけ、三角じょうぎの角度を覚えよう。

おわったら シールを はろう

④ 角のかき方
⑤ 三角じょうぎの角
きほんのワーク

教科書 上 55~58ページ　答え 3ページ

きほん1 角のかき方がわかりますか。

☆45°の大きさの角をかきましょう。

答え

ア ―――― イ

とき方 分度器(ぶんどき)を使ってかきます。

1 角の頂点(ちょうてん)になるところに点アを打ち、そこから１つの辺(へん)アイをかく。
2 分度器の中心を点アに合わせ、0°の線を、辺アイに合わせる。
3 45°の目もりのところに点を打つ。
4 点アと3で打った点を通る直線をかく。

1 次の大きさの角をかきましょう。　教科書 55ページ 1 1▶2

❶ 40°　❷ 95°　❸ 200°

きほん2 三角形のかき方がわかりますか。

☆下のような三角形をかきましょう。

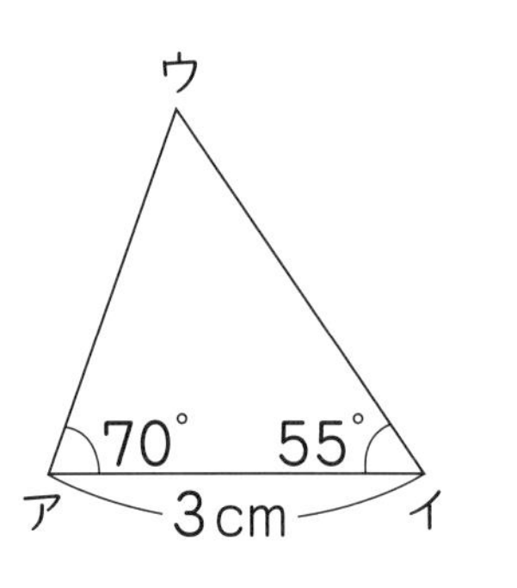

とき方 じょうぎと分度器を使ってかきます。

1 長さ3cmの辺アイを引く。
2 分度器の中心を点アに合わせて、70°の角をかく。
3 分度器の中心を点イに合わせて、55°の角をかく。
4 交わった点を、点ウとする。

答え

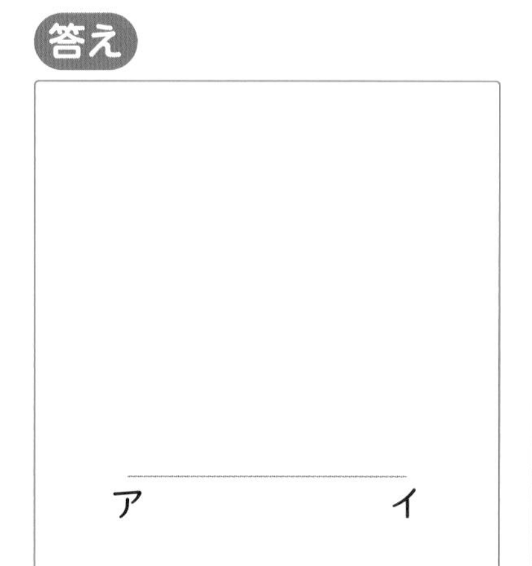

１度よりも小さい角を表すときは、１度の60分の１の角「１分(′)」を使うよ。さらに、１分の60分の１の角が「１秒(″)」だよ。

2 下のような三角形をかきましょう。

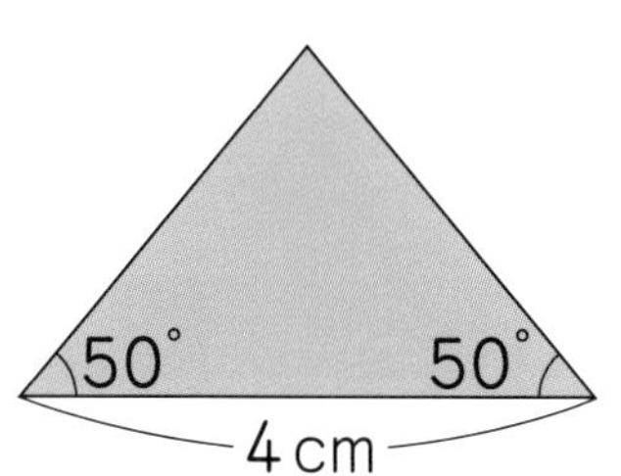

きほん3 三角じょうぎの角がわかりますか。

☆三角じょうぎを次のように組み合わせました。㋐～㋔の角度を求めましょう。

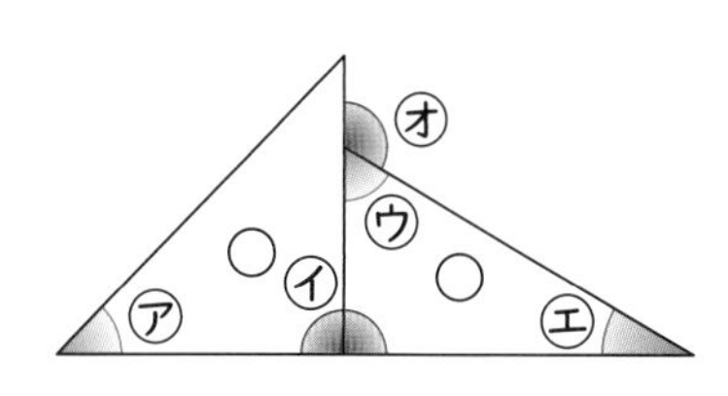

とき方 三角じょうぎの角度は下のようになります。分度器ではかってたしかめましょう。

㋑は90°が2つ分で、㋔は180°から㋒の角度をひいて求めます。

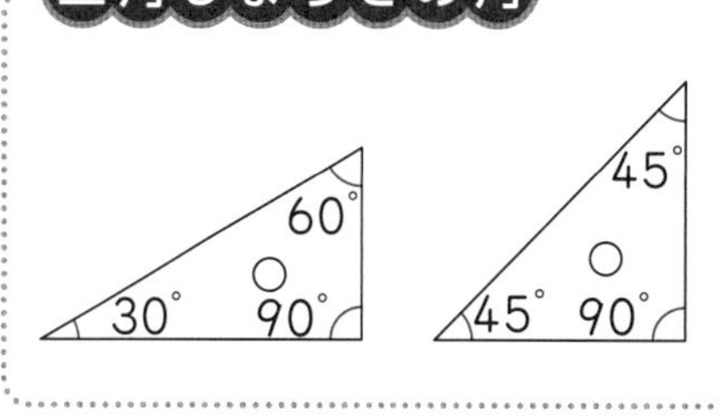

答え ㋐  °

㋑ 　° ㋒ 　° ㋓ 　° ㋔ 　°

3 三角じょうぎを、次のように組み合わせました。㋐～㋗の角度を求めましょう。

教科書 58ページ1

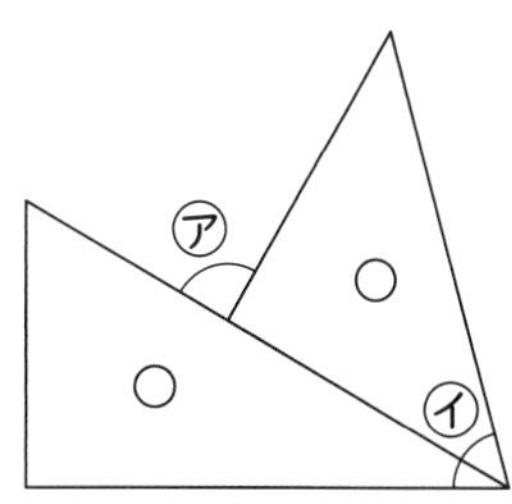

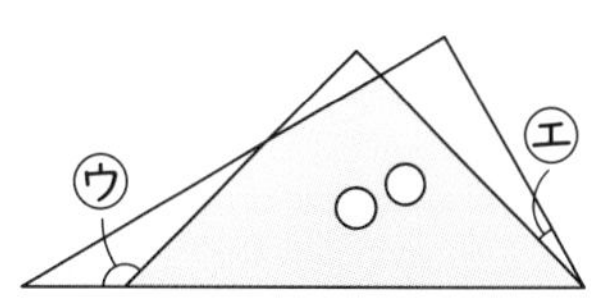

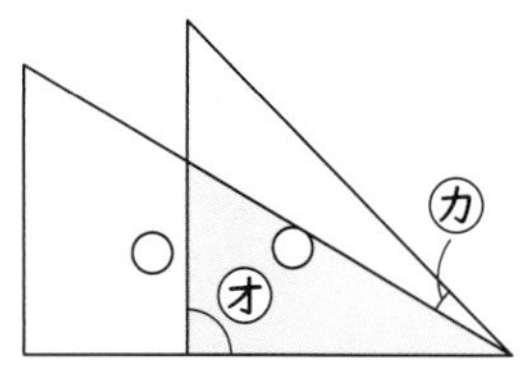

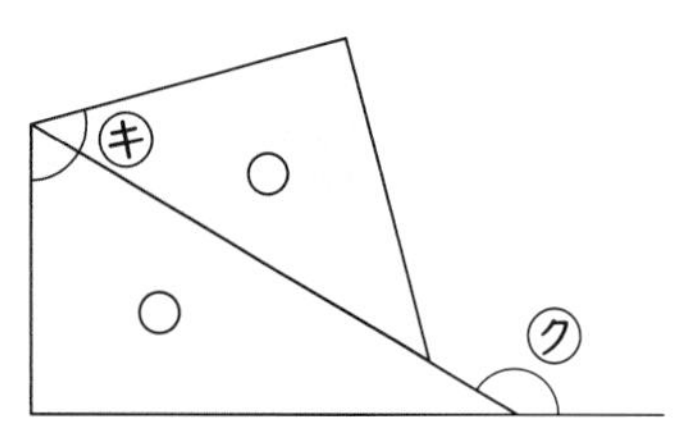

㋐（　　） ㋑（　　） ㋒（　　） ㋓（　　）

㋔（　　） ㋕（　　） ㋖（　　） ㋗（　　）

ポイント 分度器を使って、角や三角形をかきます。三角じょうぎの角度（90°、60°、30°と90°、45°、45°）を覚えておきましょう。

勉強した日 月 日

練習のワーク

教科書 上 46〜60ページ 答え 4ページ

できた数 /13問中

おわったらシールをはろう

1 角の大きさ 次の□にあてはまる数を書きましょう。

1. 90°は □ 直角です。
2. 3直角は □°です。
3. 1回転の角度は □°で □ 直角です。
4. 半回転の角度は □°で □ 直角です。

2 向かい合った角 次の㋐〜㋒の角度は、それぞれ何度ですか。

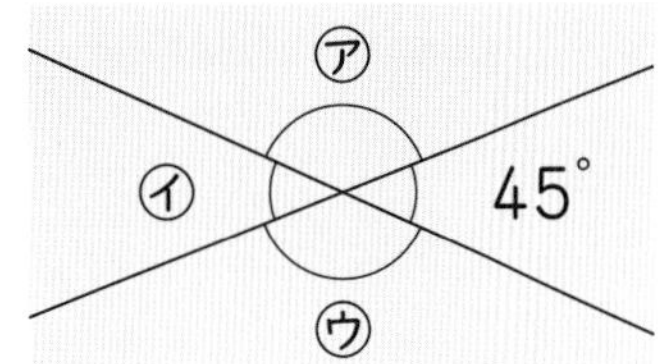

㋐（　　　）
㋑（　　　）
㋒（　　　）

3 角のかき方 次の大きさの角をかきましょう。

1. 25°
2. 315°

4 三角じょうぎの角 三角じょうぎを、次のように組み合わせました。㋐、㋑の角度を求めましょう。

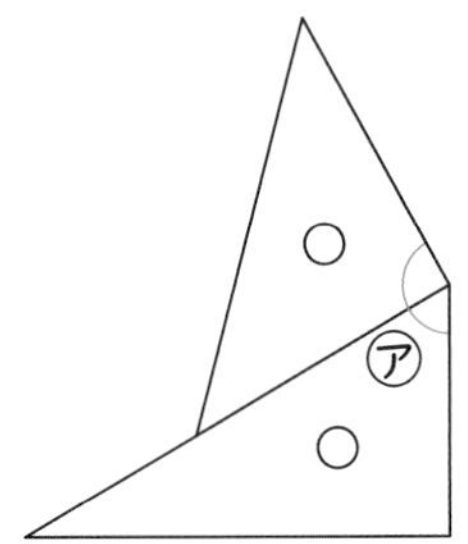

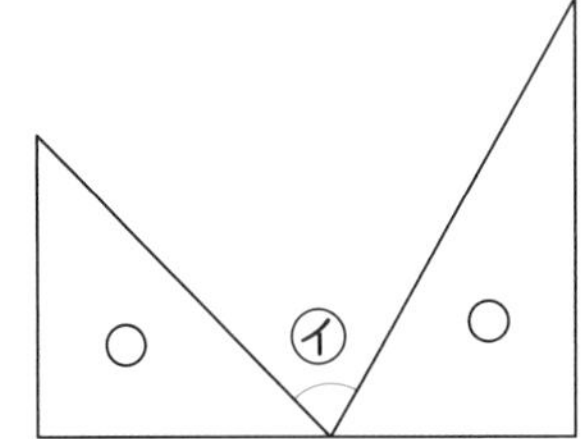

㋐（　　　）　㋑（　　　）

てびき

1 直角

たいせつ
1直角は90°
2直角は180°
3直角は270°
4直角は360°

2 向かい合った角
㋐も㋒も、角度は
180°−45°
で求められます。
このように、**向かい合った角（㋐と㋒）の大きさは等しく**なります。㋑もこのことから求められます。

3 角のかき方

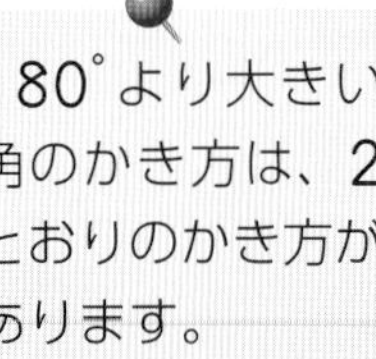

180°より大きい角のかき方は、2とおりのかき方があります。
2では、
《1》315°−180°＝135°だから、180°より135°大きいと考えます。
《2》360°−315°＝45°だから、360°より45°小さいと考えます。

4 三角じょうぎの角
1組の三角じょうぎのそれぞれの角度は、90°、60°、30°と90°、45°、45°になっています。

できるナビ 分度器を使うときは、内側と外側のどちらの目もりを読んでいるのか気をつけましょう。

まとめのテスト

教科書 ㊤46～60ページ　答え 4ページ

時間 20分　とく点 /100点　おわったら シールを はろう

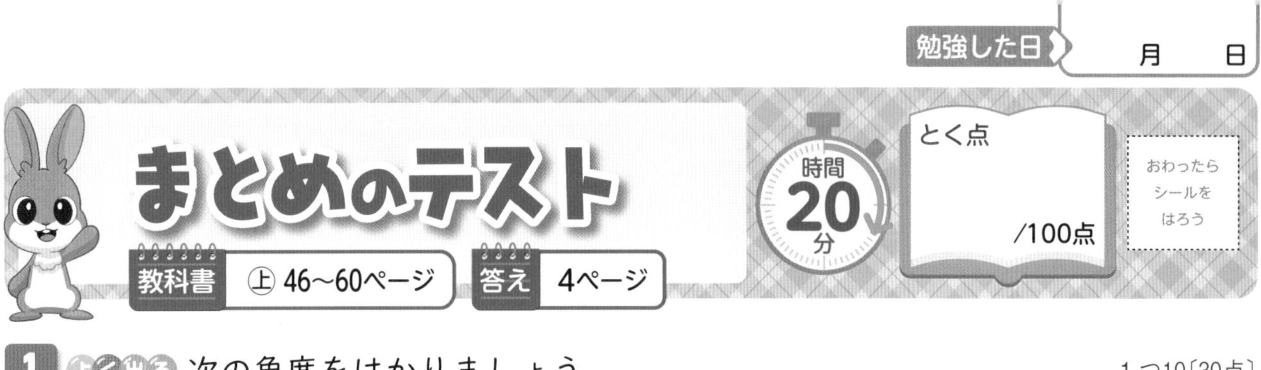

1 よく出る 次の角度をはかりましょう。　1つ10〔30点〕

❶
(　　　)

❷
(　　　)

❸
(　　　)

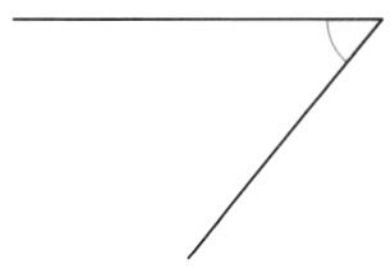

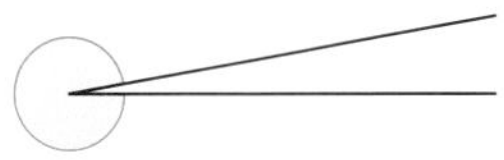

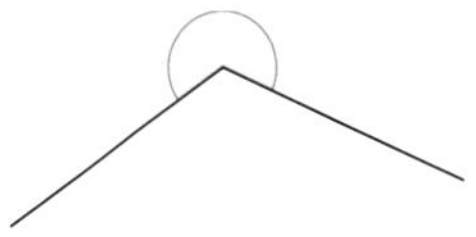

2 次の大きさの角をかきましょう。　1つ15〔30点〕

❶ 155°

❷ 3直角

3 下のような三角形をかきましょう。　〔10点〕

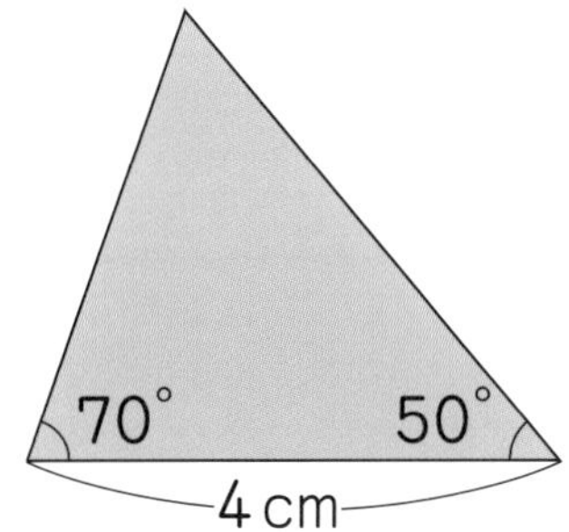

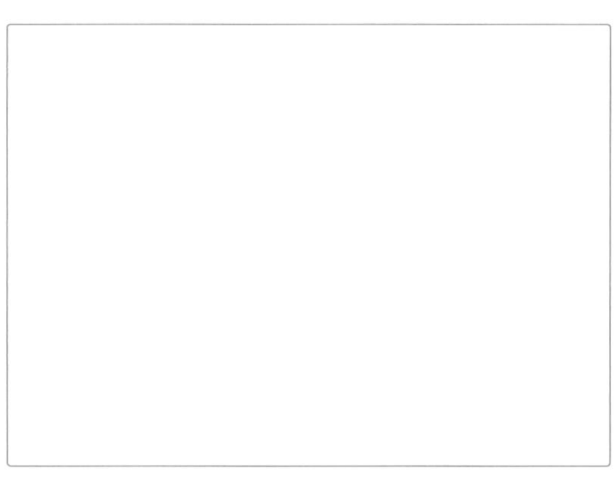

4 三角じょうぎを、次のように組み合わせました。㋐～㋒の角度を求めましょう。　1つ10〔30点〕

㋐(　　　)　㋑(　　　)　㋒(　　　)

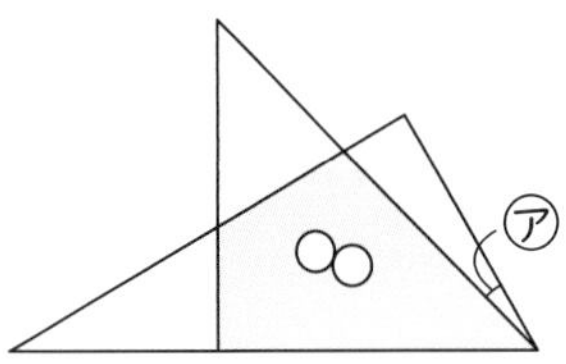

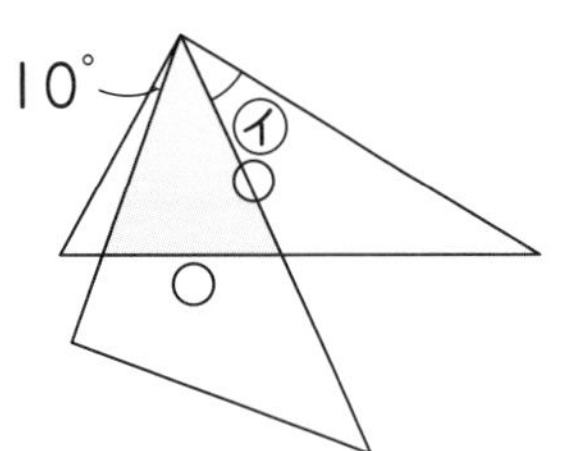

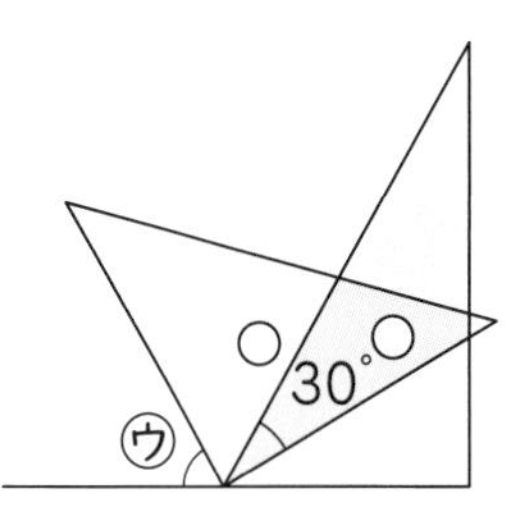

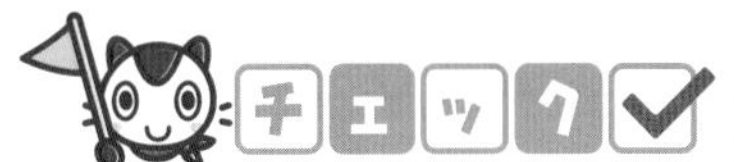

チェック
□ 分度器を使って、角の大きさをはかったり、角をかいたりできたかな？
□ 三角じょうぎを組み合わせたときにできる角の大きさを求められたかな？

(2けた)÷(1けた)の計算

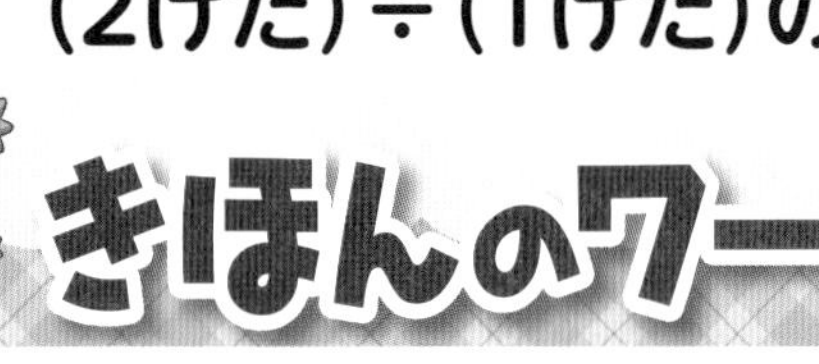

学習の目標
いろいろな計算のしかたを、図や式を使って説明してみよう。

おわったらシールをはろう

教科書 上 62~65ページ　答え 4ページ

きほん1 わられる数が大きいわり算のしかたがわかりますか。

☆えん筆 72 本を 4 人で等しく分けます。1 人分は、何本になりますか。

とき方 1 人分が何本であるかを求める式は、□÷□となります。
（全部の数）（人数）

答えが 72 になる九九を考えると、
□×8＝72
右の図のように、72 を 9×8 の形にならべて、4 つに分けます。4 つに分けると、1 つ分の数は、9 が□つ分だから、
72÷4＝9×□＝□

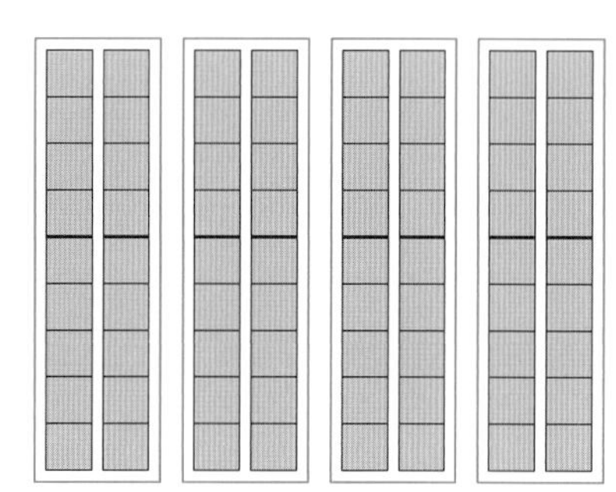

答え □本

9 のかたまり 8 つ分から「9 のかたまり 2 つ分」が 4 つできるよ。

1 つの□の中にある■の数が、72 を 4 つに分けたときの 1 つ分の数だね。

1 72÷4 の別の計算のしかたを説明しましょう。

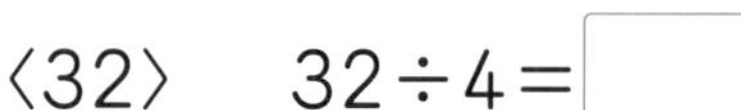

❶ まず、72＝40＋32 と考えます。40 は 10 ずつ 4 つに分け、残りの 32 を 4 つに分けます。

〈40〉 40÷4＝□　　〈32〉 32÷4＝□

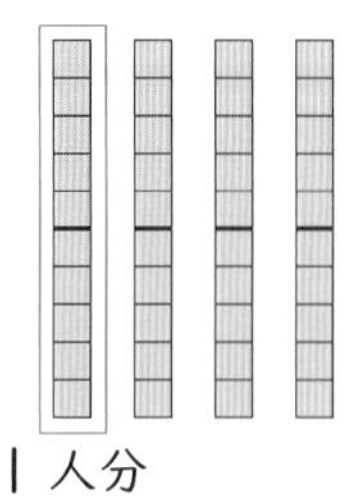

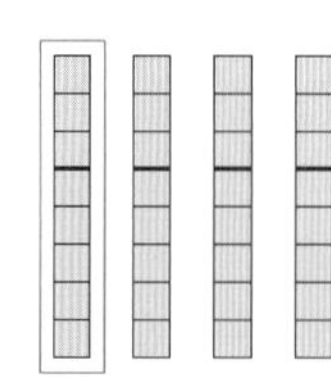

❷ ❶を合わせた数を求めます。

式

答え（　　　）

ポイント わられる数が大きくなっても、わられる数を 2 つに分けるなどのくふうをして、わり算のしかたを考えることができます。

まとめのテスト

教科書 ㊤62〜65ページ　答え 4ページ

1 42÷3 の計算のしかたを□にあてはまる数を入れて説明しましょう。 1つ7〔56点〕

《1》答えが 42 になる九九を考えると、7×6＝42

右の図のように、42 を 7×6 の形にならべて、3 つに分けます。

3 つに分けると、1 つ分の数は、7 が □ つ分だから、

42÷3＝7×□＝□

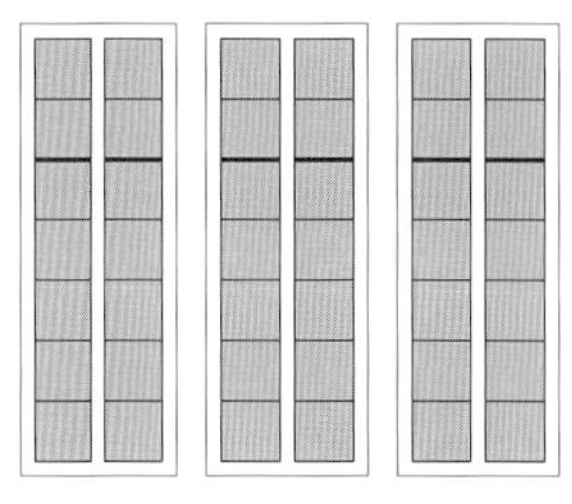

《2》42 を 2 つに分けると、42÷2＝21

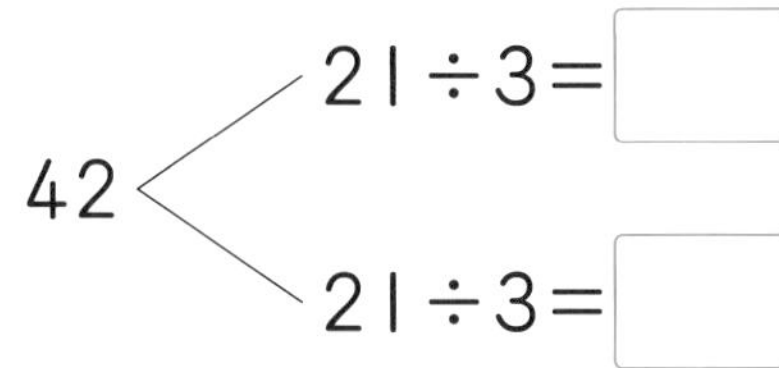

□ が 2 つ分 だから、42÷3＝□×2＝□

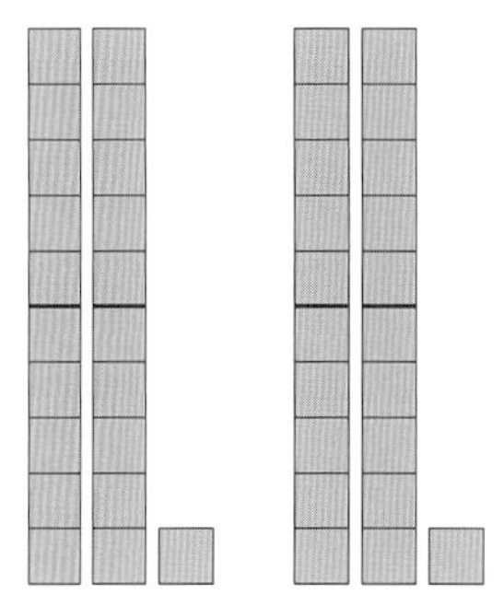

2 チョコレート 90 こを 5 人で等しく分けます。1 人分は何こになりますか。次の 2 つの方法（ほうほう）で説明しましょう。 1つ22〔44点〕

《1》90 を 3 つに分けて考える方法

《2》90 を 50 と 40 に分けて考える方法

チェック✓
□ わられる数が大きいわり算ができたかな？
□ わられる数が大きいわり算の計算のしかたを説明できたかな？

勉強した日　月　日

① 商が1けたのわり算
② 商が2けたのわり算 [その1]

きほんのワーク

学習の目標
整数のわり算の計算を筆算でするしかたを身につけよう。

おわったらシールをはろう

教科書 上 66～70ページ　答え 4ページ

きほん1 わり算の筆算のしかたがわかりますか。

☆57 このあめを、1人に9こずつ分けます。あめは何人に分けられて、何こあまりますか。

とき方 答えを求める式は、「全部の数÷1人分の数」から、□÷9 とわり算になります。わり算も筆算でできます。

9)57 → 9)57（商6） → 9)57（商6、54をひく）

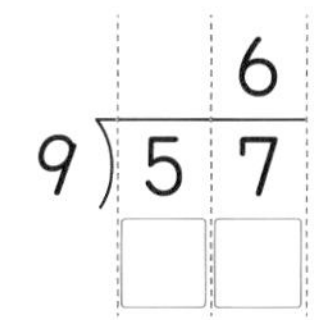

「九六 54」で6がたつ。57の一の位の上に、答えの6を書く。

「九六 54」の 54 を、57の下に位をそろえて書く。

57から54をひく。あまりは3。あまりの3が、わる数の9より小さいことをたしかめる。

たてる → かける → ひく

答え □人に分けられて、□こあまる。

たいせつ
あまりのあるわり算の答えは、「**商**と**あまり**」になります。

57 ÷ 9 = 6 あまり 3
わられる数　わる数　商　あまり

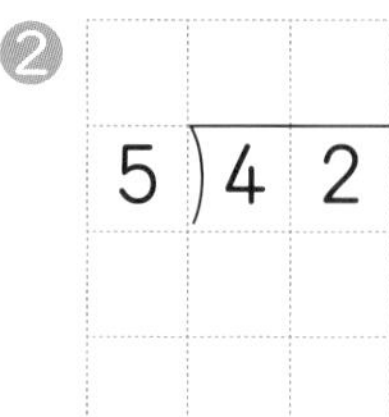

1 次の計算を筆算でしましょう。また、答えのたしかめをしましょう。

教科書 66ページ1 67ページ1 2

❶ 7)31　　❷ 5)42　　❸ 3)8

たしかめ（　　）　たしかめ（　　）　たしかめ（　　）

さんすうはかせ　あまりのあるわり算には、大切なルールがあるよ。「あまりはわる数より小さい」ということだよ。このことはわすれないようにしよう。

きほん2 商が2けたになるわり算の筆算のしかたがわかりますか。

☆75このあめを、3人で同じ数ずつ分けます。1人分は何こになりますか。

とき方 答えを求める式は、「全部の数÷1人分の数」から、75÷3とわり算になります。わり算の筆算では、大きい位から順に計算します。ここでは、十の位から商がたちます。

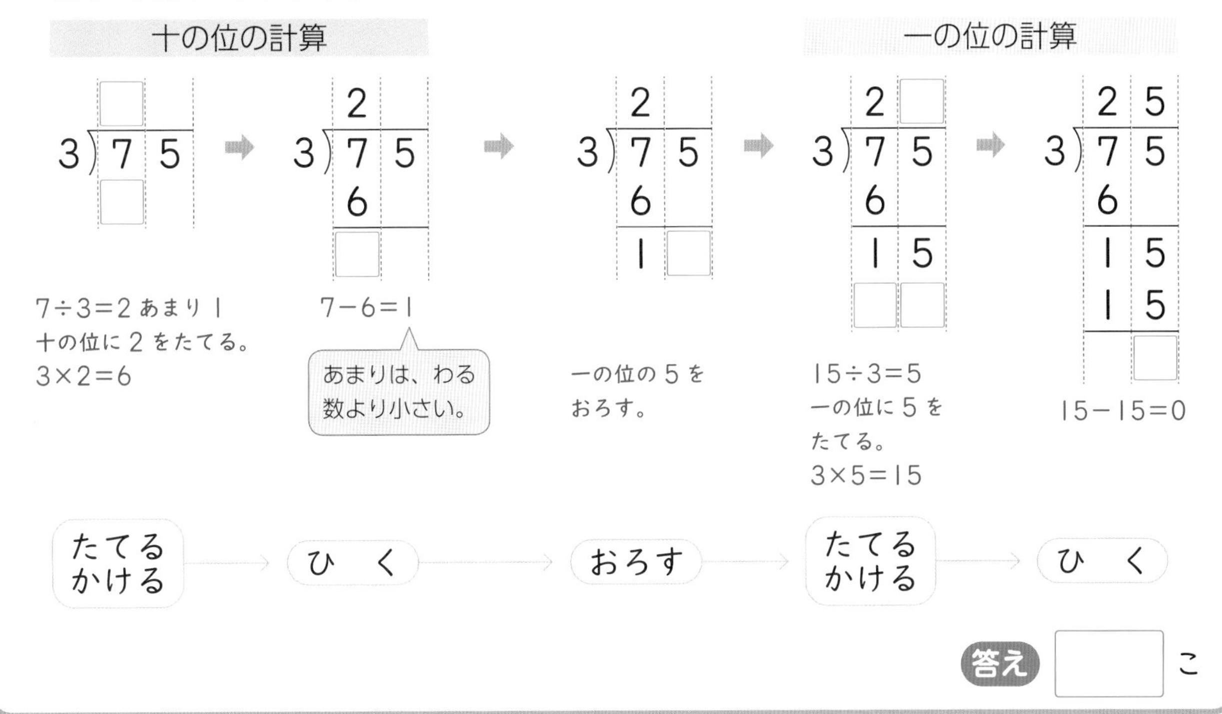

答え □こ

2 次の計算を筆算でしましょう。また、答えのたしかめをしましょう。

教科書 66ページ1 67ページ1▶2

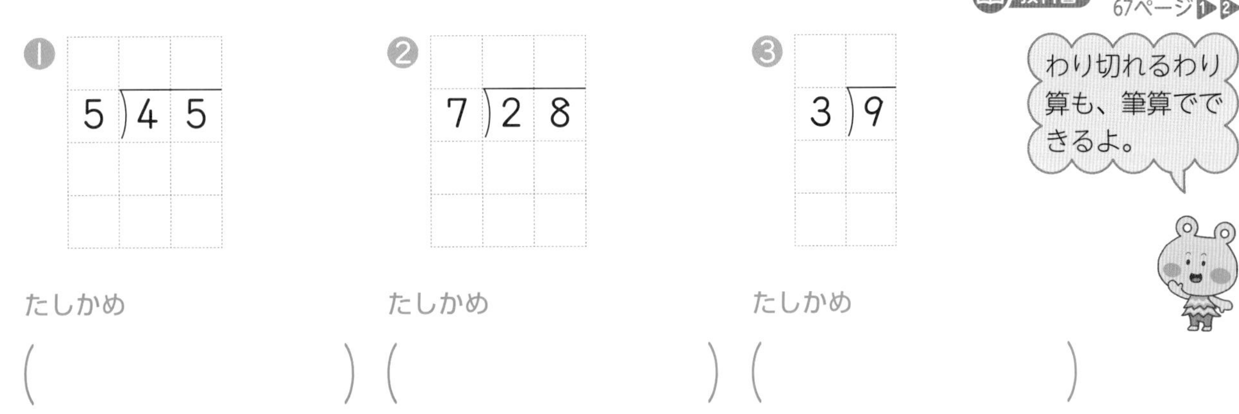

3 次の計算を筆算でしましょう。

教科書 68ページ1 70ページ1

❶ 4)72

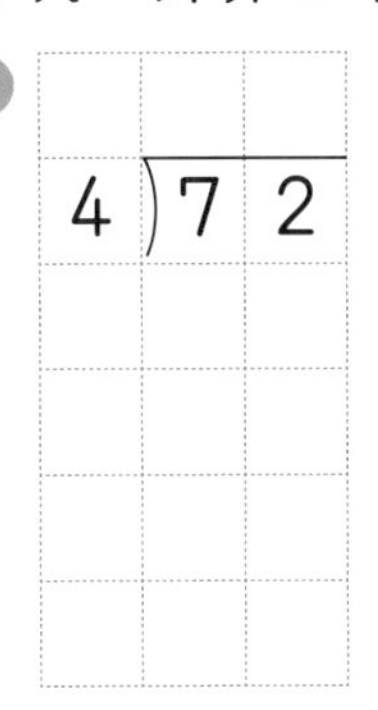

❷ 2)94

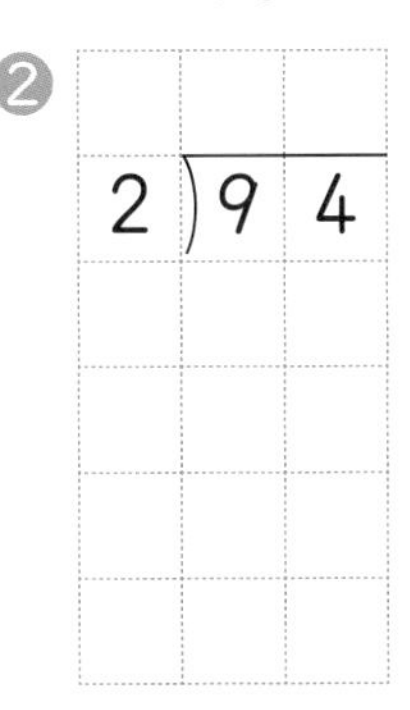

❸ 7)84

❹ 6)78

ポイント あまりのあるわり算では、(わる数)×(商)+(あまり)の式にあてはめて、その答えが「わられる数」になることをたしかめましょう。

勉強した日　月　日

② 商が2けたのわり算 [その2]
③ (3けた)÷(1けた)の計算 [その1]

きほんのワーク

学習の目標・
わられる数が大きくなっても、わり算ができるようにしよう。

おわったらシールをはろう

教科書 ㊤71～74ページ　答え 4ページ

きほん1 筆算をかん単にすることができますか。

☆91÷3 の計算を筆算でしましょう。

とき方　大きい位から順に計算します。十の位がわり切れて、商に 0 がたつ筆算であることに注意します。

十の位の計算　　　　一の位の計算

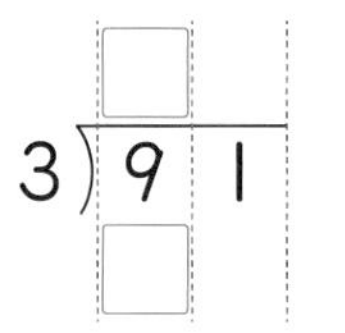

9÷3=3
十の位に 3 をたてる。
3×3=9

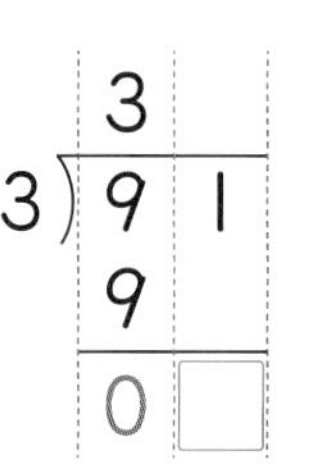

9−9=0 なので、
0 は書かずに一の位の | をおろす。

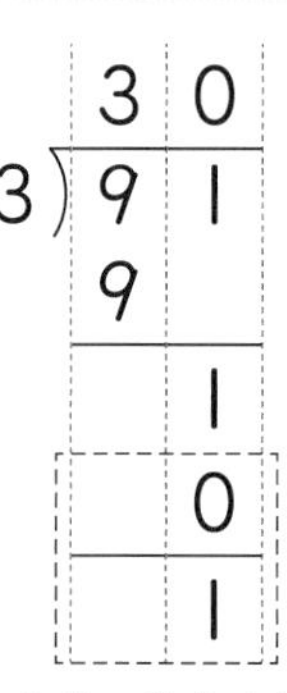

|÷3=0 あまり |
一の位に 0 をたてる。
3×0=0　|−0=|

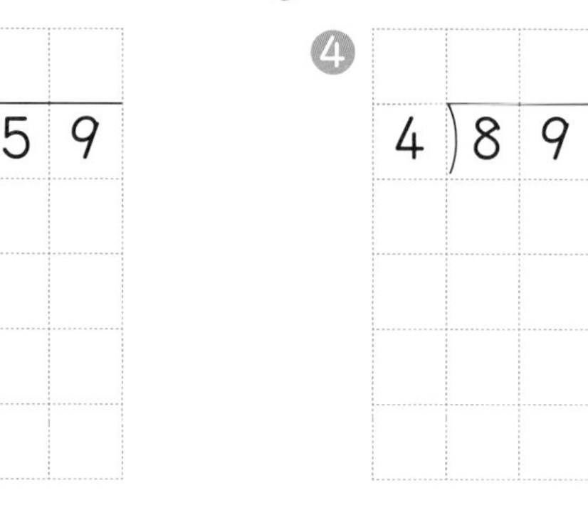

答え ＿＿ あまり ＿＿

1 次の計算を筆算でしましょう。　教科書 72ページ4 1

① 2)87　② 3)67　③ 5)59　④ 4)89

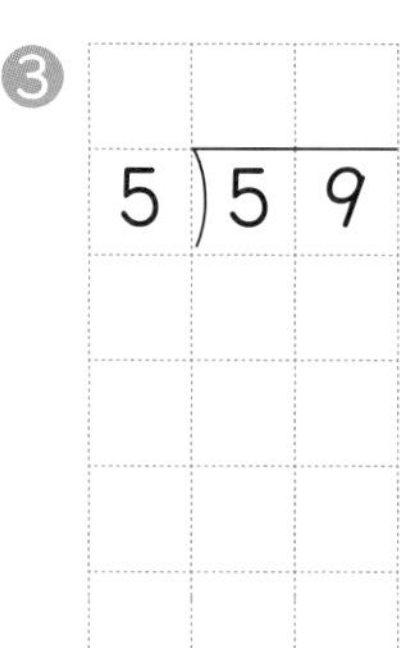

⑤ 2)61　⑥ 4)83　⑦ 7)72　⑧ 9)96

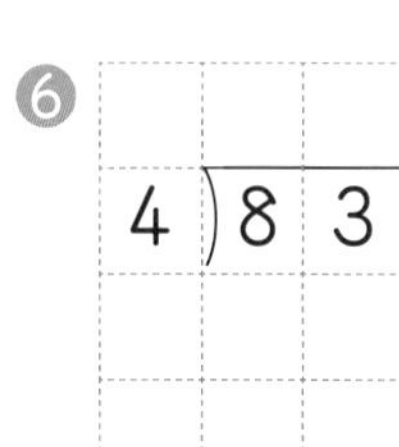
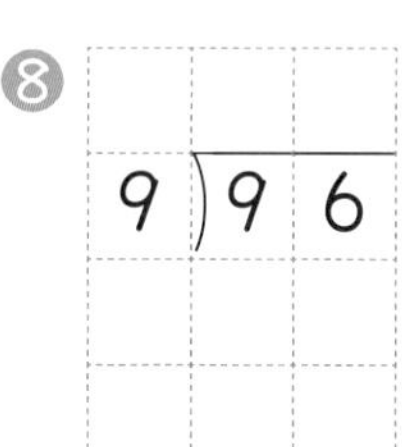

さんすうはかせ　かけ算やわり算の筆算で「0」がでてくると、書き方をくふうできることが多いよ。ぎゃくに、答えのところでの書きわすれには注意しよう。

きほん2 (3けた)÷(1けた)の筆算のしかたがわかりますか。

☆635÷5 の計算を筆算でしましょう。

とき方 わられる数が3けたのときも、これまでと同じように筆算で計算することができます。大きい位から順に計算します。

ここでは、百の位が6であり、5でわれることに注意します。

商の百の位に1をたてます。

```
       □                 1 □                 1 2 □
  5 ) 6 3 5   →    5 ) 6 3 5   →    5 ) 6 3 5
      5                  5                   5
      1                  1 3                 1 3
                         1 0                 1 0
                           3                   3 5
                                               3 5
                                                 □
```

位ごとに、たてる→かける→ひく→おろすをくり返すよ。

答え □

2 次の計算を筆算でしましょう。 教科書 73ページ1 1▷

① 2)684

② 6)828

③ 4)953

3 次の計算を筆算でしましょう。 教科書 73ページ1 1▷

① 849÷3　　② 795÷7

ポイント わり算の筆算は大きい位から順に九九を使って、たてる→かける→ひく→おろすのくり返しで計算します。位はたてにそろえて書くことが大切です。

勉強した日　月　日

③ (3けた)÷(1けた)の計算 [その2]
④ (3けた)÷(1けた)=(2けた)の計算

きほんのワーク

学習の目標
商のたつ位に気をつけて筆算したり、式をつくれるようになろう。

おわったらシールをはろう

教科書 上 75～76ページ　答え 5ページ

きほん1 商の十の位に0がたつ筆算のしかたがわかりますか。

☆429÷4 の計算を筆算でしましょう。

とき方 筆算で計算すると、右のようになります。十の位(くらい)に0をたてたときは、一の位の数をおろして、わり算を続(つづ)けます。

4)429 ➡ 4)429（商 1、4、20） ➡ 4)429（商 10、4、20、29）

2÷4=0 あまり 2
十の位に 0 をたてる。

この部分の計算は、書かずに省(はぶ)くことができる。

答え □ あまり □

1 次の計算を筆算でしましょう。 教科書 75ページ2 1

❶ 927÷3　❷ 754÷7　❸ 850÷5　❹ 921÷4

きほん2 暗算でわり算ができますか。

☆87÷3 の計算を、暗算でしましょう。

とき方 87 を □ と 27 に分けて考えます。

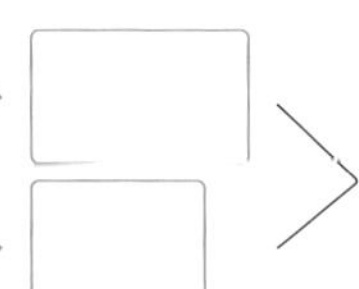

87÷3 ＜ 60÷3 ➡「三二が 6」 ➡ □ ／ 27÷3 ➡「三九 27」 ➡ □ ＞

合わせて □ です。　**答え** □

3 でわり算しやすい 60 と 27 に分けているんだね。

2 次の計算を暗算でしましょう。 教科書 75ページ

❶ 98÷2　❷ 64÷4　❸ 80÷5

❹ 480÷2　❺ 609÷3　❻ 355÷5

❹は 400 と 80、❺は 600 と 9、❻は 350 と 5 に分けて考えよう。

さんすうはかせ
かん単(たん)なわり算の暗算ができると、実さいの生活で役立つよ。わり算しやすい数に分けて、それぞれをわり算し、そのあと合わせればいいんだね。

きほん 3 百の位に商がたたないわり算の筆算ができますか。

☆348 まいのビスケットを、１ふくろに 5 まいずつ入れていきます。
ビスケットが 5 まい入ったふくろは何ふくろできて、ビスケットは何まいあまりますか。

とき方 答えを求(もと)める式は、「全部の数÷１つ分の数」から、□÷□ とわり算になります。
わられる数の百の位の数が、わる数より小さいときは、商が 2 けたになります。
商を十の位からたてて、計算を始めます。

```
  ×
5)3 4 8
```
3÷5
百の位に商はたたない。

→

```
    □
5)3 4 8
  3 0
    4
```
34÷5
十の位から商がたつ。

→

```
    6 □
5)3 4 8
  3 0
    4 8
    4 5
      □
```

わられる数を十の位までとって、34÷5 の計算から始めればいいんだね。

答え □ ふくろできて、□ まいあまる。

3 次の計算を筆算でしましょう。 教科書 76ページ 1 1

❶ 7)378

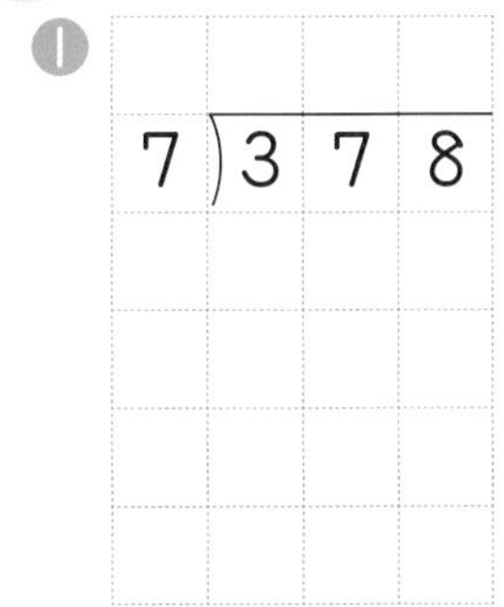

❷ 4)310

❸ 6)548

4 次の計算を筆算でしましょう。 教科書 76ページ 1 1

❶ 134÷2　❷ 315÷9　❸ 295÷8

ポイント 百の位に商がたたないときは、十の位に商をたてて、百の位までふくめて計算をします。

勉強した日　月　日

練習のワーク

教科書 上 66~77、151ページ　答え 5ページ

できた数 /9問中

1 わり算の筆算　次の計算を筆算でしましょう。

① 5)79　② 4)96　③ 3)61

④ 7)932　⑤ 4)820　⑥ 6)248

2 (2けた)÷(1けた)の計算　カードが75まいあります。1人に4まいずつ分けると、カードは何人に分けられて、何まいあまりますか。

式

答え（　　　　）

3 (3けた)÷(1けた)の計算　4年生144人が遠足に行きます。同じ人数ずつ3台のバスに乗るには、1台に何人ずつ乗ればよいですか。

式

答え（　　　　）

4 間の数を考える問題　長さ708mの道の両側（りょうがわ）に、道のはしからはしまで6mおきに木を植えることになりました。木を何本植えることになりますか。

式

答え（　　　　）

てびき

1 わり算の筆算
何の位（くらい）から商がたつか注意しながら、わり算をしましょう。答えを求（もと）めたら、たしかめもしておきましょう。

わり算のたしかめ

●÷■＝▲あまり★
（●わられる数、■わる数、▲商、★あまり）

わる数×商＋あまり
→わられる数

2 **3** どんな問題のとき、わり算を使うのか、考えながらといていきます。わり算の計算は筆算でしましょう。

4 間の数

ちゅうい

道の長さを、木と木の間の長さでわった数は、木と木の間の数です。かた側の木の数は、木と木の間の数より1多い数です。

できるナビ　わり算の筆算をするときは、きちんと位をたてにそろえて書いて、答えがたつ位をまちがえないようにしましょう。

時間20分　とく点　/100点　おわったらシールをはろう

1 よく出る 次の計算を筆算でしましょう。 1つ8〔32点〕

❶ 3)66　❷ 5)739　❸ 2)401　❹ 7)685

2 よく出る 875÷4 の計算を筆算でして、答えのたしかめもしましょう。1つ6〔12点〕

たしかめ（　　　）

3 98 このおはじきを、8 人で同じ数ずつ分けると、1 人分は何こで、あまりは何こになりますか。 1つ8〔16点〕

式

答え（　　　）

4 長さ 153cm のはり金から、長さ 9cm のはり金は何本とれますか。 1つ8〔16点〕

式

答え（　　　）

5 4 年生は 113 人います。5 人ずつ長いすにすわっていくと、全員がすわるには、長いすは何きゃくいりますか。 1つ8〔16点〕

式

答え（　　　）

6 144 cm のリボンを使って、正方形の形をつくります。1 つの辺（へん）の長さは、何 cm になりますか。 〔8点〕

（　　　）

ふろくの「計算練習ノート」4～7ページをやろう！

チェック
□ (2 けた)÷(1 けた)のわり算ができたかな？
□ (3 けた)÷(1 けた)のわり算ができたかな？

勉強した日　月　日

① 表の整理
② しりょうの整理
きほんのワーク

学習の目標

記録をわかりやすく表に整理して読めるようにしよう。

おわったらシールをはろう

教科書 上 79～82ページ　答え 5ページ

きほん 1 2つのことがわかるように表に整理できますか。

☆右の表は、みきさんの学校で、１か月にけがをした人の記録(きろく)を調べたものです。これを、けがの種類(しゅるい)と場所の２つに目をつけて、下の表に整理します。下の表を完成(かんせい)させましょう。

けがをした人の記録

組	種類	場所	組	種類	場所
4	切りきず	校庭	2	打ち身	体育館
2	打ち身	校庭	1	切りきず	教室
2	打ち身	校庭	4	打ち身	体育館
3	すりきず	教室	3	切りきず	ろうか
1	打ち身	体育館	1	すりきず	教室
2	切りきず	校庭	4	すりきず	校庭
4	すりきず	校庭	2	すりきず	校庭
3	打ち身	校庭	1	ねんざ	ろうか
4	切りきず	教室	3	すりきず	校庭
2	ねんざ	体育館	4	切りきず	教室
3	すりきず	教室	2	打ち身	校庭
4	切りきず	教室	2	すりきず	教室
3	切りきず	ろうか	1	すりきず	校庭
1	切りきず	教室	4	ねんざ	体育館
1	打ち身	体育館	2	すりきず	校庭
2	すりきず	教室	1	切りきず	教室

けがの種類とけがをした場所　(人)

種類＼場所	校庭	教室	ろうか	体育館	合計
すりきず	正一				
打ち身	正 4				
切りきず	T 2				
ねんざ	0				
合計					

とき方 上の左の表では、１つのことをたてに、もう１つのことを横にとっています。たとえば、すりきずを校庭でした人は、それぞれのことをたてと横で見て、交わったところに書くので □ 人です。

また、校庭でけがをした人の合計は □ 人です。

数えるときは、「正」の字を書いて調べると便利(べんり)だよ。

答え 上の表に記入

1 きほん1の右側(みぎがわ)の記録の表を、けがをした場所と組の２つに目をつけて、右の表にまとめましょう。また、けがをした人がいちばん多いのは何組ですか。

教科書 81ページ 2

(　　　　)

けがをした場所と組　(人)

場所＼組	1	2	3	4	合計
校庭					
教室					
ろうか					
体育館					
合計					

日本では、数を数えるときに「正」の字を書くけれど、アメリカでは｜を使って、1、2、3、4を数え、5つ目が横線になるよ。3→||| 5→卌 9→卌||||

きほん2 グループに分けて整理できますか。

☆左下の表は、まさるさんのはんの人たち８人について、さか上がりや足かけ上がりができるかどうかを調べたものです。これを、右下のような表に作りかえます。表に人数を書き入れましょう。

はんのさか上がり、足かけ上がり調べ

種目＼名前	まさる	つとむ	きよし	じろう	りょう	さとし	よしお	たけお
さか上がり	×	×	○	○	○	×	○	○
足かけ上がり	○	×	○	○	×	○	×	○

（○…できる、×…できない）

はんのさか上がり、足かけ上がり調べ　（人）

		さか上がり		合計
		できる	できない	
足かけ上がり	できる	㋐	㋑	㋖
	できない	㋒	㋓	㋗
合計		㋔	㋕	㋘

とき方 右の表の㋐～㋓には、それぞれ次の人数が入ります。

㋐…さか上がりも足かけ上がりもできる人数

㋑…さか上がりができなくて足かけ上がりができる人数

㋒…さか上がりができて足かけ上がりができない人数

㋓…さか上がりも足かけ上がりもできない人数

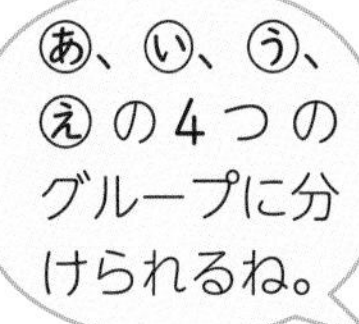

また、㋔にはさか上がりができる人数（㋐と㋒の和）、㋕にはさか上がりができない人数（㋑と㋓の和）、㋖には足かけ上がりができる人数（㋐と㋑の和）、㋗には足かけ上がりができない人数（㋒と㋓の和）が入ります。

さらに、㋘には全体の人数の８（㋔と㋕の和、㋖と㋗の和）が入ります。

答え 上の表に記入

2 ４年１組で、二重とびやあやとびができるかどうかを調べて、下の表にしました。次の人数を答えましょう。

教科書 82ページ1

なわとび調べ　（人）

		二重とび		合計
		できる	できない	
あやとび	できる	16	7	
	できない	3	2	
合計				

❶ どちらもできない人　（　　　）

❷ あやとびができる人　（　　　）

❸ 二重とびだけができる人　（　　　）

❹ ４年１組の人数　（　　　）

表のあいているところを、計算してうめておくといいんだ。

ポイント 集めた記録を、２つのことに目をつけて表にすることがあります。表にすることによって、整理され、特ちょうがわかりやすくなります。

勉強した日　　月　　日

教科書 ㊤79〜83ページ　答え 6ページ

できた数　　/7問中

おわったら シールを はろう

1 整理のしかた 右の表は、けんさんのクラス全員の書き取りテストの点数を表したものです。

(点)

男子	9	8	10	7	8	9	7	10
	8	7	6	10	8	8		
女子	8	9	10	7	9	10	8	9
	7	7	10	10	8	9	9	

❶ 男子と女子の人数はそれぞれ何人ですか。

男子（　　　　）　女子（　　　　）

❷ 右の表に整理しましょう。

書き取りテストの点数　(人)

男女＼点数	10点	9点	8点	7点	6点	合計
男子						
女子						
合計						

❸ 男子で人数がいちばん多かった点数は、何点ですか。（　　　　）

2 整理のしかた しんやさんの組で、にんじんやピーマンについて好き(す)かどうかを調べました。しんやさんの組の人数は、32人です。

にんじんの好きな人 15人
ピーマンの好きな人 11人
どちらもきらいな人 9人

右の表に、人数を書き入れましょう。

食べ物調べ　(人)

		にんじん		合計
		好き	きらい	
ピーマン	好き	あ	い	き
	きらい	う	え	く
合計		お	か	32

3 表の利用 箱の中に、ハートの形と星の形をしたシールが入っています。シールの色は、それぞれ緑色と黄色の2種類(しゅるい)あり、ハートのシールは12まい、星のシールは30まい、黄色のシールは15まい、ハートで緑色のシールは8まいあります。

❶ シールは全部で何まいありますか。（　　　　）

❷ 星の形で黄色のシールは何まいありますか。（　　　　）

1 整理のしかた
集めた記録(きろく)を2つのことに目をつけて整理し、表にまとめていきます。
表にするときは、もれや重なりがないように気をつけながら、じゅんじょよく数えていきます。
数えたものにしるしをつけるなどくふうしてみましょう。

ちゅうい
たて方向や横方向の合計数が全体の数と同じになっているかもたしかめるようにしましょう。

2 にんじんの好きな人の人数はおに、ピーマンの好きな人の人数はきに、どちらもきらいな人の人数はえに書き入れましょう。残(のこ)りの部分に入る人数は計算で求(もと)めましょう。

3 下のような表にまとめて考えます。

＼			

できるナビ 2つのことがわかる表をかくときは、何に目をつけるのかをよく考え、もれや重なりに注意して整理しましょう。

まとめのテスト

教科書　(上) 79〜83ページ　答え　6ページ

1 まもるさんは、児童館(じどう)にいた人たちに、住んでいる町と生まれた月を書いてもらいました。　1つ30〔60点〕

こうじ	南町	3月	りかこ	北町	8月	けんじ	南町	2月	れいな	南町	6月
さゆり	北町	12月	みきこ	南町	5月	さやか	南町	9月	ゆうか	北町	12月
まなぶ	北町	1月	たかし	北町	7月	のぼる	南町	1月	まもる	北町	4月
るりこ	南町	4月	ゆきこ	北町	3月	ひろと	南町	10月	ななこ	北町	6月
えみこ	北町	11月	せいじ	南町	10月	さとし	北町	8月	ともや	南町	5月

❶　このデータを、住んでいる町別(べつ)と生まれた月別に整理して、人数を下の表にまとめましょう。

住んでいる町別の生まれた月調べ　(人)

月／住んでいる町	4〜6月	7〜9月	10〜12月	1〜3月	合計
南町					
北町					
合計					20

❷　❶の表を見て、人数がいちばん少ないのは、どの町に住んでいるどの月に生まれた人か答えましょう。

(　　　　　　　　　　　)

2 よく出る　左の表は、たけるさんのはんの10人に、科学読み物や伝記(でんき)について好きかどうかを調べたものです。　1つ4〔40点〕

本調べ

	1	2	3	4	5	6	7	8	9	10
科学読み物	○	○	△	△	○	○	○	△	△	△
伝記	○	△	○	○	△	○	○	○	△	○

(○…好き、△…きらい)

本調べ　(人)

		科学読み物 好き	科学読み物 きらい	合計
伝記	好き	(あ)	(い)	(き)
伝記	きらい	(う)	(え)	(く)
合計		(お)	(か)	(け)

❶　右の表は、左の表をまとめなおしたものです。右の表のあいているところに、あてはまる人数を書きましょう。

❷　たけるさんは右の表の(あ)に、ゆりさんは(う)に、ふみやさんは(え)に入るそうです。左の表の9の人は、たけるさん、ゆりさん、ふみやさんのうちだれですか。

(　　　　　　　　　　　)

□ 2つのことがわかるように表にまとめることができたかな？
□ 表にまとめて、それを正しく読むことができたかな？

勉強した日　月　日

① 何十でわるわり算
② 2けたでわるわり算(1)［その1］

きほんのワーク

学習の目標・
2けたの数でわる計算を考え、筆算ができるようになろう。

おわったらシールをはろう

教科書 上 88～91ページ　答え 6ページ

きほん1 何十でわる計算がわかりますか。

☆120このかきを30こずつ箱につめます。箱は何箱必要ですか。

とき方　答えを求める式は、「全部の数÷1箱分の数」から、

120 [ ] [ ] とわり算になります。

10をもとにして考えると、

120÷30の商は12÷3の商と同じだから、

120÷30=[ ]

答え [ ] 箱

10が12こ

30が(12÷3)こ

120から30は何ことれるか考えるんだね。

1 次の計算をしましょう。 教科書 89ページ 1 1

❶ 60÷20　❷ 250÷50　❸ 420÷60

きほん2 何十でわる計算のあまりを求めることができますか。

☆190まいの画用紙を、40まいずつたばにすると、何たばできて、何まいあまりますか。

とき方　答えを求める式は、「全部の数÷1たば分の数」から、[ ] ÷ [ ] とわり算になります。

10をもとにして考えると、190÷40の商は、

19÷4=4あまり 3 から [ ] です。

3 は10が3こあることを表しているので、あまりは [ ] です。

190÷40=[ ] あまり [ ]

答え [ ] たばできて、[ ] まいあまる。

190÷40は19÷4と、商は同じ4になるけれど、あまりは10×(あまりの数)になるんだね。

さんすうはかせ　【外国の筆算(1)】外国のわり算の筆算の書き方は日本のとはちがっているよ。いろいろと調べてみよう。おとなりの韓国では同じように書くんだ。

2 次の計算をしましょう。 教科書 90ページ 2 2

❶ 90÷20　❷ 110÷30　❸ 360÷70

❹ 450÷60　❺ 850÷90　❻ 700÷80

きほん 3　2けたの数でわる筆算のしかたがわかりますか。

☆93このおはじきを31こずつふくろに入れます。31こ入りのふくろは何ふくろできますか。

とき方 答えを求める式は、「全部の数÷1ふくろ分の数」から、

□÷□とわり算になります。

わられる数93を90、わる数31を30とみて、90÷30と考えて、

9÷3で商の見当をつけます。商のたつ位(くらい)に注意しましょう。

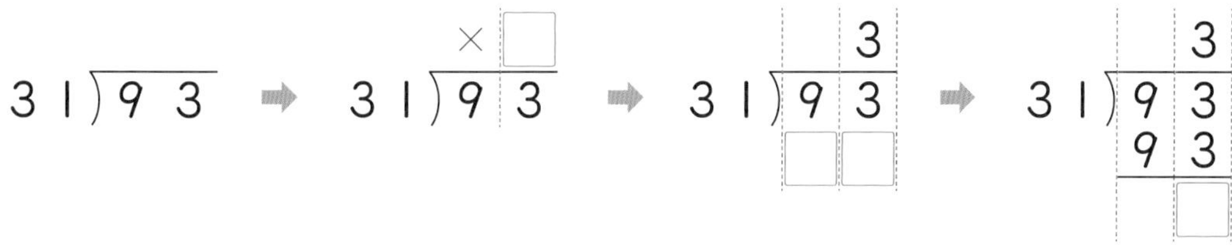

何の位から → たてる → かける → ひく

答え □ ふくろ

3 次の計算を筆算でしましょう。 教科書 91ページ 1 1

❶ 69÷23　❷ 72÷36　❸ 96÷24

❹ 49÷12　❺ 90÷43　❻ 79÷26

ポイント 2けたの数を2けたの数でわる計算をするときは、「何十÷何十」として、商の見当をつけます。

勉強した日　月　日

② 2けたでわるわり算(1) [その2]

きほんのワーク

学習の目標
かりの商が大きすぎたときの、商の求め方を覚えよう。

おわったらシールをはろう

教科書 上 92～95ページ　答え 6ページ

きほん 1 かりの商のたて方がわかりますか。

☆85本のえん筆があります。23人で同じ数ずつ分けると、1人分は何本になって、何本あまりますか。

とき方 答えを求める式は、「全部の数÷人数」から、□÷□とわり算になります。

わられる数85を80、わる数23を20とみて、80÷20と考えて、8÷2でかりの商をたてます。

ちゅうい
はじめに見当をつけた商をかりの商といいます。かりの商が大きすぎたときは、かりの商を1ずつ小さくしていきます。

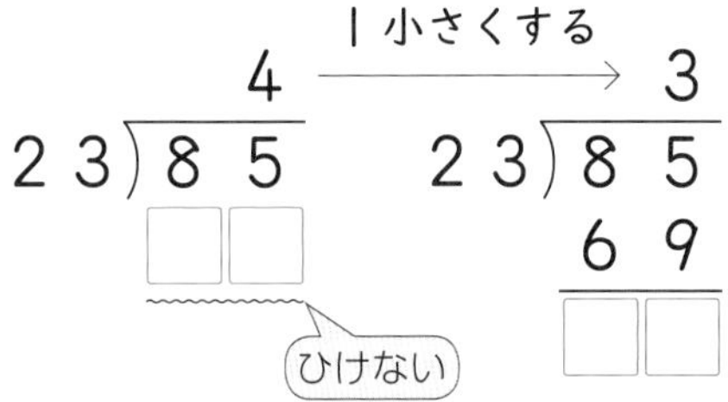

答え □本になって、□本あまる。

1 次の計算を筆算でしましょう。

教科書 92ページ2 1 93ページ3 2

❶ 65÷13　❷ 81÷27　❸ 93÷32

❹ 69÷12　❺ 85÷24　❻ 84÷14

❼ 68÷15　❽ 92÷17

【外国の筆算(2)】48÷9=5あまり3の筆算を右のように書いたりする国もあるよ。

《1》 5 / 48:9 / 45 / 3　《2》 48:9=5 / 45 / 3

きほん2 (3けた)÷(2けた)の筆算ができますか。

☆224÷32 の計算を筆算でしましょう。

わられる数が3けたになっても、かりの商のたて方は、2けたのときと同じだよ。

とき方 22÷32 だから、商は十の位(くらい)にはたちません。

わられる数 224 を 220、わる数 32 を 30 とみて、220÷30 と考えて、22÷3 でかりの商を一の位からたてます。

32)224 ➡ 32)224 (×□) ➡ 32)224 (7, □□□) ➡ 32)224 (7, 224, □)

何の位から ⟶ たてる ⟶ かける ⟶ ひく

答え □

2 次の計算を筆算でしましょう。 教科書 94ページ 4 1 95ページ 3

❶ 488÷61　❷ 138÷23　❸ 232÷45

❹ 354÷59　❺ 170÷24　❻ 213÷38

きほん3 かりの商が10や10より大きいときの計算のしかたがわかりますか。

☆426÷43 の計算を筆算でしましょう。

とき方 商は □ の位からたちます。

420÷□ と考えて、42÷4 で、かりの商をたてると 10 ですが、商は一の位からたつので、9 をかりの商とします。

答え □

43)426 (□) ➡ 43)426 (9, □□□, □□)

わる数の 43 より小さいことをたしかめる。

3 次の計算を筆算でしましょう。 教科書 95ページ 2 3

❶ 342÷38　❷ 422÷47　❸ 114÷19

ポイント 3けたの数を2けたの数でわる計算をするとき、「何百何十÷何十」として、かりの商をたてます。

勉強した日　月　日

③ 2けたでわるわり算(2)

きほんのワーク

学習の目標・
商が十の位からたつ 2 けたでわる筆算ができるようになろう。

おわったら シールを はろう

教科書 ㊤ 96～99ページ　答え 7ページ

きほん 1 商が十の位からたつ筆算ができますか。

☆375 まいの画用紙を、1 人に 25 まいずつ分けます。何人に分けられますか。

とき方　答えを求める式は、「全部の数÷1 人分の数」から、[　　]÷[　　] とわり算になります。

何の位から商がたつのか調べてから、たてる、かける、ひく、おろすのくり返しで計算します。

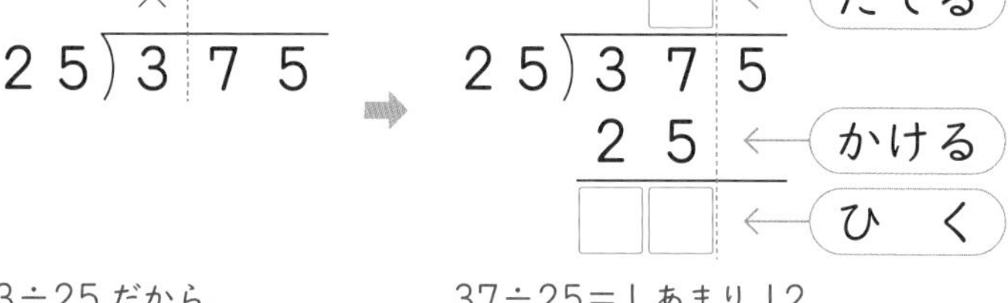

3÷25 だから、百の位に商はたたない。

37÷25=1 あまり 12 だから、十の位に 1 をたてる。

5 をおろして、わり算を続ける。

百の位→十の位→一の位の順に商の見当をつけていくよ。

答え [　　] 人

1 次の計算を筆算でしましょう。

教科書 96ページ 1　97ページ 2

❶ 221÷13　❷ 756÷18　❸ 864÷27

❹ 624÷26　❺ 812÷14　❻ 893÷47

わり算は、たてる→かける→ひく→おろすのくり返しだよ。

さんすうはかせ　【外国の筆算(3)】筆算の形はちがっても、どれも たてる → かける → ひく → おろす のくり返しをすることは同じだよ。

きほん 2 筆算のしかたがくふうできますか。

☆609÷57 の計算を筆算でしましょう。

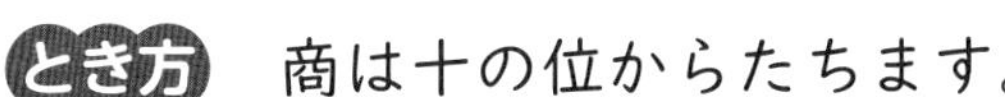

とき方 商は十の位からたちます。

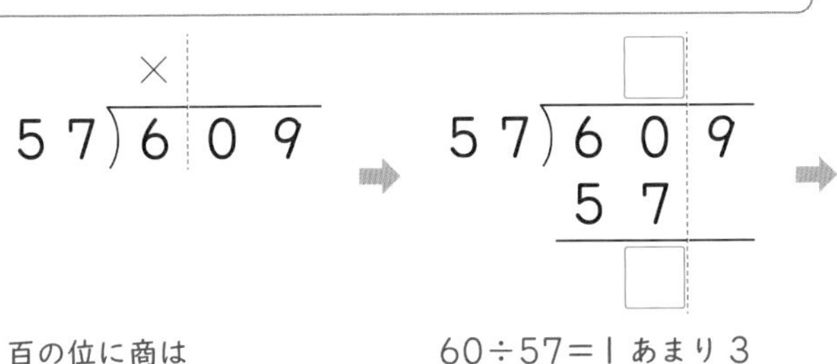

百の位に商はたたない。

60÷57＝1 あまり 3 だから、十の位に 1 をたてる。

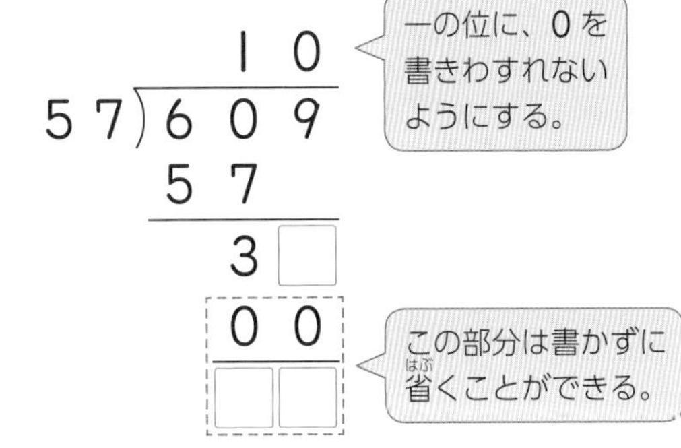

39÷57 だから、一の位に 0 をたてる。

2 次の計算を筆算でしましょう。 教科書 98ページ 2 1▶2▶

❶ 845÷28　❷ 639÷31　❸ 791÷13

❹ 483÷45　❺ 850÷17　❻ 920÷23

きほん 3 わる数が 3 けたになっても筆算ができますか。

☆848÷212 の計算を筆算でしましょう。

とき方 わられる数 848 を 800、わる数 212 を 200 とみて、800÷200 と考えて、8÷2 でかりの商をたてます。

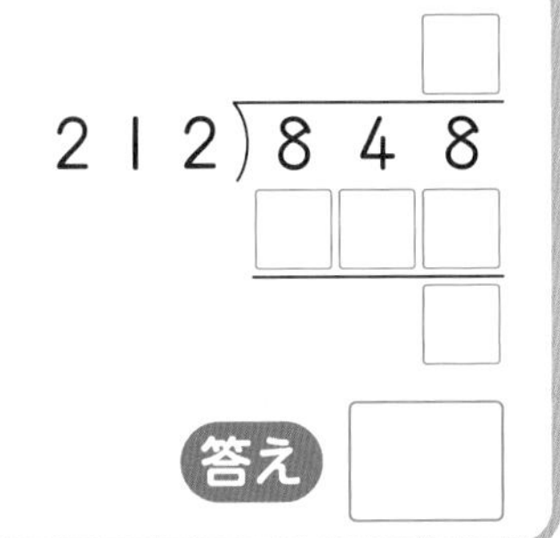

3 次の計算を筆算でしましょう。 教科書 99ページ 3 1▶

❶ 939÷313　❷ 882÷117　❸ 756÷189

ポイント (3 けた)÷(2 けた)の商は、十の位からたつときと一の位からたつときがあります。上から 2 けたの数字に注意し、何の位からたつかを考えましょう。

勉強した日　月　日

④ わり算のくふう
⑤ どんな式になるかな
きほんのワーク

学習の目標　0がおわりにあるわり算の筆算ができるようになろう。

おわったらシールをはろう

教科書 上 100～101ページ　答え 7ページ

きほん1　おわりに0がある数のわり算をくふうしてできますか。

☆18000÷600 を計算しましょう。

とき方　わられる数とわる数を同じ数でわっても商は変わらないので、それぞれ100でわって考えます。

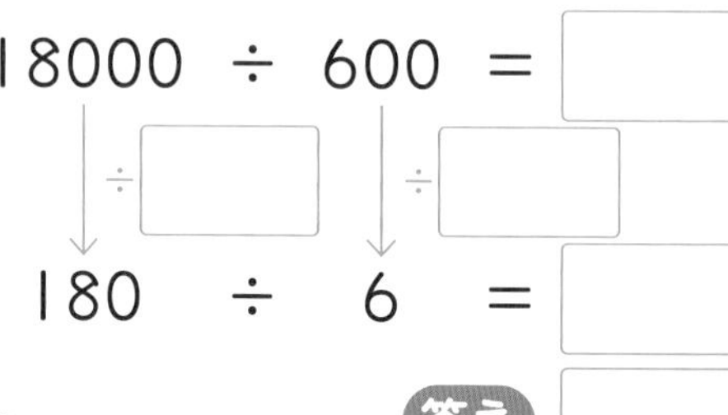

18000 ÷ 600 = □
↓÷□　↓÷□
180 ÷ 6 = □

答え □

```
        3 0
600)1 8 0 0 0
    1 8
    ─────
        0
```

※0を同じ数だけ消して計算できる。

1 次の計算をしましょう。　教科書 100ページ1

❶ 2700÷30　❷ 42000÷700　❸ 64000÷800

きほん2　0を消して計算したわり算のあまりがわかりますか。

☆3800÷600 の計算をしましょう。

とき方　わられる数の0とわる数の0を、同じ数ずつ消してから計算します。0を消したわり算で、あまりを求めるときは、あまりに0を消した分だけ0をつけたします。

```
          6
600)3 8 0 0
    3 6
    ─────
      2 0 0
```

あまりには、消した分だけ0をつける。

たいせつ
わる数×商＋あまり の計算をして、たしかめをしましょう。
600×6＋200＝3800 ←わられる数になったので、正しい。

答え □

2 次の計算をしましょう。　教科書 100ページ1 2

❶ 6800÷700　❷ 3000÷400　❸ 5800÷60

さんすうはかせ　わり算のくふうを使うことで、さらにけたの大きい数のわり算でも180000÷6000＝180÷6＝30 のように、かん単に計算することができるよ。

きほん3 問題を読んで、どんな式になるかわかりますか。

☆クッキーが入ったびんが４本あります。どのびんにも、クッキーは27こずつ入っています。クッキーは全部で何こありますか。

とき方　図にかいて、求めるものと、わかっているものの関係(かんけい)を考えます。

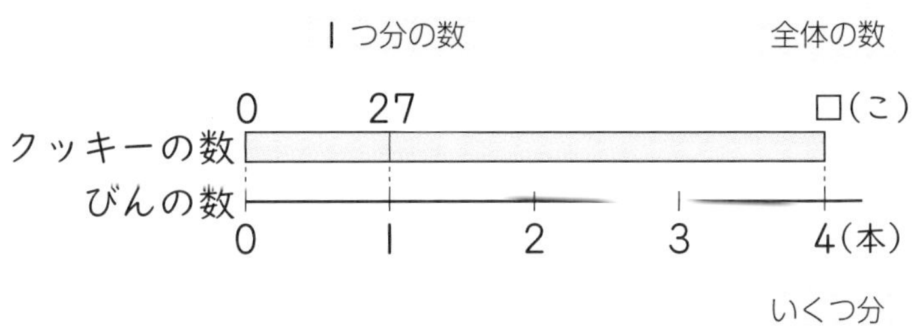

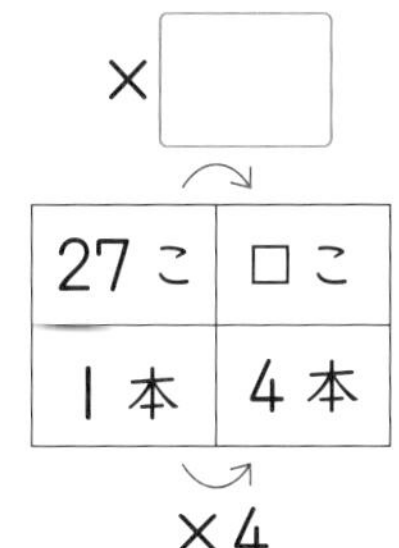

全体の数を求めるので、かけ算を使って計算します。

27×□＝□

答え □こ

たいせつ
・全体の数を求めるとき　…かけ算
・１つ分の数を求めるとき…わり算
・いくつ分を求めるとき　…わり算
を使います。

3 ジュースを、１人に29dLずつ３人に配ります。ジュースは全部で何dL必要(ひつよう)ですか。　教科書 101ページ1

式

答え（　　　　）

4 くぎが90本あります。このくぎを５つの箱に同じ数ずつ入れます。１つの箱に入るくぎは何本になりますか。　教科書 101ページ1

式

答え（　　　　）

5 みかんが132こあります。みかんを６こずつふくろに入れます。ふくろは何ふくろ必要ですか。　教科書 101ページ1

式

答え（　　　　）

ポイント　わかっているものを図にかいて、数の関係を考え、かけ算やわり算のどんな式になるのかを考えます。

勉強した日 月 日

練習のワーク①

教科書 上 88〜103ページ 答え 8ページ

できた数 /15問中

おわったらシールをはろう

1 何十でわるわり算 次の計算をしましょう。

① 220÷20 ② 330÷60

2 商が1けたになるわり算 次の計算を筆算でしましょう。

① 84÷21 ② 71÷29

③ 84÷15 ④ 301÷43

⑤ 260÷39 ⑥ 144÷18

3 商が2けたになるわり算 次の計算を筆算でしましょう。

① 490÷14 ② 949÷55

③ 571÷27 ④ 732÷18

4 3けたでわるわり算 740まいの色画用紙を、123人で同じ数ずつ分けます。1人分は何まいになって、何まいあまりますか。

式

答え（ ）

5 わり算のきまり わり算のきまりを使って、くふうして計算しましょう。

① 8000÷500 ② 6000÷900

てびき

1 何十でわるわり算

ちゅうい

10をもとにして計算します。**あまりは、10×(あまりの数)になる**ことに注意しましょう。

2 わり算の筆算

商の見当をつけてから計算しましょう。かりの商が大きすぎたときは、かりの商を1ずつ小さくしていきます。

3 わり算の筆算

商のたつ位(くらい)を決めて、たてる→かける→ひく→おろすをくり返します。

5 わり算のきまり

たいせつ

わり算では、**わられる数とわる数を同じ数でわっても、商は変(か)わらない**ことを利用(りよう)します。あまりの求め方は注意が必要(ひつよう)です。

できるナビ 商の一の位が0になる計算では、0を書きわすれないように注意しましょう。わり算のきまりを利用すると、計算がかん単(たん)になることがあります。

練習のワーク②

教科書 上 88～103ページ　答え 8ページ

できた数 /12問中

おわったらシールをはろう

1 何十でわるわり算　次の計算をしましょう。

❶ 180÷90　❷ 530÷60

2 2けたでわるわり算　次の計算を筆算でしましょう。

❶ 72÷24　❷ 79÷12

❸ 602÷85　❹ 156÷39

❺ 615÷15　❻ 794÷26

3 3けたでわるわり算　次の計算を筆算でしましょう。

❶ 893÷129　❷ 718÷168

4 2けたでわるわり算　長さが3m20cmのはり金から、長さ70cmのはり金は何本とれて、何cmあまりますか。

式

答え（　　　　）

5 かけ算・わり算を使った問題　右の表で、たて、横、ななめのどの3つの数をかけても、積(せき)が同じになるようにします。表を完成(かんせい)させましょう。

18	㋐	3
㋑	6	㋒
12	9	㋓

1 何十でわるわり算

ちゅうい
❷530÷60と53÷6は、商は同じ8ですが、あまりの大きさはちがいます。このことに注意しましょう。

2 **3** わり算の筆算
あまりがあるときは、**(わる数)×(商)＋(あまり)が、(わられる数)になる**か、答えのたしかめをしましょう。

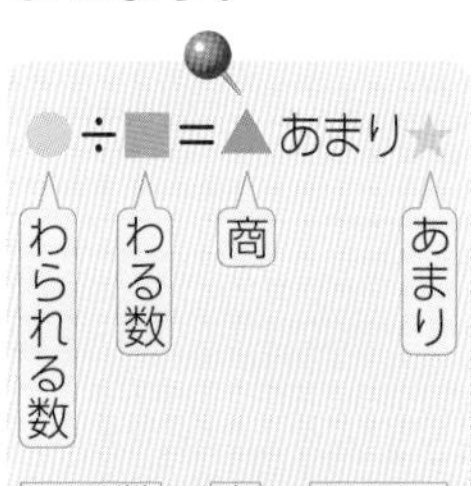

あまりがわる数より小さくなっていることもたしかめておこうね。

4 単位(たんい)をそろえて計算をしましょう。

できるナビ　わり算の筆算では、商の見当をつけることが大切です。商のたつ位に気をつけて計算しましょう。

勉強した日　月　日

まとめのテスト

教科書 上 88〜103ページ　答え 8ページ

時間 20分

とく点　/100点

おわったら シールを はろう

1 次の計算をしましょう。　1つ4〔12点〕

❶ 540÷90　❷ 480÷70　❸ 2600÷300

2 よく出る 次の計算を筆算でしましょう。　1つ6〔36点〕

❶ 78÷26　❷ 61÷16　❸ 624÷78

❹ 182÷37　❺ 992÷32　❻ 698÷23

3 色紙が全部で 96 まいあります。　1つ6〔24点〕

❶ 12 人の子どもに同じ数ずつ分けるとき、1 人分は何まいになりますか。

式

答え（　　　　）

❷ 1 人に 16 まいずつ分けるとき、何人に分けることができますか。

式

答え（　　　　）

4 1 箱 75 円のおかしを何箱か買ったら、代金は 525 円でした。おかしを何箱買いましたか。　1つ7〔14点〕

式

答え（　　　　）

5 ひろきさんの学校の 3 年生と 4 年生の合わせて 208 人が、55 人乗りのバスで遠足に行きます。バスは最低（さいてい）何台必要（ひつよう）ですか。　1つ7〔14点〕

式

答え（　　　　）

ふろくの「計算練習ノート」8〜11ページをやろう！

□ わる数が 2 けたのわり算ができたかな？
□ わり算のきまりがわかったかな？

勉強した日　　月　　日

学びのワーク　どれだけとんだか考えよう

おわったら シールを はろう

教科書 上 105～107ページ　答え 8ページ

きほん1 何倍かわかりますか。

☆あやさんのお兄さんは、走りはばとびで 498cm とびました。お兄さんの身長は 166cm です。身長の何倍とびましたか。

とき方　身長をもとにした図をかいて考えます。

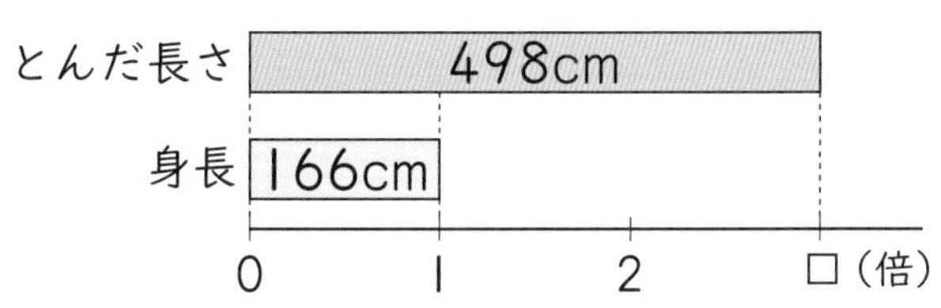

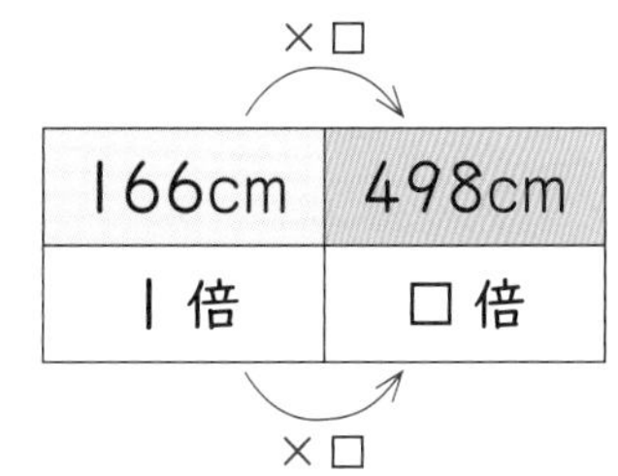

166cm	498cm
1 倍	□ 倍

□倍になっているとすれば、166×□＝498 だから、

□は [　　] 算で求(もと)められます。498 [　] 166＝[　　]　答え [　　] 倍

1 あやさんの身長は 132cm です。あやさんがソフトボール投げをしたところ、9m24cm 投げました。身長の何倍投げましたか。

教科書 105ページ1 106ページ1

式

答え(　　　　　)

2 体の長さの 250 倍の長さをとぶムササビがいます。

教科書 107ページ2 3

❶ このムササビの体の長さが 40cm のとき、何 m とべますか。

式

答え(　　　　　)

❷ このムササビが 80m とんだとします。ムササビの体の長さは何 cm ですか。

式

答え(　　　　　)

ポイント　もとにする大きさを 1 倍とみて、くらべるものが何倍かを求めるときは、わり算で計算します。

勉強した日　月　日

① 垂直
② 平行
きほんのワーク

学習の目標
垂直や平行の区別がつけられて、実さいにかけるようになろう。

おわったらシールをはろう

教科書 上 112～123ページ　答え 9ページ

きほん1 垂直とはどのようなことか、わかりますか。

☆下の図で、直線あに垂直(すいちょく)な直線はどれですか。

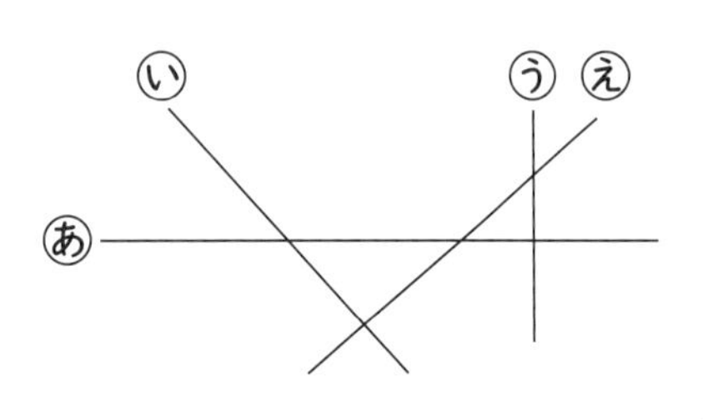

とき方 2本の直線が交わってできる角が直角のとき、この2本の直線は、［垂直］であるといいます。
三角じょうぎの直角のところをあてて、調べます。　**答え** 直線［　］

たいせつ
2本の直線は、交わっていなくても、直線をのばすと直角に交わるときは、**垂直**であるといいます。

1 下の図で、直線あに垂直な直線を2つ答えましょう。　教科書 115ページ3

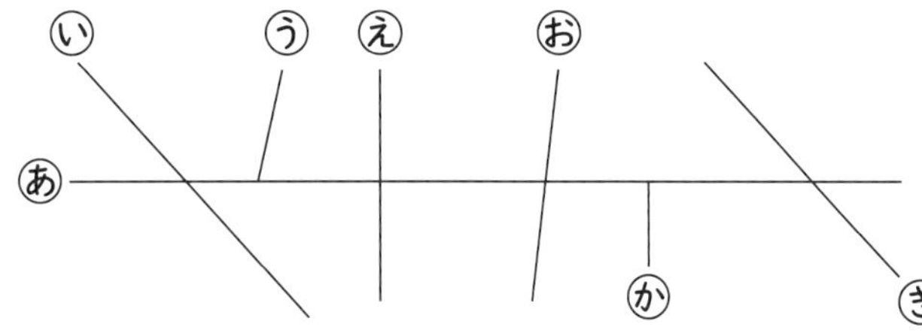

（　　　　）

きほん2 垂直な直線がかけますか。

☆点アを通って、直線あに垂直な直線をかきましょう。

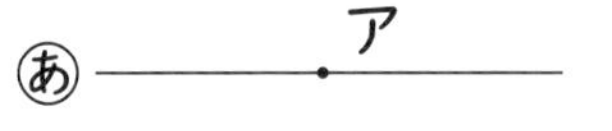

とき方 三角じょうぎ2まいを使ってかきます。
1 直線あに1まいの三角じょうぎを合わせる。
2 もう1まいの三角じょうぎの直角のある辺(へん)を直線あに合わせ、点アを通る直線を引く。

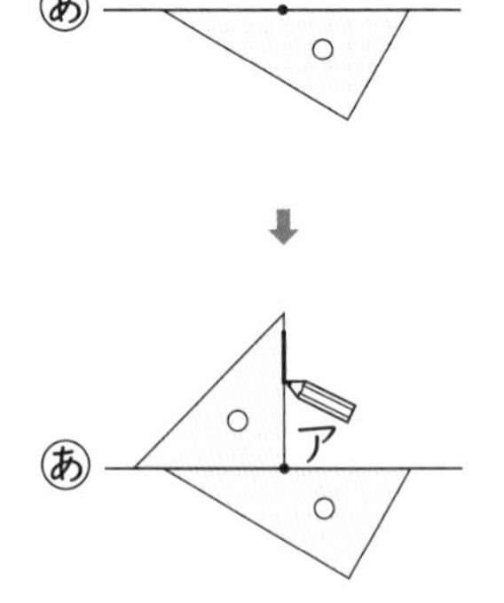

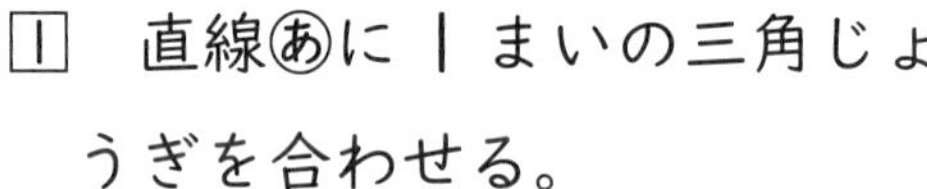

分度器(ぶんどき)や方がんを使っても、垂直な直線をかくことができるよ。

答え 左の図に記入

2 点アを通って、直線あに垂直な直線をかきましょう。

教科書 116ページ2 1
117ページ2

さんすうはかせ：直線にはばがあるとすると2本の直線が交わるときに、四角形ができてしまい、こまるよ。直線は、はばはなく長さだけを考えることにしているよ。

きほん3 平行とはどのようなことか、わかりますか。

☆下の図で、平行（へいこう）な直線はどれとどれですか。

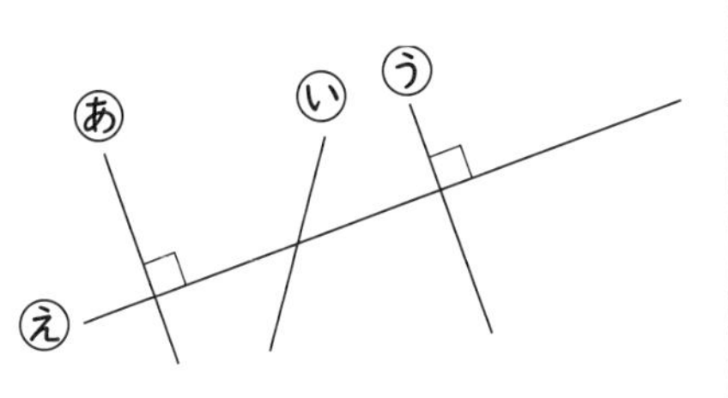

は直角を表しているよ。

とき方 1本の直線に垂直な2本の直線は、平行であるといいます。

直線㋓に直線［　］と直線［　］は垂直なので、この2本の直線は［　］です。

答え 直線［　］と直線［　］

たいせつ
平行な2本の直線は、ほかの直線と等しい角度で交わります。また、平行な2本の直線の間の長さはどこも等しく、どこまでのばしても交わりません。

3 ❶の図で、平行な直線はどれとどれですか。2組答えましょう。 教科書 119ページ4

（　　　　、　　　　）

4 右の図で、直線㋐と直線㋑は平行です。角㋐、㋑の角度を求（もと）めましょう。 教科書 119ページ5

あ　い　㋐　㋑　55°　う

㋐（　　　）　㋑（　　　）

きほん4 平行な直線がかけますか。

☆点アを通って、直線㋐に平行な直線をかきましょう。

ア・

あ

とき方 1 直線㋐に1まいの三角じょうぎを合わせ、それにもう1まいの三角じょうぎを合わせる。

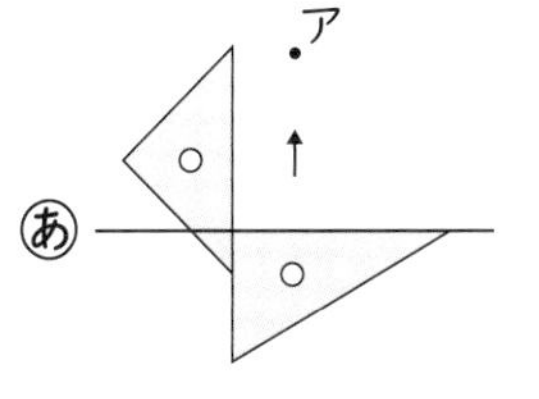

2 直線㋐に合わせた三角じょうぎを、もう1まいの三角じょうぎに合わせたままずらし、点アを通る直線を引く。

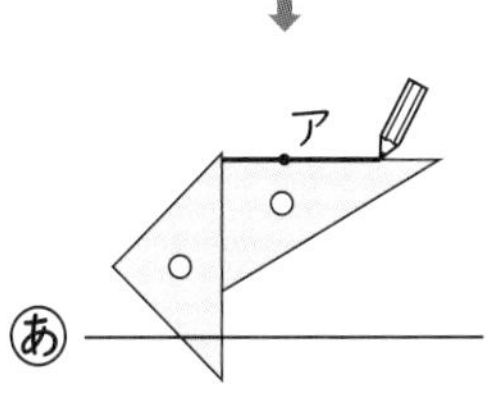

答え 左の図に記入

5 点アを通って、直線㋐に平行な直線をかきましょう。 教科書 121ページ3 122ページ1

❶ あ　ア．　❷ あ　ア．

ポイント 垂直や平行な直線のかき方はいくつかありますが、まずは三角じょうぎを使ったかき方を覚（おぼ）えましょう。

勉強した日　月　日

③ いろいろな四角形　④ 四角形の対角線
⑤ 四角形の関係　⑥ しきつめもよう

きほんのワーク

学習の目標
いろいろな四角形の名前やせいしつ・かき方を覚えよう。

おわったらシールをはろう

教科書 上 124～134ページ　答え 9ページ

きほん1 台形や平行四辺形とは、どのような四角形かわかりますか。

☆下の四角形の中から、台形と平行四辺形を選びましょう。

㋐　㋑　㋒　㋓　㋔　㋕

とき方 向かい合った１組の辺が平行な四角形を［台形］といいます。
向かい合った２組の辺がそれぞれ平行な四角形を［平行四辺形］といいます。
三角じょうぎを２つ組み合わせて、平行な辺を調べます。

平行四辺形のせいしつ
・向かい合った辺の長さは等しい。
・向かい合った角の大きさは等しい。

答え 台形…［　］と［　］　平行四辺形…［　］と［　］

1 右の平行四辺形で、辺AD の長さは何 cm ですか。
また、角 A の大きさは何度ですか。 教科書 126ページ 1

A　D　7cm　60°　120°　B　C　9cm

辺 AD（　　　）　角 A（　　　）

きほん2 ひし形とは、どのような四角形かわかりますか。

☆右の図形はひし形です。
❶ 辺 AD に平行な辺はどれですか。
❷ 角 A と大きさの等しい角はどれですか。

D　A　C　B

とき方 ４つの辺の長さがみな等しい四角形を［ひし形］といいます。
ひし形では、向かい合った［　］は平行に、また、向かい合った［　］の大きさは等しくなっています。

ひし形のせいしつ
・向かい合った辺は平行。
・向かい合った角の大きさは等しい。

答え ❶ 辺［　］　❷ 角［　］

さんすうはかせ　ひし形の名前はヒシの実の形からきているんだよ。ヒシの実を図かんで見てみよう。

2 2つの点AとBを中心にして、半径が3cmの円を2つかいて、AとBを頂点とするひし形をかきましょう。 教科書 128ページ 1

ひし形は、4つの辺の長さがみな等しいから、コンパスを使ってかけるよ。

きほん 3 対角線とは、どのような直線のことかわかりますか。

☆次の図のように交わった2本の直線が対角線になる四角形は、何という名前の四角形ですか。

❶ ❷ ❸

とき方 四角形の向かい合った頂点を結んだ直線を 対角線 と いいます。四角形の対角線のせいしつを、図で表すと、下のようになります。

辺の長さが等しいことを ─╫─ や ─┼─ のしるしで表すんだ。

正方形　長方形　ひし形　平行四辺形　台形

答え ❶ [　　] ❷ [　　] ❸ [　　]

3 次の文で、正しいものには○を、まちがっているものには×をつけましょう。 教科書 131ページ 1

❶ (　　) ひし形は、2本の対角線が垂直である。

❷ (　　) 長方形も正方形も、2本の対角線が交わってできる4つの角の大きさが等しい。

❸ (　　) 長方形は、2本の対角線の長さが等しい四角形である。

❹ (　　) 平行四辺形は、2本の対角線がそれぞれの真ん中の点で交わる。

ポイント いろいろな四角形の辺・角・対角線について、表などにまとめておくと、せいしつがはっきりして覚えやすくなります。

勉強した日　月　日

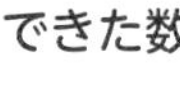

練習のワーク

教科書 ㊤112～136ページ　答え 9ページ

できた数　/11問中

おわったらシールをはろう

1 垂直な直線や平行な直線のかき方

点アを通って、直線㋐に垂直(すいちょく)な直線㋑と平行な直線㋒をかきましょう。

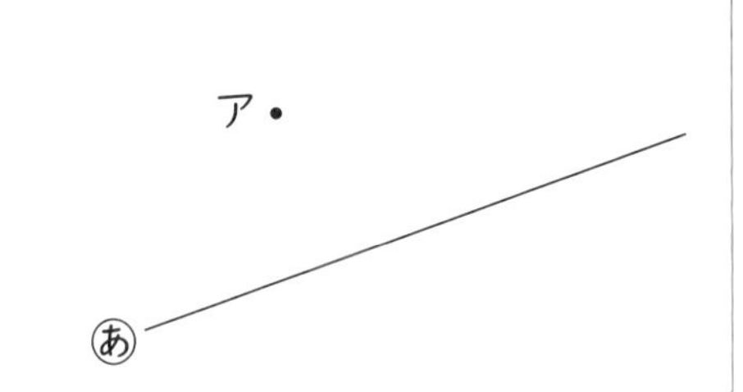

2 平行な直線と角度　右の図で、直線㋐と直線㋑は平行です。㋐～㋓の角度は、それぞれ何度ですか。

㋐（　　　）　㋑（　　　）

㋒（　　　）　㋓（　　　）

あ　62°　イ　ア　い　ウ　エ

3 いろいろな四角形　次の□にあてはまることばを書きましょう。

❶ 台形は、向かい合った１組の辺(へん)が□な四角形です。

❷ 平行四辺形は、向かい合った２組の辺がそれぞれ□な四角形です。

❸ ひし形は、４つの辺の長さがみな□四角形です。

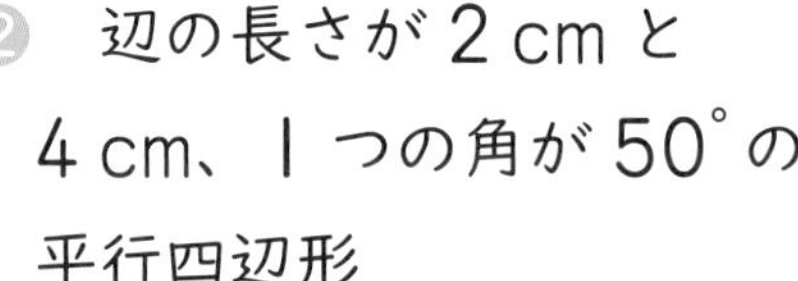

4 作図　次の四角形をかきましょう。

❶ 対角線の長さが３cmの正方形

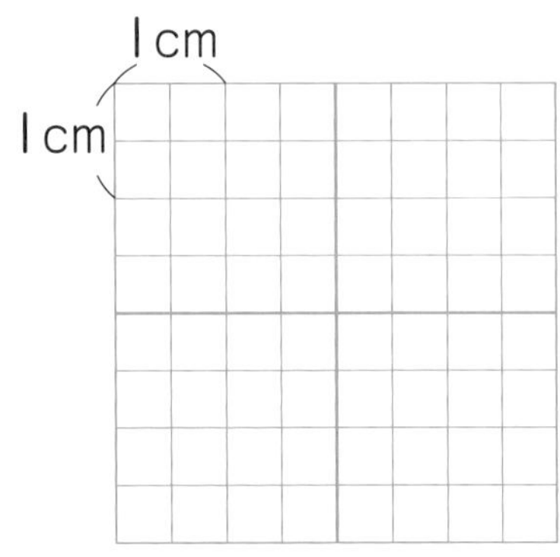

❷ 辺の長さが２cmと４cm、１つの角が50°の平行四辺形

てびき

2 平行な直線と角度

平行な直線は、ほかの直線と等しい角度で交わります。（下の図で、㋐と㋑の角度は等しい。）

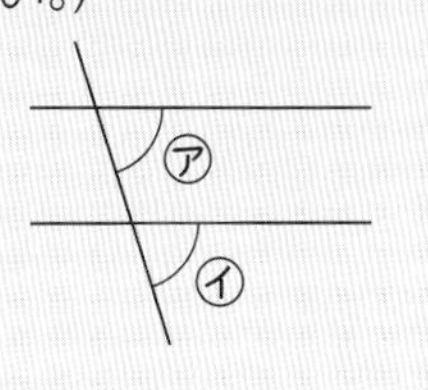

3 いろいろな四角形

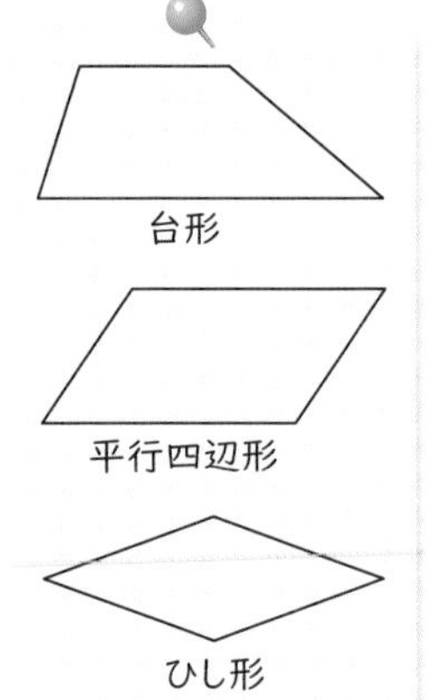

4 ❷

4cm　50°　2cm

上のような図をかいたあと、次の平行四辺形のせいしつを使ってかきます。
- 向かい合った辺が平行である。
- 向かい合った辺の長さが等しい。（コンパスを使います。）

できるナビ　１組の三角じょうぎを使って、垂直な直線や平行な直線をかけるようにしましょう。また、対角線や向かい合った辺のせいしつを使って四角形をかけるようにしましょう。

勉強した日　月　日

まとめのテスト

教科書 ㊤112～136ページ　答え 9ページ

時間 20分　とく点 /100点　おわったらシールをはろう

1 直線㋐に平行な、直線㋐から１cmはなれている２本の直線をかきましょう。　１つ10〔20点〕

2 右の図を見て、答えましょう。　１つ８〔24点〕

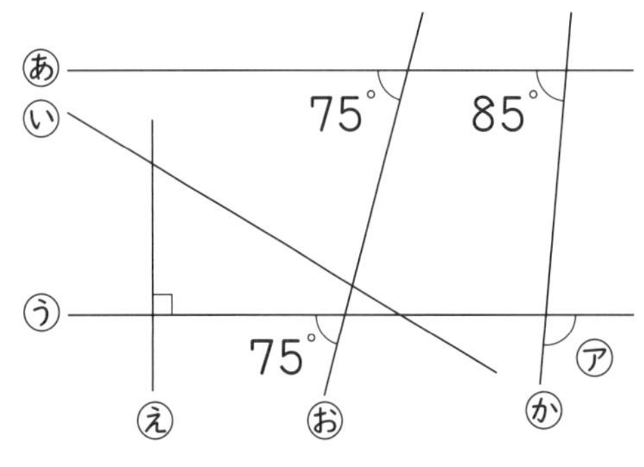

❶ 直線㋐と平行な直線、垂直な直線は、それぞれどれですか。

平行（　　　）

垂直（　　　）

❷ ㋐の角度は、何度ですか。

（　　　）

3 下の図のようなひし形があります。　１つ８〔16点〕

2cm　40°

❶ まわりの長さは何cmですか。

（　　　）

❷ 上の図と同じひし形を□の中にかきましょう。

4 よく出る 次のせいしつをもっている四角形を、下の□の中から選んで、記号で答えましょう。　１つ10〔40点〕

❶ 向かい合った２組の辺がそれぞれ平行な四角形（　　　）

❷ ４つの辺の長さがみな等しい四角形（　　　）

❸ ２本の対角線が垂直である四角形（　　　）

❹ ２本の対角線の長さが等しい四角形（　　　）

㋐ 正方形　㋑ 長方形　㋒ 台形　㋓ 平行四辺形　㋔ ひし形

□垂直や平行な直線の関係がわかったかな？
□いろいろな四角形のせいしつがわかったかな？

勉強した日　　月　　日

学びのワーク くらべ方を考えよう

おわったら シールを はろう

教科書 上 138～140ページ　答え 10ページ

きほん1 のび方を倍で表してくらべることができますか。

☆30cm の赤いゴムひもは、90cm までのびます。60cm の青いゴムひもは、120cm までのびます。どちらのゴムひもがよくのびるといえますか。

とき方 2つのゴムひものののびた長さを求めると、

赤いゴムひも… 90－30＝□

青いゴムひも…120－60＝□

たいせつ
もとにする量を1としたとき、ある量がいくつにあたるかを表した数を**割合**といいます。

赤いゴムひもと青いゴムひもは、のびた長さが等しいです。
それぞれのもとの長さを1としたとき、のばしたあとの長さがいくつにあたるかを考えます。

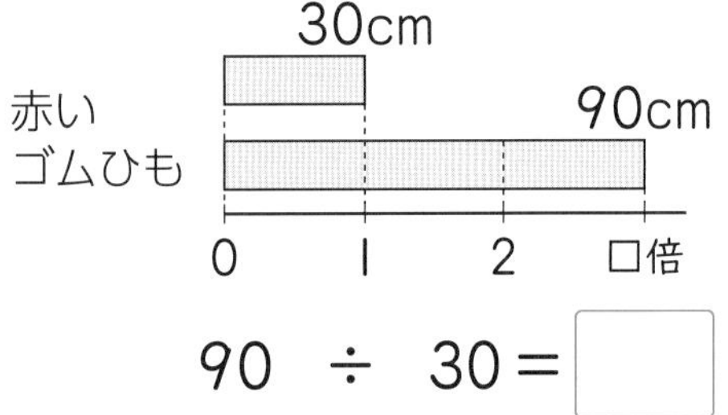

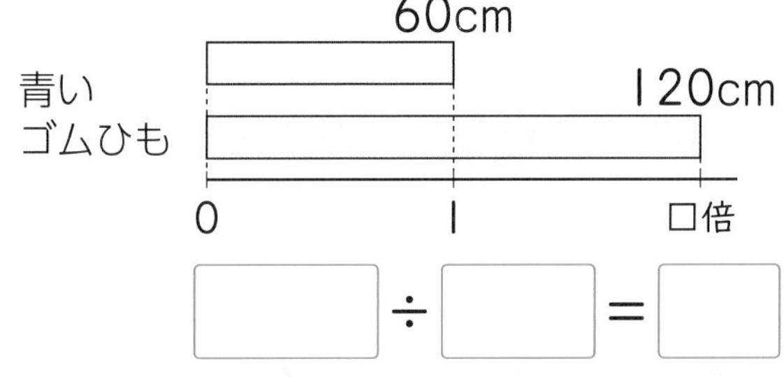

90 ÷ 30＝□
全体の長さ　もとの長さ　倍

□÷□＝□
全体の長さ　もとの長さ　倍

赤いゴムひもは□倍、青いゴムひもは□倍にのびたので、

□ゴムひもの方がよくのびるといえます。　**答え** □ゴムひも

1 ばねA(エー)とばねB(ビー)について、のび方をくらべます。ばねAとばねBに同じ重さのおもりをつるしたときののびた長さは、下の表のとおりです。どちらがよくのびるといえますか。

教科書 138ページ1

ばねののびた長さ (cm)

	のばす前	のびた後
ばねA	12	24
ばねB	3	9

(　　　　　)

2つのばねののびた長さを求めると、
ばねAは、24－12＝12(cm)
ばねBは、9－3＝6(cm)
だけど、もとの長さがちがうから……。

もとの長さがちがうゴムひもの、のばす前とのばした後の長さの差が同じでも、のび方が同じとはいえないから「割合」を使って考えるよ。

2 ゴムひもＡとゴムひもＢについて、のび方をくらべます。ゴムひもＡとゴムひもＢをのばす前の長さとのばした後の長さは、下の表のとおりです。どちらのゴムひもがよくのびるといえますか。

教科書 138ページ 1

ゴムひものばした長さ　(cm)

	のばす前	のばした後
ゴムひもＡ	15	45
ゴムひもＢ	10	40

(　　　　　)

3 ＡスーパーとＢスーパーで、きゅうり１本のねだんを調べたら、次のようにね上がりしていました。

教科書 140ページ 1

Ａスーパー：20円 ⇨ 80円
Ｂスーパー：30円 ⇨ 90円

❶ ＡスーパーとＢスーパーで、きゅうり１本は、ね上がり後のねだんはね上がり前のねだんのそれぞれ何倍になっていますか。

式

答え（Ａスーパー…　　　　、Ｂスーパー…　　　　）

❷ ねだんの上がり方が大きいのは、どちらのスーパーといえますか。

(　　　　　)

4 ある店では、りんご１このねだんが120円から360円に、もも１このねだんが240円から480円にね上がりしました。ねだんの上がり方が大きいのは、りんごとももののどちらといえますか。

教科書 140ページ 1

(　　　　　)

もとにする大きさを１とみたときの割合で考えるとき、その割合の大きいほうが「変わり方（のび方・ねだんの上がり方）が大きい」といえます。

勉強した日　月　日

① がい数の表し方 [その1]

きほんのワーク

学習の目標
がい数を理かいし、表し方を身につけて、使えるようになろう。

おわったらシールをはろう

教科書 ㊦ 2〜6ページ　答え 10ページ

きほん1 およその数の表し方がわかりますか。

☆次の数は、約何千人といえますか。
❶ 3215人　❷ 3786人

とき方 3215も3786も3000と4000の間の数です。それぞれ、3000と4000のどちらに近いかを調べます。

数直線を見ながら、3215や3786が3000と4000の真ん中の3500より大きいか小さいかを考えていこう。

3000　3215　3500　3786　4000
(百の位の数字) 0 1 2 3 4 / 5 6 7 8 9
3000に近い　4000に近い

❶ 3215は、4000より3000に近いので、約□人といえます。
❷ 3786は、3000より4000に近いので、約□人といえます。

たいせつ
およその数で表すときは、「**およそ**」や「**約**」ということばをつけます。およそ100のことを、約100ともいいます。およその数のことを、「**がい数**」といいます。

答え ❶ 約□人　❷ 約□人

1 次の数直線を見て、答えましょう。　教科書 3ページ1

4000　㋐4150　㋑4383　㋒4620　㋓4845　5000

❶ ㋐、㋓はそれぞれ4000と5000のどちらに近いですか。

㋐（　　）　㋓（　　）

❷ ㋐〜㋓は、それぞれ約何千といえますか。

㋐（　　）　㋑（　　）
㋒（　　）　㋓（　　）

千の位のすぐ下の百の位の数字を見て考えよう。

けた数の大きい数など、くわしい数で表さなくてもよいときにがい数を使うよ。たとえば、人口は約1億3千万人と表したり、国の予算は約95兆円などと使っているよ。

きほん2 がい数での表し方がわかりますか。

☆ある市の人口 283613 人について、次の位までのがい数で表しましょう。
❶ 一万の位　❷ 千の位

とき方 ❶ がい数で表すときは、表す位のすぐ下の位の数に目をつける四捨五入（ししゃごにゅう）という方法（ほうほう）があります。一万の位までのがい数にするときは、すぐ下の千の位が □ なので、一万の位の数はそのまま、千の位から下の数字は 0000 とします。

❷ 千の位までのがい数にするときは、すぐ下の百の位が □ なので、千の位の数を 1 大きくし、百の位から下の数字は 000 とします。

答え ❶ 約 □ 人　❷ 約 □ 人

四捨五入のしかた

がい数で表す位のすぐ下の位が、
0、1、2、3、4 の 5 未満（みまん）のとき
…がい数で表す位の数字はそのままで、それより下の位の数字はすべて 0 にします。
5、6、7、8、9 の 5 以上（いじょう）のとき
…がい数で表す位の数字を 1 大きくし、それより下の位の数字はすべて 0 にします。

❶ 283613（0000）→ 約 280000
千の位が 5 未満

❷ 283613（4000）→ 約 284000
百の位が 5 以上

ちゅうい

以上・未満・以下
5 以上…ちょうど 5 か、または、5 より大きいことを表す。
5 未満…5 より小さいことを表す。
5 以下（いか）…ちょうど 5 か、または、5 より小さいことを表す。

2 四捨五入して、千の位までのがい数にしましょう。 教科書 5ページ

❶ 8104　（　　）
❷ 1626　（　　）
❸ 576　（　　）

3 右の表は、A（エー）市と B（ビー）市の人口を表しています。それぞれ四捨五入して一万の位までのがい数にしましょう。 教科書 6ページ

A市とB市の人口

A市	37105 人
B市	224821 人

A市（　　）　B市（　　）

4 四捨五入して、一万の位までのがい数にしましょう。 教科書 6ページ

❶ 62917　（　　）
❷ 849103　（　　）
❸ 264720　（　　）

ポイント 四捨五入するときは、がい数で表したい位のすぐ下の位に目をつけます。

勉強した日　月　日

① がい数の表し方 [その2]
② 切り捨て・切り上げ
きほんのワーク

学習の目標
がい数にするいろいろな方法や、がい数の表すはんいを覚えよう。

おわったらシールをはろう

教科書 下 6~8ページ　答え 11ページ

きほん1 上から○けたのがい数にすることができますか。

☆3941 を四捨五入(ししゃごにゅう)して、上から 1 けたと 2 けたのがい数にしましょう。

とき方 「上から 1 けた」や「上から 2 けた」のがい数にすることがあります。

上から 1 けたのがい数にするとき、
⇨上から 2 けた目を四捨五入します。
上から 2 けたのがい数にするとき、
⇨上から [ ] けた目を四捨五入します。

上から 1 けた	上から 2 けた
3941	3941

答え 上から 1 けた [ ]　上から 2 けた [ ]

1 四捨五入して、上から 1 けたのがい数にしましょう。 教科書 6ページ 2 3

❶ 7431　( )
❷ 43629　( )
❸ 26581　( )

2 四捨五入して、上から 2 けたのがい数にしましょう。 教科書 6ページ 2 3

❶ 6092　( )
❷ 15233　( )
❸ 39712　( )

きほん2 がい数の表すはんいがわかりますか。

☆四捨五入して十の位(くらい)までのがい数にするとき、210 になる整数の中で、いちばん小さい数といちばん大きい数はいくつですか。

とき方 下の図から、一の位を四捨五入したとき、210 になる整数のはんいは、[ ] から [ ] までであることがわかります。

200　205　210　215　220

200になるはんい　210になるはんい　220になるはんい

答え いちばん小さい数 [ ]
いちばん大きい数 [ ]

がい数にすると、数のだいたいの大きさがかん単(たん)にわかって便利(べんり)だね。
身のまわりにはいろいろなところでがい数が使われているので、さがしてみよう。

3 整数のはんいを、以上（いじょう）、未満（みまん）を使って表しましょう。 教科書 7ページ4 1▶

❶ 四捨五入して百の位までのがい数にするとき、2800 になる整数のはんい

（　　　　　）

❶は、2□□□として、□に数字をあてはめて考えよう。

❷ 百の位を四捨五入すると、72000 になる整数のはんい

（　　　　　）

きほん3 切り捨てや切り上げのしかたがわかりますか。

☆782 本のカーネーションがあります。

❶ 100 本ずつのたばにします。たばにできるのは、何本ですか。

❷ 1 箱に 100 本ずつ入れます。全部のカーネーションを箱に入れるとすると、箱を何箱用意したらよいですか。

とき方 ❶ 82 本では、100 本のたばにはできないので、たばにできる数には入れずに 0 と考えます。
このように、100 にたりないはしたの数を □ にすることを、「切り捨（きりす）てて百の位までのがい数にする」といいます。

00
782

❷ 82 本を入れる箱の分も、□ 箱用意します。
100 にたりないはしたの数を 100 として、百の位の数を 1 大きくすることを、「切り上（きりあ）げて百の位までのがい数にする」といいます。

800
782

たいせつ
がい数にする方法（ほうほう）には、四捨五入のほかに「**切り捨て**」と「**切り上げ**」があります。

答え ❶ □ 本　❷ □ 箱

4 次の数を切り捨てて、上から 2 けたのがい数にしましょう。 教科書 8ページ1

❶ 17832　❷ 6249　❸ 84370

（　　　）（　　　）（　　　）

5 次の数を切り上げて、上から 1 けたのがい数にしましょう。 教科書 8ページ1▶

❶ 43265　❷ 7409　❸ 96545

（　　　）（　　　）（　　　）

ポイント がい数にするとき、「四捨五入」「切り捨て」「切り上げ」の 3 つの方法を場合によって使い分けができるようにしていきましょう。

勉強した日　月　日

③ がい算

きほんのワーク

学習の目標
がい数を使った計算で、答えの見積もりができるようになろう。

おわったらシールをはろう

教科書　㊦ 9～12ページ　答え　11ページ

きほん 1　和の見当をつけることができますか。

☆165円のノート、325円のはさみ、120円のボールペン、95円の消しゴムを1つずつ買うときの代金の合計は、約何百円ですか。

とき方　四捨五入して百の位までのがい数にしてから、代金の合計を計算します。

165＋325＋120＋95
↓
200＋□＋100＋□＝□

たいせつ
がい数にしてから計算することを、**がい算**といいます。

答え　約□円

1 ある町の人口は、右の表のとおりです。 教科書 9ページ1

町の人口

男	2054人
女	1869人

① 男女の人口は、合わせて約何千人ですか。四捨五入して千の位までのがい数で求めましょう。

（　　　）

② 男女の人口のちがいは、約何百人ですか。四捨五入して百の位までのがい数で求めましょう。

（　　　）

きほん 2　積を見積もることができますか。

☆3年生と4年生の合わせて187人が遠足に行きます。1人分の費用は415円です。全体では、費用は約何万円かかりますか。

とき方　四捨五入して上から1けたのがい数にすると、1人分の費用415円は400円、人数187人は□人になります。これを使って積の大きさを見積もると、
400×□＝□

答え　約□円

積を見積もると、かけ算の位取りのまちがいがふせげるよ。

ちゅうい
見当をつけることを「**見積もる**」ともいいます。積の大きさを見積もるには、かけられる数とかける数を、それぞれ上から1けたのがい数にします。

ふだんの生活では、がい数で和・差・積・商の見当をつけることによって、見通しがたち便利になることが多くあるよ。

2 重さ 315g のかんづめが 98 こあります。重さの合計は約何 kg になりますか。かけられる数とかける数を、それぞれ四捨五入して上から１けたのがい数にして、積の大きさを見積もりましょう。

教科書 10ページ2

（　　　　）

きほん 3　商を見積もることができますか。

☆子ども会のお楽しみ会で、全員にプレゼントをします。51700 円の費用で、188 人分用意します。１人分のプレゼント代は約何円になりますか。

とき方　四捨五入して上から１けたのがい数にすると、51700 円は □ 円、188 人は 200 人になります。商の大きさを見積もると、□÷200＝□　　**答え** 約 □ 円

ちゅうい
商の大きさを見積もるには、わられる数とわる数を、それぞれ上から１けたのがい数にします。

3 ある工場で、毎月使う石油の量（りょう）を 184 L とします。いま工場にある 2576 L の石油は、約何か月分になりますか。わられる数とわる数を、それぞれ四捨五入して上から１けたのがい数にして、商の大きさを見積もりましょう。

（　　　　）

きほん 4　見当をつけるのに、がい数を使って計算ができますか。

☆きほん１で、ノートとボールペンと消しゴムを１つずつ買うと、500 円でたりますか。

とき方　多めに考えて、500 円以下（いか）であればよいので、切り上げて百の位までのがい数にしてから計算します。

165＋120＋95
↓　　↓　　↓
200＋□＋□＝□

たいせつ
たりるかどうかを調べる場合は、切り上げて計算します。

答え □。

4 きほん１で、ノートとはさみとボールペンを１つずつ買うと、500 円をこえますか。

（　　　　）

ポイント 何のために見当をつけるのかを考え、目的（もくてき）にあった方法（ほうほう）でがい数にして、和・差・積・商の大きさが見積もれるようにしましょう。

勉強した日　　月　　日

④ がい数の活用

きほんのワーク

学習の目標

それぞれの数をがい数にし、それを使って、グラフに表してみよう。

おわったらシールをはろう

教科書 ㊦13ページ　答え 11ページ

きほん1　がい数を利用して、折れ線グラフがかけますか。

☆下の表は、東町で、小学生の人数を調べてまとめたものです。これを、がい数にして、表に書き入れて折（お）れ線グラフに表しましょう。

小学生の人数

年度	人数（人）	がい数（人）
2002	1241	㋐
2006	987	㋑
2010	903	㋒
2014	1056	㋓
2018	1102	㋔

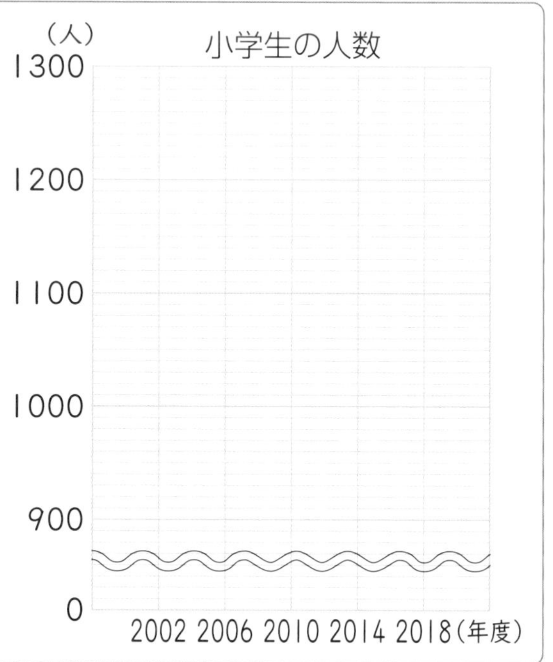

とき方　決められた大きさにグラフをかくときは、グラフの目もりに合わせて、それぞれの数をがい数で表します。

グラフのたてのじくの１目もりは［　　］人を表すので、人数を四捨五入（ししゃごにゅう）して、十の位（くらい）までのがい数にします。

答え　上の問題に記入

1 下の表は、ある駅で乗りおりした人数を調べたものです。　教科書 13ページ1

乗りおりした人数

月	人数（人）	がい数（人）
7月	8526	㋐
8月	9391	㋑
9月	7862	㋒
10月	8768	㋓

乗りおりした人数

（人）
10000
9000
8000
7000
0
7　8　9　10（月）

❶ 上の表の人数を四捨五入して、百の位までのがい数にした数を、表に書き入れましょう。

❷ 上の表を、折れ線グラフに表しましょう。

さんすうはかせ　がい数は、細かな数が必要（ひつよう）でなく、大まかに数の大きさがわかればよいときに使うよ。生活の中では、「およそ3000人」「約（やく）50000円」「だいたい2km」などと使うんだ。

2 下の表は、北海道の人口を調べたものです。 教科書 13ページ1

北海道の人口

年度	人口(人)
1970	5184287
1980	5575989
1990	5643647
2000	5683062
2010	5506419

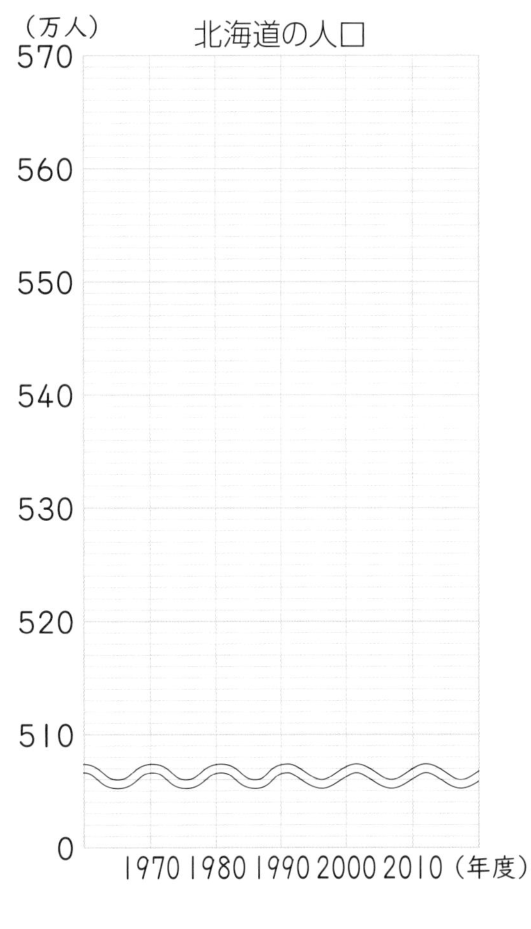

❶ 上の表のそれぞれの年度の人口を四捨五入して、一万の位までのがい数にした数を書きましょう。

1970 年度 (　　　　)

1980 年度 (　　　　)

1990 年度 (　　　　)

2000 年度 (　　　　)

2010 年度 (　　　　)

❷ 上の表を、折れ線グラフに表しましょう。

3 下の表は、ある動物園の入場者数を調べたものです。 教科書 13ページ1

入場者数

月	人数(人)	がい数(人)
4月	4108	㋐
5月	6554	㋑
6月	4820	㋒
7月	5361	㋓

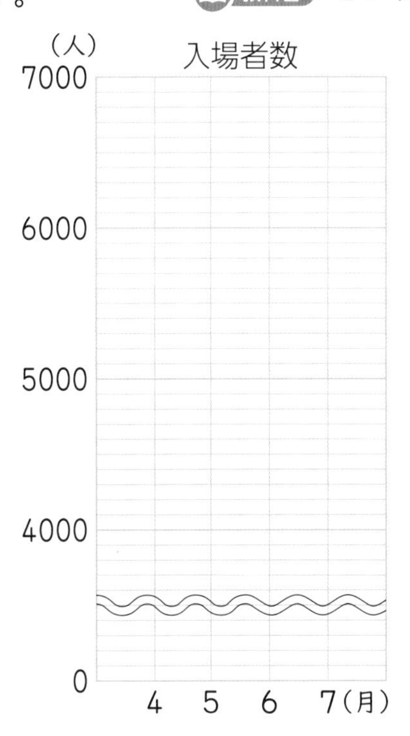

❶ 上の表の人数を四捨五入して、百の位までのがい数にした数を、表に書き入れましょう。

❷ 上の表を、折れ線グラフに表しましょう。

ポイント たてのじくの 1 目もりが 200 人を表す場合、たとえば「5300 人」は「5200 人」を表す目もりと「5400 人」を表す目もりの真ん中と考えて表します。

勉強した日　月　日

練習のワーク

教科書 ㊦2〜16ページ　答え 12ページ

できた数　/12問中

おわったら シールを はろう

1 がい数の表し方　四捨五入して、〔　〕の中の位までのがい数にしましょう。

❶ 756723〔一万の位〕　(　　　)

❷ 821900〔十万の位〕　(　　　)

❸ 7481〔上から1けた〕　(　　　)

❹ 359621〔上から2けた〕　(　　　)

2 がい数のはんい　十の位を四捨五入すると、7000になる整数の中で、いちばん大きい数といちばん小さい数はいくつですか。

いちばん大きい数 (　　　)　いちばん小さい数 (　　　)

3 がい数を使った計算　次の計算の和・差を、四捨五入して千の位までのがい数で求めましょう。

❶ 3861＋5123　(　　　)

❷ 19848−8843　(　　　)

4 がい数を使った計算　次の計算の積・商を、四捨五入して上から1けたのがい数にして、見積もりましょう。

❶ 42580×28　(　　　)

❷ 89744÷316　(　　　)

5 がい数で考えるわり算　89÷17の計算を次のようにしましょう。

❶ わられる数とわる数をそれぞれ四捨五入して、かりの商をたてると、かりの商はいくつになりますか。　(　　　)

❷ 89÷17の計算を、❶のかりの商で考えて筆算でしましょう。

17)89

てびき

1 がい数の表し方
およその数のことを、「**がい数**」といいます。
がい数にするには、四捨五入がよく使われます。
がい数で表す位のすぐ下の位が、
0、1、2、3、4のときは、切り捨て、5、6、7、8、9のときは、切り上げます。
四捨五入する位に注意しましょう。

2 がい数のはんい
はんいを表す「**以上**」「**以下**」「**未満**」の使い分けもたしかめておきましょう。

以上…ちょうどその数か、その数より大きい。
以下…ちょうどその数か、その数より小さい。
未満…その数より小さい。(その数はふくまない。)

5 わり算の筆算
あまりがわる数より大きくなってしまったら、かりの商を1つずつ大きくしていきます。

できるナビ　がい数にする方法を正しく理かいして、何の位を四捨五入すればよいか考えましょう。

まとめのテスト

教科書 ㊦2～16ページ　答え 12ページ

とく点　/100点

おわったら シールを はろう

1 がい数で表してよいものを選(えら)びましょう。〔20点〕

㋐ 水泳大会で 100m 泳ぐのにかかった時間

㋑ 1年間に海外旅行に行った人数

㋒ プール内の水のかさ

㋓ サッカーの試合(しあい)でとった得点(とくてん)

（　　　）

2 四捨五入して百の位までのがい数にするとき、200 になる整数のはんいを、以上、以下を使って表しましょう。〔20点〕

（　　　）

3 まいさんたちは、ハイキングで、駅から右のようなコースを1周(しゅう)歩きました。歩いた道のりは約(やく)何 m ですか。四捨五入して百の位までのがい数で求めましょう。〔20点〕

駅 —965m→ 滝(たき) —1233m→ 山頂(さんちょう)
山頂 —874m→ お花畑
お花畑 —906m→ お寺 —740m→ 博物館(はくぶつかん)
博物館 —460m→ 駅

（　　　）

4 1本 298 円のジュースを 78 本買うと、代金は約何円になりますか。四捨五入して上から1けたのがい数にして、見積もりましょう。〔20点〕

（　　　）

5 のりかさんは、130 円のポテトチップスと 285 円のチョコレートと 98 円のあめと 325 円のクッキーを買おうと思います。1000 円でたりますか。〔20点〕

（　　　）

□ がい数の表し方がわかったかな？
□ がい数を使って問題をとくことができたかな？

勉強した日　月　日

学習の目標
＋、－、×、÷や（　）のまじった式の計算ができるようになろう。

おわったらシールをはろう

① 式と計算
② 計算のきまり ［その1］
きほんのワーク

教科書 下 18～24ページ　答え 12ページ

きほん1　かっこを使って、１つの式に表すことができますか。

☆150円のグレープフルーツと120円のオレンジを買って500円出すと、おつりは何円ですか。（　）を使って１つの式に表して、答えを求めましょう。

とき方　代金の合計は、150円と120円を合わせた金がくだから、（　）を使って（150＋□）円と表します。
おつりは、次の式で求めます。
500－（150＋□）＝500－□＝□
出したお金　代金の合計
答え □円

たいせつ
ひとまとまりにするものを（　）を使って表すことができます。（　）のある式では、（　）の中をひとまとまりとみて、先に計算します。

1 180円のクッキーを20円安くして売っています。１こ買って500円出すと、おつりは何円ですか。（　）を使って、１つの式に表して、答えを求めましょう。

教科書 19ページ1 20ページ▶

式

答え（　　　）

きほん2　＋、－、×、÷のまじった式の計算の順じょがわかりますか。

☆１本50円のえん筆を１本と、１さつ150円のノートを２さつ買いました。１つの式に表して、代金の合計を求めましょう。

とき方　代金の合計は、次の式で求めます。
50 ＋ □×2 ＝50＋□
えん筆の代金　ノートの代金
＝□
答え □円

たいせつ
たし算、ひき算、かけ算、わり算のまじった式では、かけ算やわり算は、（　）がなくてもひとまとまりとみて、先に計算します。

2 次の計算をしましょう。

教科書 21ページ2 ▶1 ▶2

❶ 75－12×6　❷ 59＋240÷6　❸ 13×2－90÷15

さんすうはかせ　計算の順じょで、＋と－はどちらが先ということはないよ。×と÷も同じだから、＋と－だけがまじった式や×と÷だけがまじった式は、左から順に計算していくよ。

きほん3 計算の順じょに気をつけて計算ができますか。

☆32＋14÷(7－5)の計算をしましょう。

計算の順じょ
- 式は、ふつう、左から順に計算します。
- (　)のある式では、(　)の中を先に計算します。
- ＋、－、×、÷のまじった式では、かけ算やわり算を先に計算します。

とき方 (　)の中を先に計算します。わり算は、たし算より、先に計算します。
(1)、(2)、(3)の順じょで計算しましょう。

32＋14÷(7－5)＝32＋14÷□(1)
＝32＋□(2)
＝□(3)

答え □

3 次の計算をしましょう。 教科書 22ページ3 1

❶ 6×8－4÷2　❷ 6×(8－4)÷2

❸ 50－20÷(3＋7)　❹ (50－20)÷3＋7

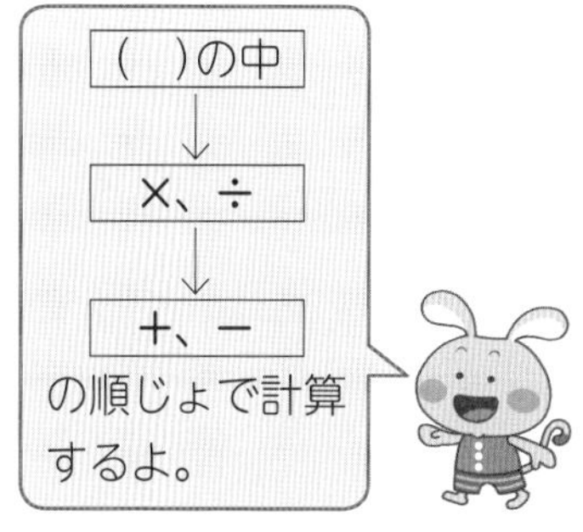

きほん4 たし算やかけ算のきまりがわかりますか。

☆くふうして計算しましょう。 ❶ 287＋324＋176 ❷ 36×25×4

とき方 ❶ たす順じょをかえて、計算しやすい324＋176を先に計算します。
287＋324＋176＝287＋(324＋176)
＝287＋□＝□

❷ かける順じょをかえて、25×4を先に計算します。
36×25×4＝36×(25×4)
＝36×□＝□

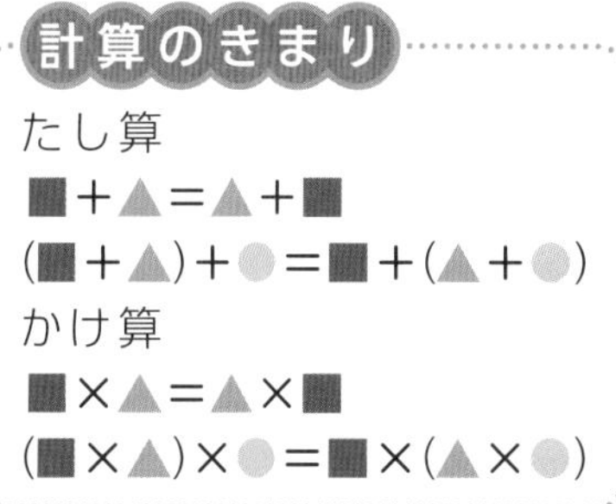

4 くふうして計算しましょう。 教科書 23ページ1 24ページ2

❶ 45＋18＋82　❷ 239＋326＋261

❸ 4×6×25　❹ 23×8×125

式をよく見て、100などのまとまりを見つけよう。

(　)を使ったり、計算の順じょに気をつけたりすると、式を1つに表すことができます。式に表したら、計算の順じょに気をつけて計算します。

月　日

② 計算のきまり［その2］
③ 計算のきまりを使って
きほんのワーク

学習の目標
計算のきまりを使って、くふうして計算できるようになろう。

おわったらシールをはろう

教科書 ㊦24〜27ページ　答え 13ページ

きほん1 （　）を使った式の計算のきまりがわかりますか。

☆(34−12)×8 □ 34×8−12×8

の□にあてはまる等号か不等号を入れましょう。

とき方 (34−12)×8 は、（　）の中を先に計算します。34×8−12×8 は、× を先に計算します。

（　）を使った式の計算のきまり
(■＋▲)×●＝■×●＋▲×●
(■−▲)×●＝■×●−▲×●

(34−12)×8＝□×8＝□

34×8−12×8＝□−□＝□

答え 上の問題に記入

1 右のように、白い玉と黒い玉がまっすぐならんでいます。 教科書 24ページ2

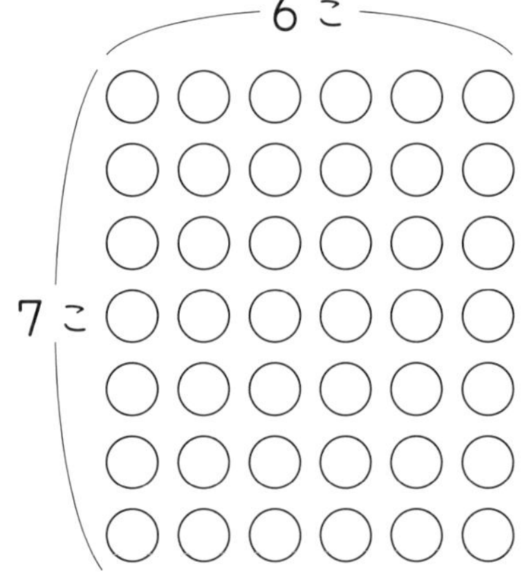

❶ 白い玉と黒い玉を合わせると何こになるかを、下の式で求めます。□にあてはまる数を書きましょう。

6×(□＋5)＝□

❷ 白い玉と黒い玉の差が何こになるかを、下の式で求めます。□にあてはまる数を書きましょう。

6×(□−5)＝□

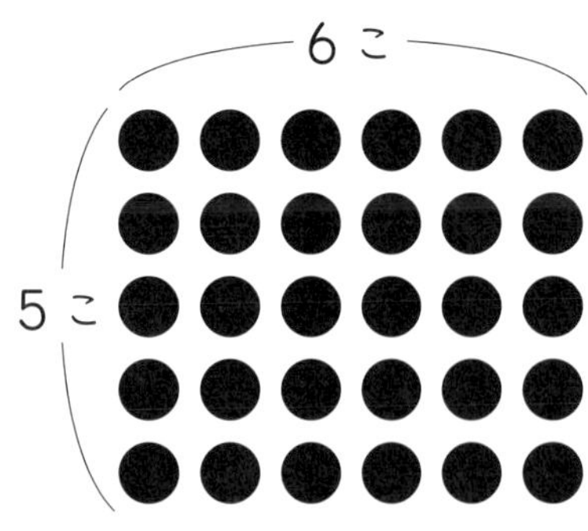

2 次の 2 つの式の答えが等しくなることをたしかめましょう。 教科書 24ページ2 25ページ1

(210−50)×6、210×6−50×6

3 次の計算をしましょう。 教科書 25ページ2

❶ (13＋17)×4　　❷ 7×(11−4)

❸ 47×3＋23×3　　❹ 80×8−76×8

(■＋▲)×●＝■×●＋▲×●や(■−▲)×●＝■×●−▲×●を分配法則というよ。
この 2 つのきまりは、「×」を「÷」にかえても成り立つよ。

きほん2 2通りの方法で式に表すことができますか。

☆１こ350円のケーキが１こにつき30円安くなっていたので、5こ買いました。代金はいくらになりますか。2通りの方法で式に表し、答えを求めましょう。

とき方 《1》(本来の5こ分の代金)−(5こ分の安くなった金がく)と考えると、

□×5−□×5=□−□=□

《2》(安くなった1こ分のねだん)×(ケーキの数)と考えると、

(□−□)×5=□×5=□　**答え** □円

4 右のようなおはじきのこ数を求めるために、次のような2つの式をつくりました。□にあてはまる数を書きましょう。

教科書 26ページ1

❶ 3×□+2×□　❷ 5×□−3×□

5 次の□にあてはまる数を書きましょう。

教科書 27ページ2

❶ 28×5=(□×4)×5
=□×(4×5)
=□×20=□

❷ 102×8=(□+2)×8
=□×8+2×8
=□+16=□

6 次の計算をくふうしてしましょう。

教科書 27ページ3・4

❶ 83×5　❷ 98×9

❸ 101×29　❹ 203×43

計算のきまりを使って、くふうして計算するんだね。

ポイント 計算のきまりをうまく使うと、計算が楽になってまちがいをへらすことができます。くふうして計算できるようにしていきましょう。

④ かけ算のきまり
⑤ 整数の計算

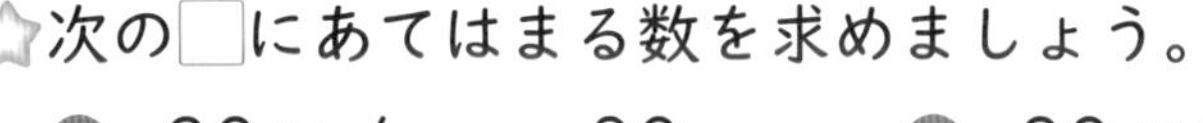

学習の目標
けたが多い整数の計算を、筆算でできるようにしよう。

おわったらシールをはろう

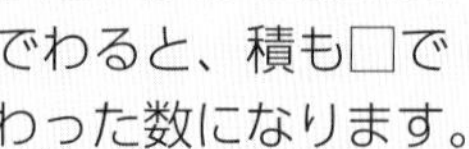

きほん1 かけ算のきまりがわかりますか。

☆次の□にあてはまる数を求めましょう。

❶ 20×4　=　80
　↓×□　↓×□
20×12　=　240

❷ 30×10　=　300
　↓÷□　↓÷□
30×5　=　150

たいせつ
かけ算では、かける数を□倍すると、積も□倍になります。
また、かける数を□でわると、積も□でわった数になります。

とき方 ❶ かける数 4 を□倍した 12 にすると、積(せき)は 80 を□倍した 240 になります。

❷ かける数 10 を□でわった 5 にすると、商は 300 を□でわった 150 になります。

答え　上の問題に記入

1 次の□にあてはまる数を求めましょう。　教科書 28ページ 1 1

❶ 30×18　=　540
　↓÷□　↓÷□
30×9　=　270

❷ 30　×　8　=　240
↓×□　↓÷□
60　×　4　=　240

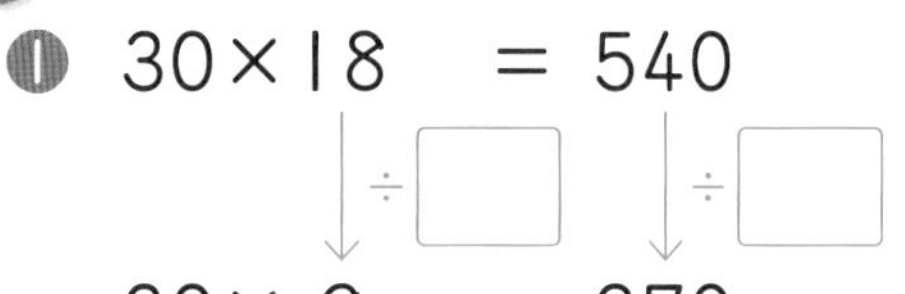

❸ 90　×　2=　180
↓÷□　↓×□
30　×　6=　180

❹ 20　×7=　140
↓×□　↓×□
100　×7=　700

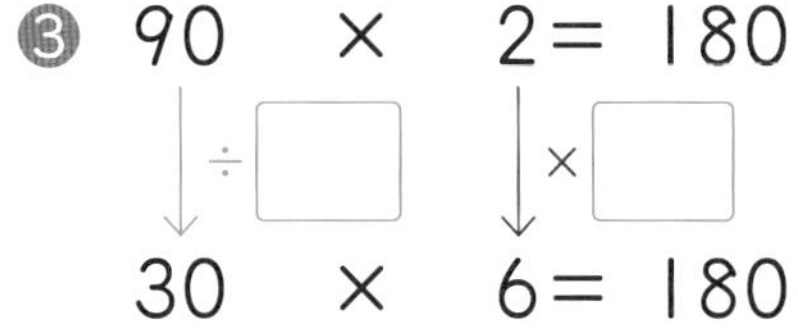

❺ 80　×5=　400
↓÷□　↓÷□
20　×5=　100

❻ 40×8　=　320
　↓÷□　↓÷□
40×4　=　160

❼ 60　×　12　=　720
↓×□　↓×□
180　×　12　=　2160

❽ 120　×　6　=　720
↓×□　↓÷□
360　×　2　=　720

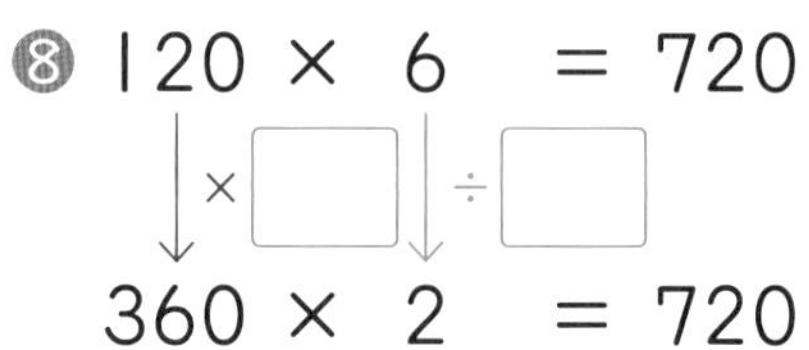

さんすうはかせ
上の計算のきまりを使って、計算のくふうをすることができます。例(たと)えば 15×12 の計算をするとき、かけられる数を 2 倍した 30×12＝360 は、15×12 の答えの 2 倍なので、15×12＝180 です。

きほん2 けたが多いたし算やひき算ができますか。

☆次の計算をしましょう。 ❶ 61782＋14564 ❷ 61782−14564

とき方 けたが多くなっても、計算は筆算で、位ごとにします。

❶

❷

たいせつ
たし算やひき算は、けたが多くなっても、これまでと同じように、位ごとに計算すればできます。

答え ❶ ❷

2 次の計算をしましょう。 教科書 29ページ1

❶ 96488＋3359 ❷ 27305−5946

きほん3 けたが多いかけ算やわり算ができますか。

☆次の計算をしましょう。 ❶ 512×341 ❷ 3000÷42

とき方 筆算でします。
かけ算は、かける数を位ごとに計算します。
わり算は、大きい位から順に考えて、たてる→かける→ひく→おろすをくり返していきます。

❶

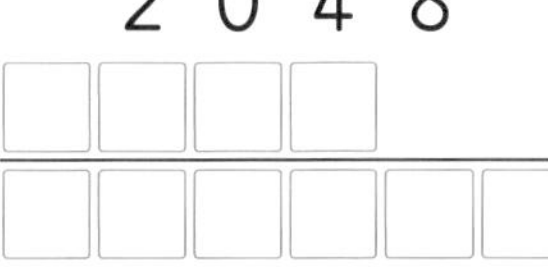

❷

答え ❶ ❷

3 次の計算をしましょう。 教科書 29ページ1▶2

❶ 217×354 ❷ 3952÷38

4 3000円でチョコレートをできるだけたくさん買おうと思います。お店に行くと、1こ89円で売っていました。何こ買えますか。 教科書 29ページ2

式

答え（ ）

ポイント けたが多い計算では、位をとばすなどのまちがいをしないように、ていねいに計算していくことが大切です。また、がい数で計算して、けた数などのかくにんもしましょう。

勉強した日　月　日

練習のワーク

教科書 下 18〜31ページ　答え 13ページ

できた数　/17問中

おわったら シールを はろう

1 計算の順じょ　次の計算をしましょう。

❶ 400−(300−45)　❷ 360+(240−80)

❸ 4+16×5　❹ 500−200÷25

❺ 52÷4+18×3　❻ 71−48÷6×5

2 1つの式に表す　1まい40円の工作用紙を3まい買って、200円出しました。おつりは何円ですか。1つの式に表して、答えを求めましょう。

式

答え（　　　）

3 計算のくふう　次の□にあてはまる数を書きましょう。

❶ 25×36=25×(□×9)

=(25×□)×9=□×9=□

❷ 35×97=35×(□−3)

=35×□−□×3=□

4 式の意味を考える　下の図の○の数を求めるのに、それぞれ、次のような式を考えました。考え方がわかるように、図を□でかこみましょう。

❶ 5×3+2×4

○○○
○○○
○○○
○○○○○○○
○○○○○○○

❷ 4×9−3×5

○○○○○○○○○
○○○○
○○○○
○○○○

てびき

1 計算の順じょ
❶❷（　）の中を先に計算します。
❸〜❻ ×や÷は、+や−より先に計算します。
❻48÷6×5の部分は左から順に計算します。

2 代金を、かけ算を使って、ひとまとまりの式に表します。

3 計算のくふう
計算のきまりを使って、くふうして計算します。

たいせつ
(■×▲)×●
=■×(▲×●)
●×(■−▲)
=●×■−●×▲

4 ❶5×3は○5このかたまりが3つと考えます。
❷4×9は○4このかたまりが9つです。右から1列〜5列目も○4このかたまりと考え、数えすぎた分をひきます。

できるナビ　計算のきまりを覚え、正しい順じょで計算ができるようにしましょう。

まとめのテスト

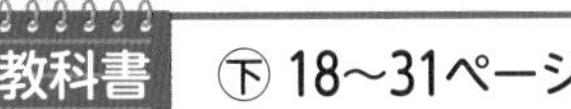

教科書 ㊦ 18～31ページ　答え 13ページ

1 次の計算をしましょう。 1つ6［36点］

❶ 35＋6×8　　❷ 8×12－68÷4

❸ (46＋38)÷6　　❹ (19－4)×(7＋5)

❺ 72÷(12÷3)　　❻ 25＋(30－25)×6

2 次の問題を1つの式に表して、答えを求めましょう。 1つ6［24点］

❶ 230円のコンパスと1本70円のえん筆を4本買いました。代金はいくらになりますか。

式

答え（　　　）

❷ お父さんのたん生日に、1こ170円のチョコレートと1こ550円のケーキを1こずつ買うことにしました。子ども3人で代金を等分すると、1人分は何円になりますか。

式

答え（　　　）

3 次の計算をしましょう。 1つ7［28点］

❶ 2857＋31164　　❷ 90320－7299

❸ 473×608　　❹ 8876÷28

4 次の□にあてはまる数を求めましょう。 1つ6［12点］

❶

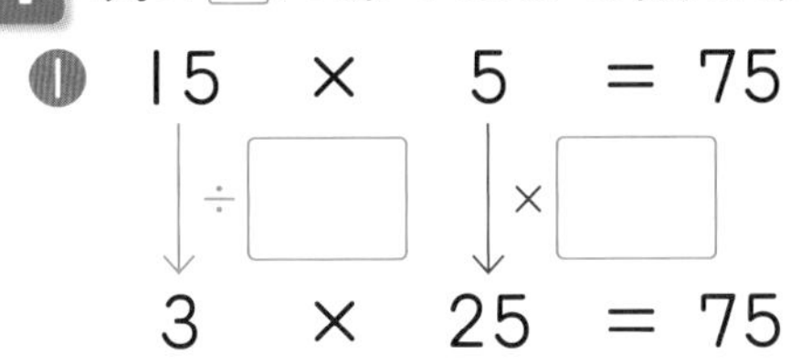

❷

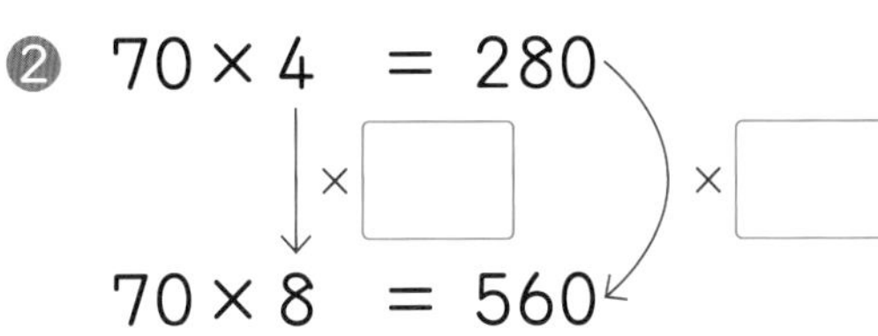

ふろくの「計算練習ノート」14～15ページをやろう！

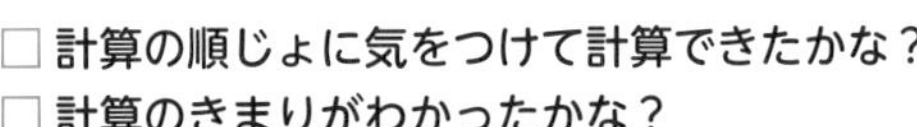

勉強した日　　月　　日

① 小数の表し方
② 小数のしくみ ［その1］
きほんのワーク

学習の目標
0.1より小さい数の表し方やしくみを理かいしよう。

おわったらシールをはろう

教科書 下 33～41ページ　答え 14ページ

きほん1　0.1Lより小さいはしたの表し方がわかりますか。

☆下の図に表した水のかさは、何Lですか。

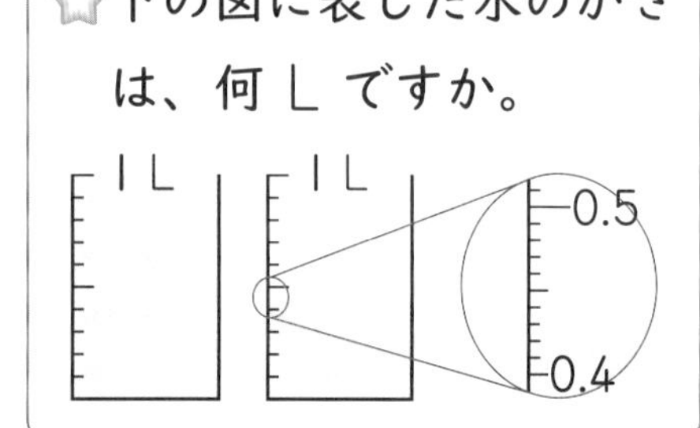

1.43は、「一点四三（いってんよんさん）」と読むよ。

とき方　0.1Lは、1Lを10等分した1つ分のかさです。同じように、0.1Lを10等分した1つ分のかさを、0.01Lと書き、「れい点れいーリットル」と読みます。
左の図では、水は1Lが1この1Lと、0.1Lが［　］この［　］Lと、0.01Lが［　］この［　］Lあるので、合わせて［　］Lあります。　答え［　］L

1 次のかさになるように色をぬりましょう。　教科書 34ページ1

❶ 1.26L　（1L、0.1L、0.1L、0.1L）　❷ 0.48L　（0.1L、0.1L、0.1L、0.1L、0.1L）

きほん2　2つの単位で表された長さを1つの単位で表せますか。

☆3km426mをkm単位（たんい）で表しましょう。

とき方　0.01kmを10等分した1つ分の長さを、0.001kmと書き、「れい点れいれいーキロメートル」と読みます。
400mは0.4km、20mは［　］km、6mは［　］kmです。3kmと合わせて3km426mは［　］kmです。　答え［　］km

たいせつ
1000mは1km
100mは1kmの$\frac{1}{10}$→0.1km
10mは0.1kmの$\frac{1}{10}$→0.01km
1mは0.01kmの$\frac{1}{10}$→0.001km

2 （　）の中の単位で表しましょう。　教科書 37ページ3、38ページ1～3

❶ 1kg782g（kg）　❷ 2403mL（L）　❸ 659m（km）

（　　　）　（　　　）　（　　　）

さんすうはかせ　整数や小数は、0、1、2、3、4、5、6、7、8、9の10この数字と小数点を使うと、どんな大きい数でも、どんな小さい数でも表すことができるよ。

きほん3 小数のしくみがわかりますか。

☆6.375 は 1、0.1、0.01、0.001 をそれぞれ何こ合わせた数ですか。

とき方 小数の位(くらい)は、右のようになっています。

6.375 は、6 と 0.3 と 0.07 と 0.005 を合わせた数で、6 は 1 を □ こ、0.3 は 0.1 を □ こ、0.07 は 0.01 を □ こ、0.005 は 0.001 を □ こ集めた数です。

答え 1 □ こ　0.1 □ こ
0.01 □ こ　0.001 □ こ

小数のしくみ

- 6 … 一の位
- . … 小数点
- 3 … 小数第一位(だいいちい)（$\frac{1}{10}$の位）
- 7 … 小数第二位（$\frac{1}{100}$の位）
- 5 … 小数第三位（$\frac{1}{1000}$の位）

ちゅうい
小数第一位、小数第二位、小数第三位の数字は、それぞれ 0.1、0.01、0.001 のこ数を表しています。

3 次の数はいくつですか。 教科書 39ページ1 40ページ2〜4

❶ 0.01 を 7 こと、0.001 を 4 こ合わせた数 （　　）

❷ 0.001 を 927 こ集めた数 （　　）

きほん4 小数の大きさをくらべることができますか。

☆0.82 と 0.809 の大きさをくらべましょう。

とき方 上の位の数字からくらべていきます。

$\frac{1}{100}$ の位の数字のちがいから、数の大小がわかります。

$\frac{1}{100}$ の位の数字は 2 と 0 です。□ > □ だから、□ の方が □ より大きくなります。

答え □ の方が大きい。

一の位	$\frac{1}{10}$の位	$\frac{1}{100}$の位	$\frac{1}{1000}$の位
0.	8	2	
0.	8	0	9

小数点でそろえる。

数直線では、右にある数ほど大きいよ。右のように、数直線に表しても、0.82 > 0.809 となることがわかるね。

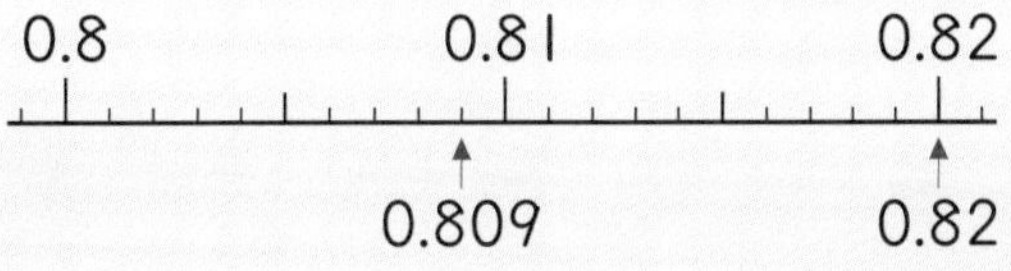

4 次の数を大きい順(じゅん)にならべましょう。 教科書 41ページ21

❶ 2.759　2.761　2.708 （　　）

❷ 0.3　0　0.03　3　0.003 （　　）

ポイント 小数の大小をくらべるときも、整数のときと同じように考えることができます。小数点に注目し、それぞれの位の数をおさえましょう。

勉強した日　月　日

② 小数のしくみ ［その2］
③ 小数のたし算とひき算
きほんのワーク

学習の目標　$\frac{1}{100}$の位まである数のたし算やひき算ができるようにしよう。

おわったらシールをはろう

教科書 ㊦ 42～47ページ　答え 14ページ

きほん1 小数の位の変わり方がわかりますか。

☆0.48 の 10 倍の数と、$\frac{1}{10}$ の数を書きましょう。

一の位	$\frac{1}{10}$の位	$\frac{1}{100}$の位	$\frac{1}{1000}$の位
4.	8		
0.	4	8	
0.	0	4	8

（10倍、$\frac{1}{10}$）

とき方　小数も整数と同じように、10 倍すると、どの数字も位（くらい）が □ つ上がった数になり、$\frac{1}{10}$ にすると、どの数字も位が □ つ下がった数になります。

答え　10 倍 □　$\frac{1}{10}$ □

1 次の数の 10 倍の数と、$\frac{1}{10}$ の数を求（もと）めましょう。　教科書 42ページ3 1▶2

❶ 3.19　10 倍（　　）　$\frac{1}{10}$（　　）

❷ 40.62　10 倍（　　）　$\frac{1}{10}$（　　）

きほん2 小数のたし算ができますか。

☆重さ 0.35 kg のかごに、みかんを 2.86 kg 入れます。全体の重さは何 kg になりますか。

とき方　式は、0.35＋□ になります。計算は、次のようにします。

《1》位ごとに分けて考えると、

0.35 は 0 と　0.3　と　0.05
2.86 は 2 と　0.8　と　0.06
合わせて 2 と □ と □

《2》0.01 をもとにして考えると、

0.35 は 0.01 が □ こ
2.86 は 0.01 が □ こ
合わせて 0.01 が □ こ

答え □ kg

2 麦茶がペットボトルに 1.46 L、ポットに 2.6 L 入っています。麦茶は合わせて何 L ありますか。　教科書 43ページ1

式

答え（　　）

小数はいくらでも細かく分けられる量（りょう）である長さや重さなどを表すのによく使われるよ。たとえば、五円玉のあつさは 1.5 mm、重さは 3.75 g だよ。

きほん 3 小数のたし算を筆算でできますか。

☆1.25＋2.34 の計算を筆算でしましょう。

小数点をつけるのをわすれないでね。

とき方 筆算は次のようにします。

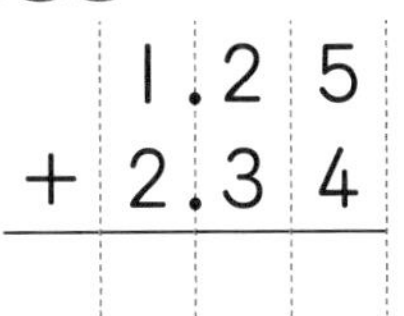

位をそろえて書くことに注意する。

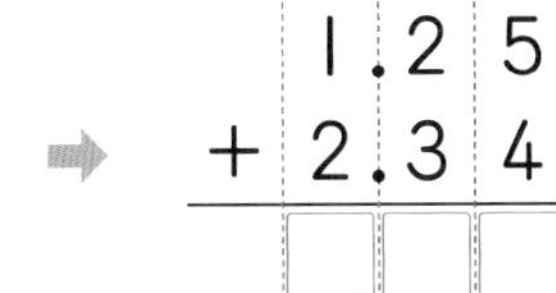

整数のときと同じように、位ごとに計算する。

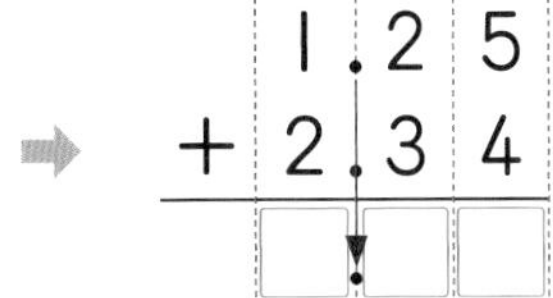

和の小数点は、上の小数点の位置にそろえてつける。

3 次の計算を筆算でしましょう。

❶ 5.04＋2.13　　❷ 3.85＋5.67

❸ 0.48＋3.42　　❹ 6.74＋1.8

❸では、答えの小数点以下のおわりにある 0 は 0 としておこう。

きほん 4 小数のひき算を筆算でできますか。

☆2.37－1.15 の計算を筆算でしましょう。

とき方 小数のひき算も、たし算と同じように計算できます。

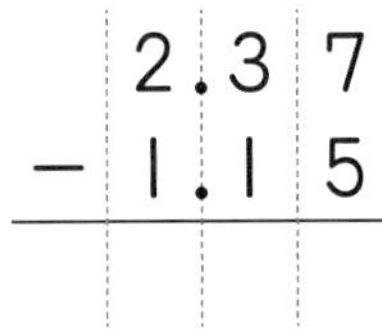

位をそろえて書くことに注意する。

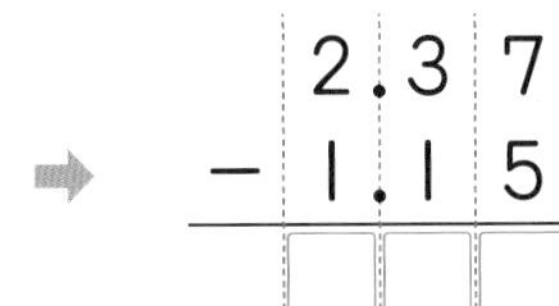

整数のときと同じように、位ごとに計算する。

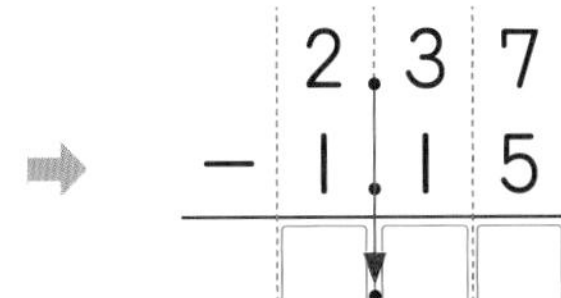

差の小数点は、上の小数点の位置にそろえてつける。

4 次の計算を筆算でしましょう。

❶ 4.73－3.22　　❷ 6.82－2.18

❸ 7.54－6.84　　❹ 5.1－1.39

❹では、5.1 を 5.10 と考えて、位をそろえて筆算しよう。

ポイント 小数のたし算・ひき算は 0.1 や 0.01 が何こ分と考えると、整数と同じように計算できます。
筆算のときは小数点をそろえて書くことに注意しましょう。

勉強した日　月　日

練習のワーク

教科書 ㊦33～49ページ　答え 14ページ

できた数　/13問中

おわったらシールをはろう

1 小数の表し方 次の□にあてはまる数を書きましょう。

❶ 1.326kg＝□g

❷ 7km890m＝□km

❸ 3.95km＝□m

❹ 460mL＝□L

2 小数のしくみ 次の数はいくつですか。

❶ 0.1 を 8 こと、0.01 を 4 こと、0.001 を 5 こ合わせた数　(　　)

❷ 0.01 を 18 こ集めた数　(　　)

❸ 0.67 の 10 倍の数　(　　)

❹ 5.31 の $\frac{1}{10}$ の数　(　　)

3 小数の大小 不等号(ふとうごう)を使って、大小を表しましょう。

❶ 0.205□0.32　❷ 7.283□7.2

4 小数の計算のきまり 計算のきまりを使って、次の計算をしましょう。

❶ 4.56＋3.33＋5.44

❷ 12.47－6.37－2.47

5 小数のひき算 ランドセルの重さをはかると 760g でした。あと何 kg で、1kg になりますか。

式

答え(　　)

1 単位(たんい)の関係(かんけい)は次のようになります。

たいせつ

1g＝0.001kg
10g＝0.01kg
100g＝0.1kg
1m＝0.001km
10m＝0.01km
100m＝0.1km
1mL＝0.001L
10mL＝0.01L
100mL＝0.1L

2 小数のしくみ
❸❹どの数字も、10 倍すると、位(くらい)が 1 つ上がった数になり、$\frac{1}{10}$ にすると、位が 1 つ下がった数になります。

3 小数の大小
小数点でそろえて上の位から順(じゅん)にくらべていきます。

4 小数の計算のきまり
小数のたし算やひき算でも、整数と同じように計算のきまりが成(な)り立ちます。

5 760g を kg 単位で表すと、0.76kg です。
1 は 1.00 と考えて、位をそろえて計算します。

できるナビ　$\frac{1}{10}$ の位、$\frac{1}{100}$ の位、…と次々と 10 等分して新しい単位をつくって表すという小数のしくみを理かいして、たし算やひき算ができるようにしましょう。

勉強した日　月　日

まとめのテスト

教科書 ㊦33～49ページ　答え 14ページ

時間 20分　とく点 /100点　おわったらシールをはろう

1 (　)の中の単位で表しましょう。　1つ8〔16点〕

❶ 481m(km)　(　　　　)

❷ 7.05L(mL)　(　　　　)

2 次の□にあてはまる数を書きましょう。　1つ8〔24点〕

❶ 3.276は、1を□こと、0.1を□こと、0.01を□こと、0.001を□こ合わせた数です。

❷ 0.743は、0.001を□こ集めた数です。

❸ 54.4の10倍の数は□、100倍の数は□、1000倍の数は□、$\frac{1}{10}$の数は□です。

3 2.1、2.09、2.11を大きい順(じゅん)にならべましょう。　〔8点〕

(　　　　)

4 よく出る 次の計算を筆算でしましょう。　1つ6〔36点〕

❶ 4.37＋1.35　❷ 0.54＋9.86

❸ 12.8＋3.72　❹ 7.02－5.68

❺ 6.4－0.46　❻ 3.45－2.95

5 7mの紙テープがあります。けんじさんは85cm、ふみかさんは0.68m使いました。残(のこ)りの紙テープの長さは、何mになりますか。　1つ8〔16点〕

式

答え(　　　　)

ふろくの「計算練習ノート」16～18ページをやろう！

□小数の表し方やしくみがわかったかな？
□小数のたし算やひき算ができたかな？

勉強した日　月　日

① 数の表し方
② たし算とひき算
きほんのワーク

学習の目標
そろばんを使って、たし算やひき算ができるようになろう。

おわったらシールをはろう

教科書 下 51～53ページ　答え 15ページ

きほん1 そろばんの数の表し方がわかりますか。

☆次の数を数字で書きましょう。

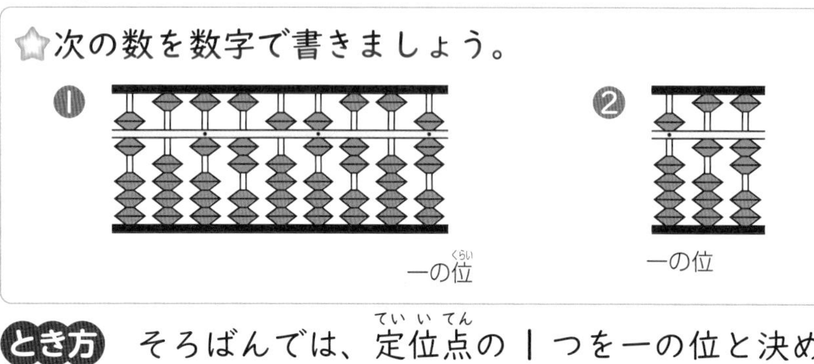

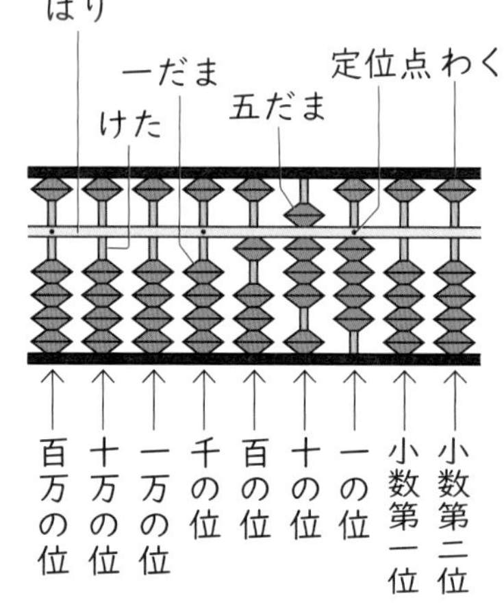

とき方　そろばんでは、定位点の１つを一の位と決めると、一の位から左へ順に十の位、百の位…、右へ順に、小数第一位、小数第二位、…となります。

❶ 一億の位が 6、千万の位が 0、百万の位が 1、十万の位が □、一万の位が 5、千の位が □、百の位が 2、十の位が □、一の位が 7 です。

❷ 一の位が 5、小数第一位が □、小数第二位が □ です。

答え ❶ □　❷ □

1 次の数を数字で書きましょう。　教科書 51ページ1

❶

❷
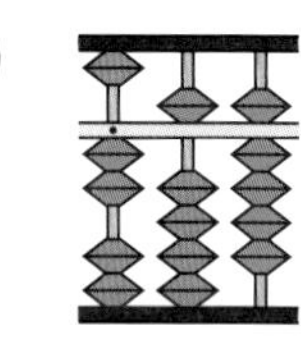

❸

(　　　)　(　　　)　(　　　)

2 そろばんに、次の数を表しましょう。　教科書 51ページ1

❶ 1306893088　❷ 409800955654123

❸ 8.5　❹ 14.7

さんすうはかせ　かけ算やわり算もそろばんを使って計算することができるよ。

きほん2 そろばんを使って、たし算やひき算ができますか。

☆次の計算をそろばんでしましょう。 ❶ 78＋64 ❷ 52－18

とき方 ❶ たされる数を、まず、そろばんに置（お）きます。
次に、大きい位からたしていきます。

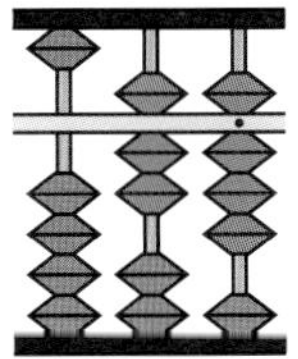

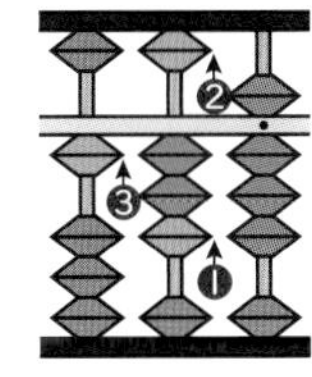
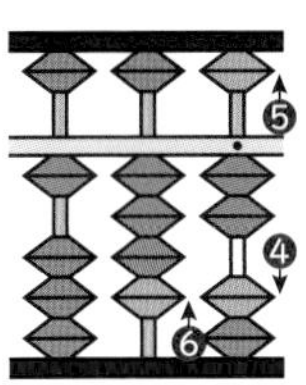

78をおく。

60はそのままたせないから、10をたして❶、50をひいて❷、100をたす❸。

4はそのままたせないから、6をひいて❹❺、10をたす❻。

❷ ひかれる数を、まず、そろばんに置きます。
次に、大きい位からひいていきます。

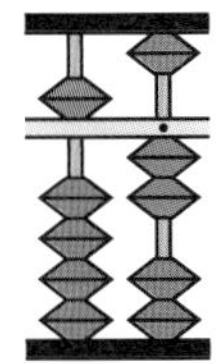

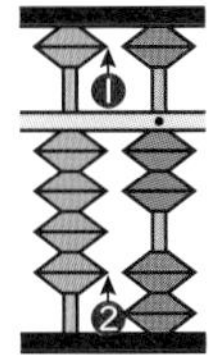
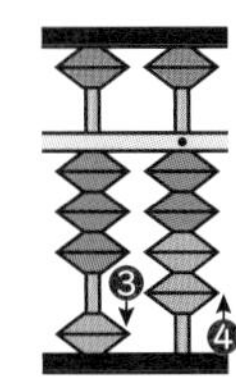

52をおく。

10はそのままひけないので、50をひいて❶、40をたす❷。

8はそのままひけないから、まず10をひいて❸、2をたす❹。

答え ❶ ❷

3 次の計算をそろばんでしましょう。

教科書 52ページ 1 1▷ 53ページ 2▷ 3▷

❶ 27＋8 ❷ 29＋86 ❸ 346＋54

❹ 95－7 ❺ 81－52 ❻ 143－79

4 次の計算をそろばんでしましょう。

教科書 52ページ 1 1▷ 53ページ 2▷ 3▷

❶ 0.2＋1.9 ❷ 7.2＋5.8

❸ 5.43＋2.91 ❹ 3.9－0.8

❺ 11.7－4.8 ❻ 7.29－4.38

そろばんを使った、小数や大きい数のたし算とひき算は、整数のときと同じようにできるよ。

5 次の計算をそろばんでしましょう。

教科書 52ページ 1 1▷ 53ページ 2▷ 3▷

❶ 30億＋90億 ❷ 100兆（ちょう）－20兆

ポイント そろばんを使った計算は、数を十の位の数や一の位の数のように、それぞれの位で分けて考えます。

勉強した日　月　日

① 面積
② 長方形と正方形の面積［その1］

きほんのワーク

学習の目標
面積を数で表す方法を覚え、計算で求められるようにしよう。

おわったらシールをはろう

教科書　下 54～62ページ　答え 15ページ

きほん1 広さ(面積)の表し方がわかりますか。

☆右のような㋐、㋑の色をぬった図形があります。どちらが広いでしょうか。ただし、方がんの1目もりは1cmとします。

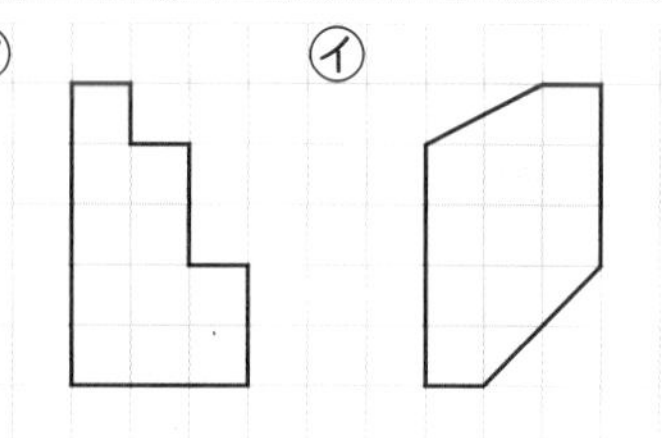

とき方 広さは、単位(たんい)になる広さの何こ分で表すことができます。
広さを数で表したものを［面積(めんせき)］といいます。
1辺(ぺん)が1cmの正方形の面積と同じ広さを、［$1cm^2$］
(1平方(へいほう)センチメートル)といいます。cm^2は面積の単位です。

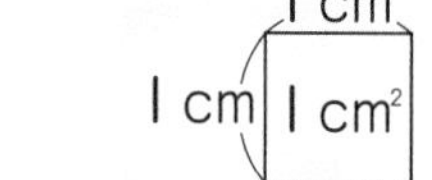

㋐は、$1cm^2$の正方形が［　］こならぶから、［　］cm^2です。
㋑は、$1cm^2$の正方形が［　］こならび、ななめに切られている部分のうち、上は$1cm^2$の正方形の［　］こ分、下は$1cm^2$の正方形の［　］こ分です。これらを合わせると［　］cm^2になります。

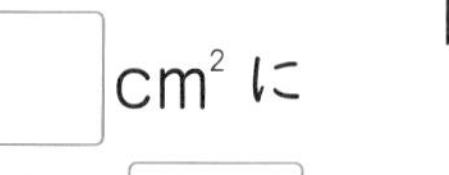

答え［　］

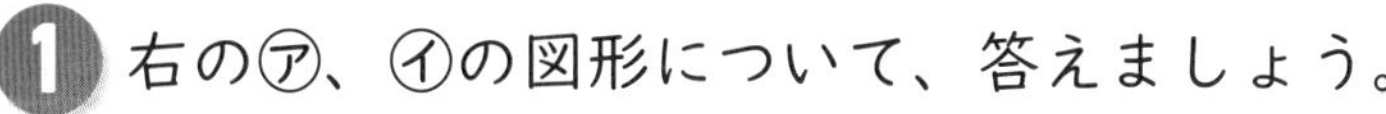

1 右の㋐、㋑の図形について、答えましょう。

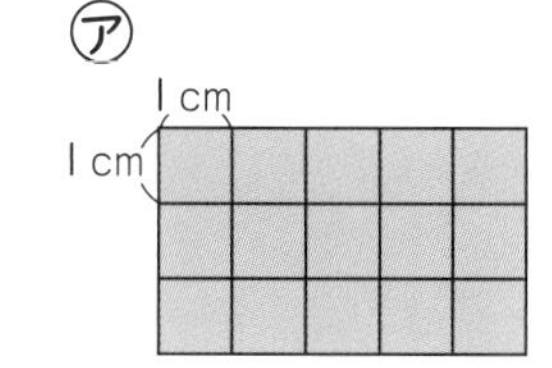

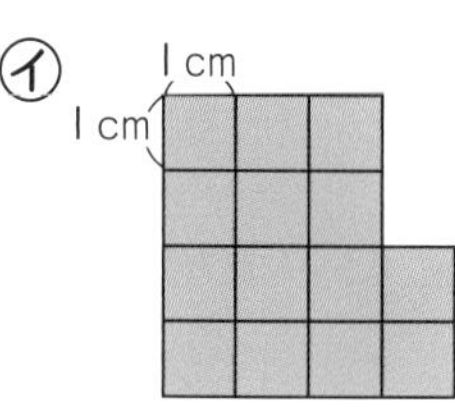

1. ㋐の面積は、何cm^2ですか。
（　　　）
2. ㋑の面積は、何cm^2ですか。
（　　　）
3. ㋐と㋑で、まわりの長さは、どちらが長いですか。
（　　　）
4. ㋐と㋑で、面積は、どちらが何cm^2大きいですか。
（　　　）

見ただけですぐに面積をくらべられないときは、「cm^2」を使って面積を表すとよくわかるね。

面積の公式のように、「公式」とは、どんなときにでもあてはめて使うことができる式のことをいうよ。

きほん2 長方形や正方形の面積を計算で求めることができますか。

☆次の長方形や正方形の面積を求めましょう。

❶ たて 15cm、横 25cm の長方形　❷ 1辺 18cm の正方形

面積の公式
長方形の面積＝たて×横
正方形の面積＝１辺×１辺

とき方 １cm^2 の正方形が何こならぶかを考えて求めます。

❶ たてに □ こ、横に □ こならびます。全部で、
□×□＝□(こ)ならぶので、面積は □cm^2 です。

❷ １辺に □ こならびます。
全部で、□×□＝□(こ)
ならぶので、面積は □cm^2 です。

答え ❶ □cm^2　❷ □cm^2

2 次の長方形や正方形の面積を求めましょう。 教科書 60ページ1 61ページ1

❶ たて 12cm、横 24cm の長方形

式

答え（　　　）

❷ １辺が 30cm の正方形

式

答え（　　　）

3 次の長さを求めましょう。 教科書 62ページ1 2

❶ 面積が 48cm^2 で、横の長さが 6cm の長方形のたての長さ

式

答え（　　　）

❷ １辺が 6cm の正方形と同じ面積で、たての長さが 4cm の長方形の横の長さ

式

答え（　　　）

ポイント 面積の単位の１つにcm^2があります。１cm^2の正方形が何こならぶかで面積を表すことができます。長方形の面積は、「横×たて」でも求めることができます。

勉強した日　月　日

② 長方形と正方形の面積 [その2]
③ 大きい面積の単位
④ 面積の単位の関係

きほんのワーク

学習の目標・
いろいろな図形や単位の面積を計算で求められるようにしよう。

おわったらシールをはろう

教科書 下 62～69ページ　答え 15ページ

きほん1 長方形や正方形を組み合わせた図形の面積の求め方がわかりますか。

☆下の図形の面積は、何 cm^2 ですか。

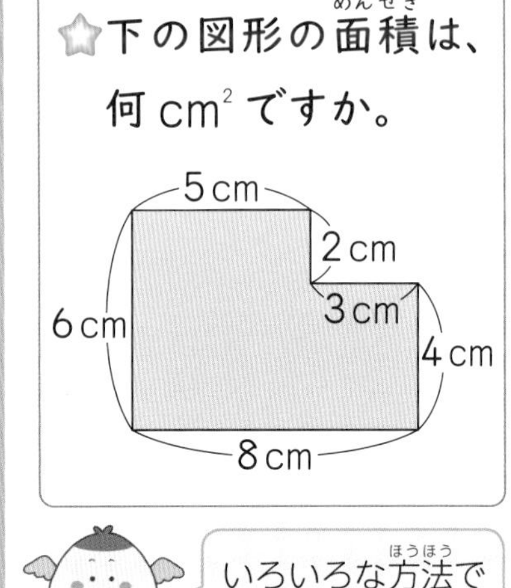

とき方　そのままでは、面積の公式が使えないときは、長方形や正方形に分けたり、へこんでいる部分をひいたりして、面積の公式が使えるようにします。

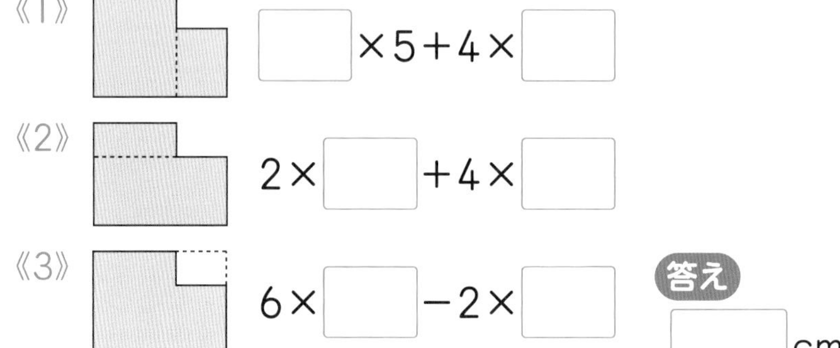

《1》 □×5＋4×□

《2》 2×□＋4×□

《3》 6×□－2×□

答え □ cm^2

1 下の図形の面積を求めようとして、❶～❸の式に表しました。どのように考えたか、図の中に点線をかきましょう。　教科書 62ページ3 63ページ1

❶ 10×9＋5×20　❷ 15×20－10×11　❸ 15×9＋5×11

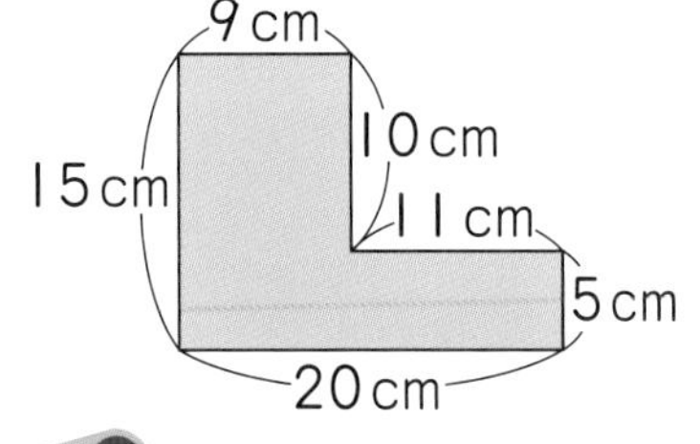

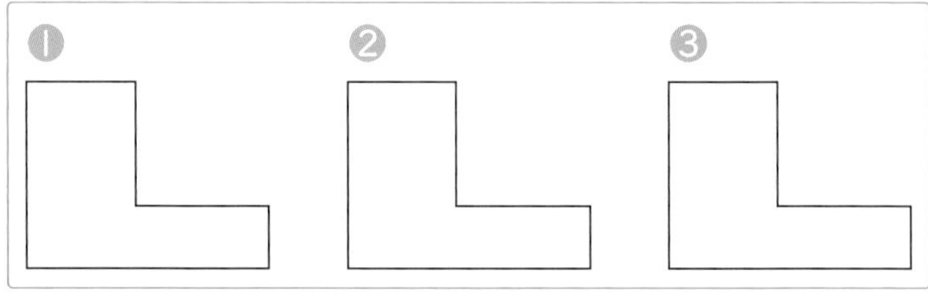

きほん2 大きい面積を表す単位がわかりますか。

☆たて 5m、横 4m の長方形の部屋の面積は、何 m^2 ですか。

とき方　1辺が 1m の正方形の面積を単位とし、$1m^2$ の正方形が何こあるかを考えます。

面積は、□×□＝□ (m^2)

答え □ m^2

たいせつ
1辺が 1m の正方形の面積と同じ広さが $1m^2$（1平方メートル）です。
$1m^2 = 1m \times 1m$
$= 100cm \times 100cm = 10000cm^2$

2 たて 10m、横 8m の長方形の教室の面積は、何 m^2 ですか。　教科書 64ページ1 1

式

答え（　　　）

長方形や正方形の1辺を■倍、その辺ととなり合う1辺を●倍した長方形や正方形の面積は、もとの長方形や正方形の面積の(■×●)倍になっているよ。

きほん3 a や ha という面積の単位がわかりますか。

☆たて 150m、横 400m の長方形のりんご園の面積は、何 m^2 ですか。また、それは何 a、何 ha ですか。

とき方 田や畑、牧場（ぼくじょう）や山林などの土地の面積は、1 辺が 10m や 100m の正方形の面積を単位として表すことがあります。

1 辺が 10m の正方形の面積を [1a]（1 アール）、

また、1 辺が 100m の正方形の面積を [1ha]

（1 ヘクタール）といいます。

りんご園の面積は、[　] × [　] = [　]（m^2）

答え [　] m^2 [　] a [　] ha

たいせつ
1a = 10m × 10m = 100 m^2
1ha = 100m × 100m
= 10000 m^2 = 100a

3 1 辺が 800m の正方形の公園の面積は、何 a ですか。また、それは何 ha ですか。

式

教科書 66ページ 2 3

答え（　　　　、　　　　）

きほん4 町のような広いところの面積の表し方がわかりますか。

☆たて 4km、横 6km の長方形の町の面積は、何 km^2 ですか。

とき方 島や県、国などの広い面積を表すには、1 辺が 1km の正方形の面積を単位とし、1 km^2 の正方形が何こあるかを考えます。面積は、

[　] × [　] = [　]（km^2） **答え** [　] km^2

たいせつ
1 km^2（1 平方キロメートル）
= 1km × 1km
= 1000m × 1000m
= 1000000 m^2

4 南北 2km、東西 3km の長方形の土地の面積は、何 km^2 ですか。

式

教科書 67ページ 5

答え（　　　　）

5 次の表は、正方形で 1 辺の長さと面積の関係（かんけい）を調べたものです。□にあてはまる数や単位を書きましょう。

教科書 68ページ 1

1 辺の長さ	1 ㋐[　]	㋑[　] cm	1m	㋓[　] m	100m	1 ㋖[　]
面積	1 cm^2	100 cm^2	1 ㋒[　]	1a（㋔[　] m^2）	1 ㋕[　]（100a）	1 km^2

ポイント 大きな面積の単位（m^2、a、ha、km^2）を覚え（おぼ）ましょう。また、いろいろな図形の面積を求めるときは、図形を分けたり、へこんでいる部分をひいたりして求めるようにしましょう。

勉強した日　月　日

練習のワーク

教科書 ㊦ 54～75ページ　答え 16ページ

できた数　/8問中

おわったらシールをはろう

1 長方形や正方形の面積　次の面積を求めましょう。

❶ 1辺が16cmの正方形

式

答え（　　　）

❷ たて3km、横8kmの長方形の土地

式

答え（　　　）

2 長方形の面積　面積が40cm²で、横の長さが8cmの長方形のカードのたての長さは何cmですか。

式

答え（　　　）

3 面積の単位　1辺が120mの正方形の野球場の面積は何aですか。

式

答え（　　　）

4 面積の単位の関係　次の□にあてはまる数を書きましょう。

❶ ある長方形のたての長さを10倍、横の長さを10倍した長方形の面積は、もとの長方形の面積の□倍になります。

❷ 長さの単位では、1mは1cmの□倍で、面積では、1m²は1cm²の□倍になります。

5 いろいろな形の面積　右のように、長方形の花だんに、はば2mと3mの道が通っています。花だんの面積を求めましょう。

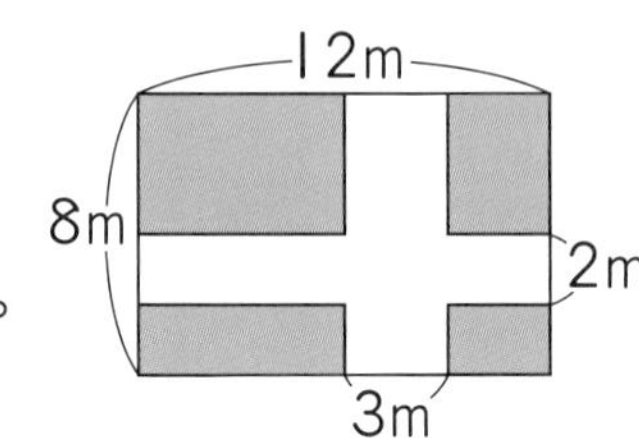

式

答え（　　　）

てびき

1 長方形や正方形の面積の公式

たいせつ
長方形の面積
＝たて×横
正方形の面積
＝1辺×1辺

2 たての長さを□cmとすると、□×8＝40が成り立ちます。

3 大きな面積の単位

1m²=1m×1m
1a=10m×10m=100m²
1ha=100m×100m
=10000m²=100a
1km²=1km×1km
=1000m×1000m
=1000000m²
=10000a=100ha

4 ❷1m²の正方形の1辺の長さは、1m(＝100cm)であることから考えます。

5 左のようなときは、道の部分をはしに動かして考えます。

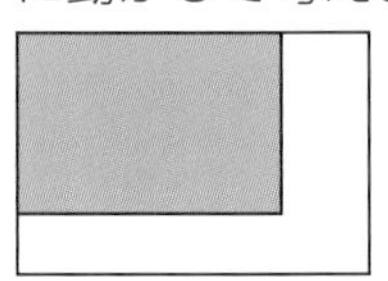

できるナビ　面積の単位の関係を覚えて、単位を使い分けられるようにしましょう。また、いろいろな図形の面積もくふうして求められるようにしましょう。

まとめのテスト

教科書　㊦ 54〜75ページ　答え　16ページ

とく点
/100点

おわったら
シールを
はろう

1 よく出る 次の面積を〔　〕の中の単位で求めましょう。　1つ6〔48点〕

❶ たて 80cm、横 1m の長方形のつくえ〔cm^2〕

式

答え（　　　　）

❷ まわりの長さが 20m の正方形の形をした花だん〔m^2〕

式

答え（　　　　）

❸ たて 25m、横 12m の長方形の教室〔a〕

式

答え（　　　　）

❹ 1辺が 700m の正方形の土地〔ha〕

式

答え（　　　　）

2 次の図形の色をぬってある部分の面積を求めましょう。　1つ6〔36点〕

❶ 12cm　8cm　18cm　10cm　10cm　22cm

❷ 3m　2m　4m　3m　3m　2m　7m

❸ 13m　6m　6m　26m

式　　式　　式

答え（　　　　）　答え（　　　　）　答え（　　　　）

3 右の図の□にあてはまる数を求めましょう。

式　　1つ8〔16点〕

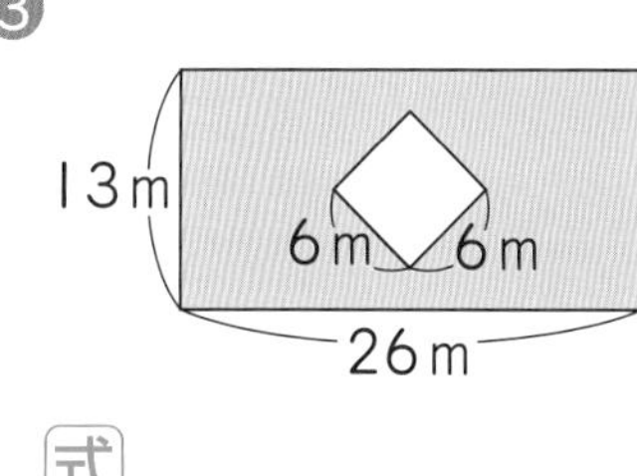

答え（　　　　）

ふろくの「計算練習ノート」20ページをやろう！

□ 長方形や正方形の面積の公式を使って、図形の面積を求めることができたかな？
□ 大きい面積の単位で表したり、広い面積を計算で求めたりできたかな？

① 小数×整数
② 小数÷整数
きほんのワーク

学習の目標
小数×整数、小数÷整数の計算のしかたを覚えよう。

おわったらシールをはろう

教科書 下 78～82ページ　答え 16ページ

きほん1 小数×整数の計算のしかたがわかりますか。

☆さとうが 0.4kg 入ったふくろが 3 ふくろあります。さとうは全部で何 kg ありますか。

とき方 答えを求める式は、□×3 とかけ算になります。これを計算するときは、0.1 が何こ分かを考えます。

0.4 は 0.1 が 4 こ。4×3=□ より、

0.1 が □ こで □ です。

答え □ kg

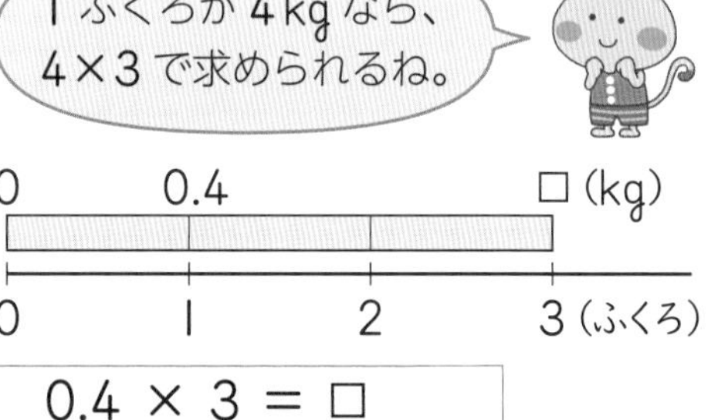

0.4 × 3 = □
↓10倍　↑$\frac{1}{10}$
4 × 3 = 12

1 次の計算をしましょう。　教科書 79ページ1 80ページ1

❶ 0.2×4　❷ 0.5×7　❸ 1.3×3　❹ 2.5×3

きほん2 小数÷整数の計算のしかたがわかりますか。

☆5.2m のリボンを 4 人で同じように分けると、1 人分は何 m になりますか。

とき方 答えを求める式は、□÷4 とわり算になります。これを計算するときも、0.1 が何こ分かを考えます。

5.2 は 0.1 が 52 こ。52÷4=□ より、

0.1 が □ こで □ です。

答え □ m

52m を 4 人で分けるなら 52÷4 で求められるね。

0　□　5.2(m)
0　1　2　3　4(人)

5.2 ÷ 4 = □
↓10倍　↑$\frac{1}{10}$
52 ÷ 4 = 13

2 次の計算をしましょう。　教科書 81ページ1 82ページ1

❶ 6.3÷3　❷ 8.6÷2　❸ 7.2÷6

わり算も、0.1 をもとにして考えればいいんだ。

ポイント 小数×整数や小数÷整数の計算は、小数を整数になおせば、整数のときと同じように計算することができます。

まとめのテスト

教科書 ㊦78〜82ページ　答え 16ページ

とく点 /100点

おわったら シールを はろう

1 よく出る 次の計算をしましょう。 1つ6〔36点〕

❶ 0.6×3　❷ 0.3×8　❸ 1.4×4

❹ 5.6÷8　❺ 1.4÷7　❻ 4.8÷3

2 1周0.4kmの校庭を6周走りました。全部で何km走りましたか。 1つ8〔16点〕

答え（　　　　）

3 1.8L入りのしょう油のびんが5本あります。しょう油は全部で何Lありますか。 1つ8〔16点〕

答え（　　　　）

4 6.5mのリボンを同じ長さずつ5本に切ると、1本は何mになりますか。 1つ8〔16点〕

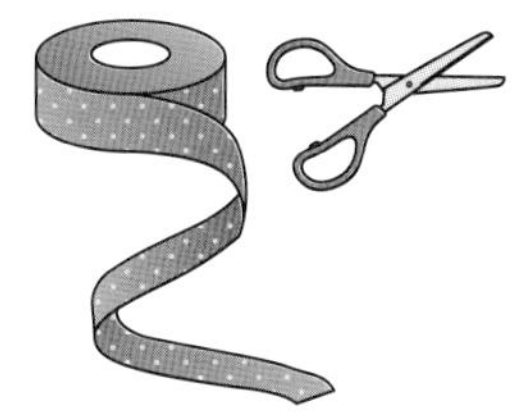

答え（　　　　）

5 6.4kgの食塩を4つのふくろに同じ量ずつ分けて入れると、1ふくろは何kgになりますか。 1つ8〔16点〕

答え（　　　　）

□ 小数×整数の計算ができたかな？
□ 小数÷整数の計算ができたかな？

勉強した日　月　日

① 小数×整数の計算

きほんのワーク

学習の目標
小数に整数をかける計算を考え、筆算ができるようになろう。

おわったらシールをはろう

教科書 ㊦ 84〜87ページ　答え 17ページ

きほん1 小数×整数の筆算ができますか。

☆油が 1.6L 入ったペットボトルが 7 本あります。全部で何 L になりますか。

とき方 答えを求める式は、「1 本の量×本数」から、□×7 とかけ算になります。
1つ分の数　いくつ分

計算は、0.1 が □×7=□(こ)分と考えて、1.6×7=□ となります。

また、筆算で次のように計算できます。

1つ分の数	全部の数
1.6L	□L
1本	7本

いくつ分

```
  1.6        1.6         1.6
×   7  →   ×   7  →   ×   7
           □□□        1 1.2
```

右にそろえて書く。　整数のかけ算と同じように計算する。　かけられる数の小数点より下のけた数と同じになるように、積の小数点をつける。

答え □L

1 たて 5.8cm、横 4cm の長方形のカードの面積は、何 cm^2 ですか。

❶ 式を書きましょう。　教科書 85ページ 1

(　　　　　)

❷ 筆算をして答えを求めましょう。

(　　　　　)

2 次の計算を筆算でしましょう。　教科書 86ページ 2

❶ 1.4 × 9

❷ 2.9 × 5

❸ 6.7 × 8

❹ 4.5 × 6

❺ 0.8 × 5

❹ 4.5 × 6 = 27.0　小数点以下のおわりにある0と小数点は書かずに省くよ。

小数をふくむかけ算の筆算は、小数点を考えないで整数の計算と同じようにするから、位をそろえるのではなく、右にそろえて書くと覚えておこう。

きほん2 かける数が2けたになっても筆算ができますか。

☆1.2×56の計算をしましょう。

とき方 かける数が2けたになっても、筆算のしかたは同じです。

	1	.	2
×	5		6
	□		2
□	0		
□	□		2

→

	1	.	2
×	5		6
	7		2
6	0		
6	7	□	2

積の小数点は、かけられる数と小数点より下のけた数が同じになるようにつけることに注意します。また、小数点をつけわすれないようにします。

答え □

3 次の計算を筆算でしましょう。

教科書 86ページ2▶3▶

❶

	1	.4
×	3	7

❷

	3	.8
×	8	2

❸

	7	.5
×	2	4

❹

	9	.6
×	4	0

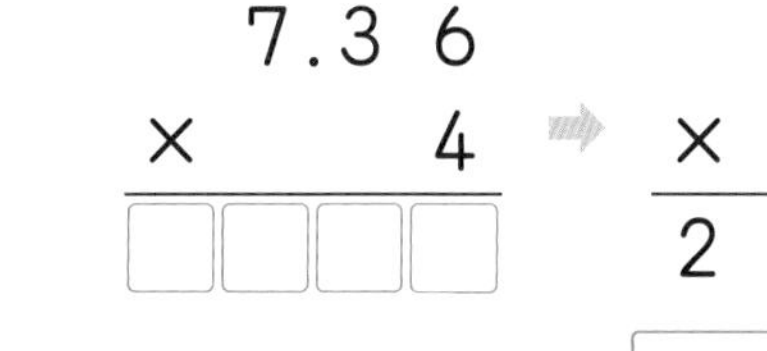

❹ 9.6 ×40 3 8 4.0　まず、0を書いてから、96×4の積を0の左に書くよ。次に、積の小数点をかけられる数と小数点より下のけた数が同じになるようにつけよう。小数点以下のおわりにある0と小数点は省くよ。

きほん3 かけられる数が小数第二位まであっても筆算ができますか。

☆1mの重さが7.36gのはり金があります。このはり金4mの重さは何gですか。

とき方 答えを求める式は、「1mの重さ×長さ」から、□×4とかけ算になります。小数第二位があっても、筆算のしかたは、今までと同じです。

	7	.3	6
×			4
□	□	□	□

→

	7	.3	6
×			4
2	9	□4	4

答え □g

4 次の計算を筆算でしましょう。

教科書 87ページ3 1▶3▶

❶

	5	.9	3
×			8

❷

	0	.4	7
×			7

❸

	0	.1	4
×		8	5

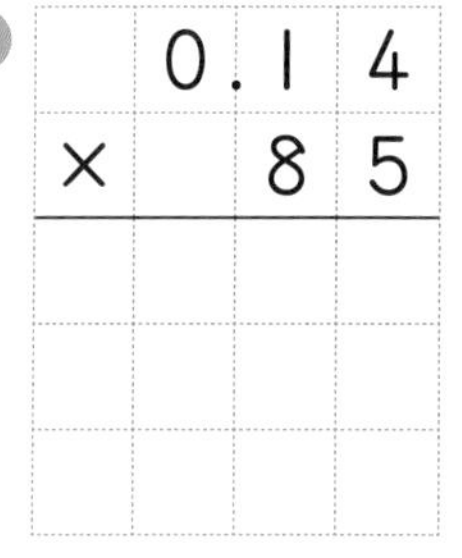

ポイント かけられる数やかける数が何けたになっても、計算のしかたは同じです。積に小数点をつけるときに、つける位置に注意します。

勉強した日　月　日

② 小数÷整数の計算
③ いろいろなわり算 [その1]

きほんのワーク

学習の目標・
小数を整数でわる計算を考え、筆算ができるようになろう。

おわったらシールをはろう

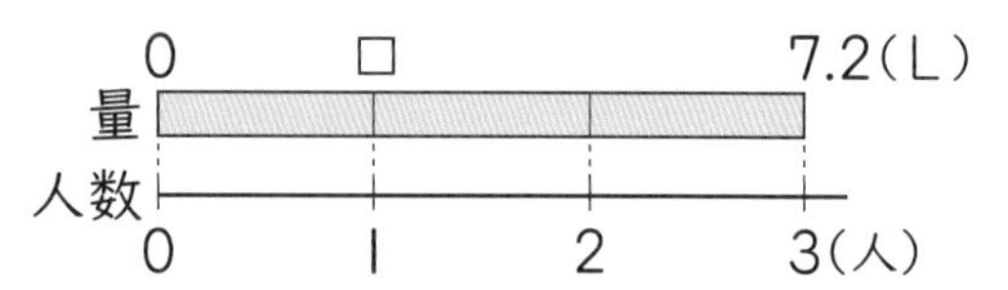

きほん1　小数÷整数の筆算ができますか。

☆7.2 L のジュースを、3人で同じ量ずつ分けます。1人分は何 L になりますか。

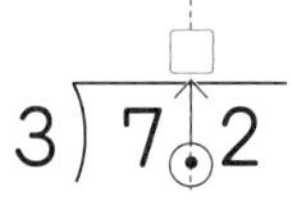

とき方　答えを求める式は、「ジュース全部の量÷人数」から、□÷3 とわり算になります。

わり算の筆算のしかたは、整数のときと同じです。

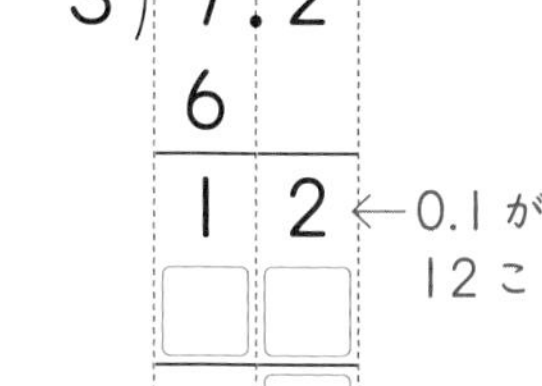

1つ分の数	全部の数
□ L	7.2 L
1人	3人

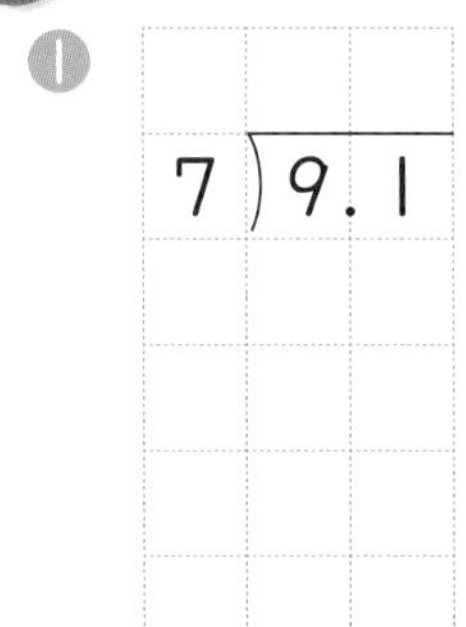

商の小数点を、わられる数の小数点にそろえてつける。

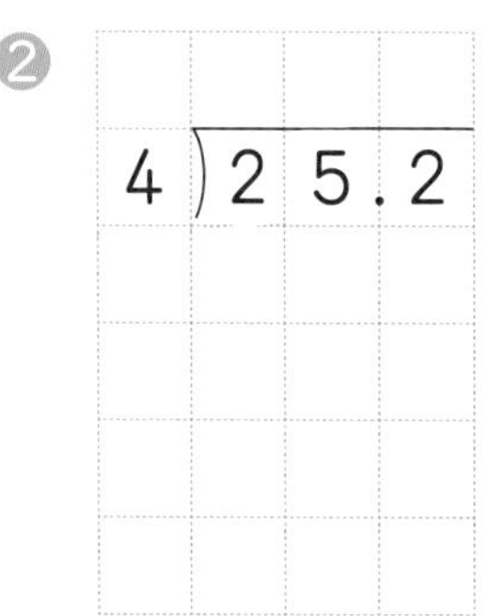

7を3でわると、一の位から商がたつ。

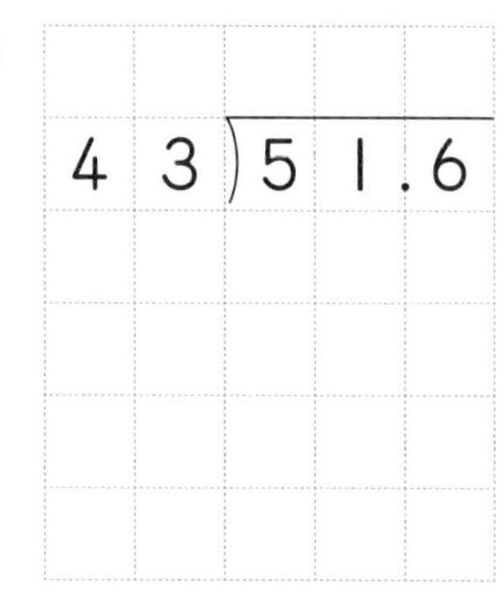

小数点をつけわすれないようにしよう。

答え □ L

1 次の計算を筆算でしましょう。　教科書 88ページ1 89ページ2

❶ 7)9.1

❷ 4)25.2

❸ 43)51.6

2 面積が43.2cm² で、横18cm の長方形のたての長さを求めましょう。　教科書 89ページ1

❶ 式を書きましょう。

(　　　　　)

❷ 筆算をして答えを求めましょう。

(　　　　　)

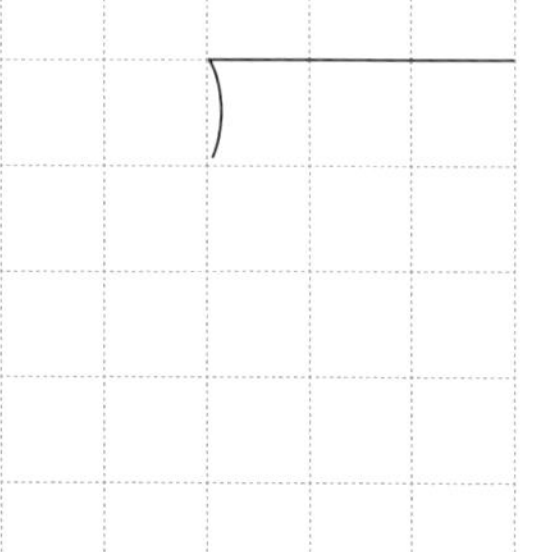

さんすうはかせ　【1より小さい数(1)】17世紀に吉田光由という人が「塵劫記」という本に小さい数の名を書いているよ。

きほん 2 商の一の位に 0 がたつわり算ができますか。

☆1.8kg のさとうを 6 つのふくろに同じ重さずつ分けると、1 つ分は何 kg になりますか。

1つ分の数＝全部の数÷いくつ分だから、式は……。

とき方 答えを求める式は、□÷6 とわり算になります。筆算は次のようにします。

1 わられる数にそろえて小数点をつけ、整数部分 1 は 6 より小さいので、商の一の位に □ を書く。

2 1.8 は □ が 18 こなので、18÷6 と同じように計算する。

答え □ kg

0 や小数点を書きわすれないこと。

18÷6 の商は、ここに書く。

$$\begin{array}{r} 0.\square \\ 6\overline{)\,1.8} \\ \square\square \\ \hline \square \end{array}$$

← 0.1 が 18 こ

3 次の計算を筆算でしましょう。

教科書 90ページ 2 1～3

❶ 8)6.4　❷ 7)4.2　❸ 5)3.65

❸のように、わられる数が小数第二位までになっても、筆算は同じようにできるんだね。

きほん 3 わり切れるまで計算できますか。

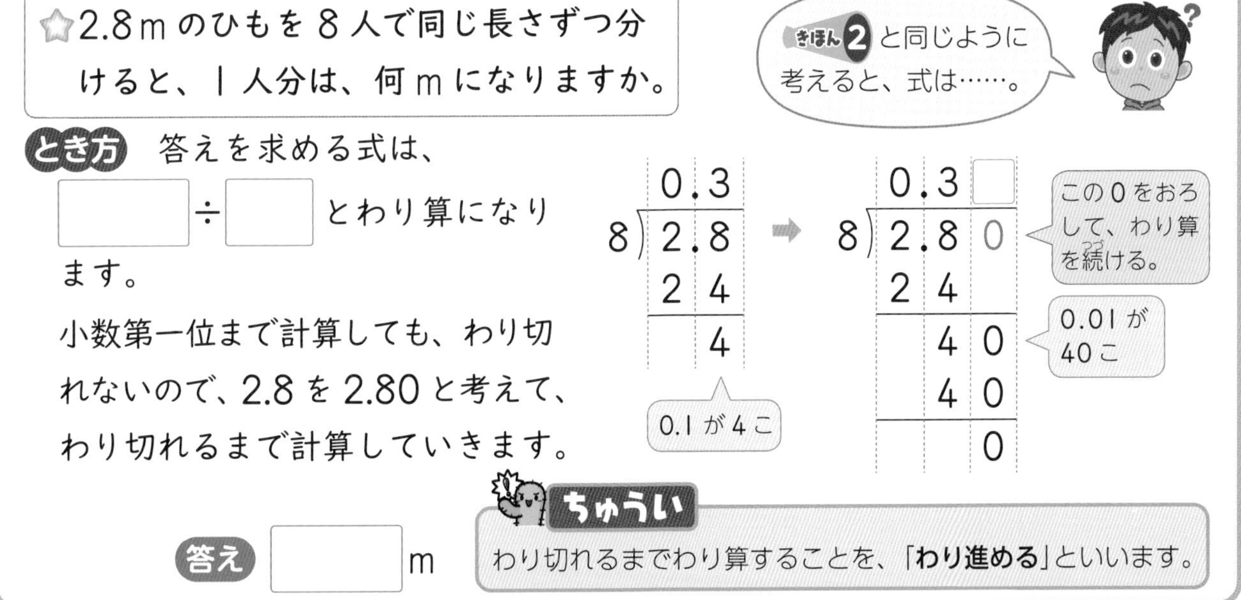

☆2.8m のひもを 8 人で同じ長さずつ分けると、1 人分は、何 m になりますか。

きほん2 と同じように考えると、式は……。

とき方 答えを求める式は、□÷□ とわり算になります。

小数第一位まで計算しても、わり切れないので、2.8 を 2.80 と考えて、わり切れるまで計算していきます。

$$\begin{array}{r} 0.3 \\ 8\overline{)\,2.8} \\ 2\,4 \\ \hline 4 \end{array} \quad \Rightarrow \quad \begin{array}{r} 0.3\square \\ 8\overline{)\,2.80} \\ 2\,4 \\ \hline 4\,0 \\ 4\,0 \\ \hline 0 \end{array}$$

0.1 が 4 こ

この 0 をおろして、わり算を続ける。

0.01 が 40 こ

答え □ m

ちゅうい
わり切れるまでわり算することを、「**わり進める**」といいます。

4 わり進めるしかたで計算しましょう。

教科書 91ページ 1 1 2

❶ 6)3.3　❷ 5)9　❸ 4)3

ポイント 商がたたない位には 0 を書く、商にも小数点をつけることなどをわすれないようにしましょう。

勉強した日　月　日

③ いろいろなわり算［その2］
④ どんな式になるかな
きほんのワーク

学習の目標・
小数を整数でわるいろいろな計算になれていこう。

おわったらシールをはろう

教科書 下 92〜94ページ　答え 17ページ

きほん1 商をがい数で求めるわり算ができますか。

☆18.6÷7 の計算をし、商は、小数第二位を四捨五入して、小数第一位まで求めましょう。

とき方 小数 □ 位まで求めて四捨五入します。

```
     2.6            2.6 5            □
7)1 8.6  →  7)1 8.6 0  →      2.6̸ 5̸
  1 4         1 4          7)1 8.6 0
    4 6         4 6          1 4
    □□          4 2            4 6
      □           4 □          4 2
                  □□             4 0
                    □            3 5
                                   5
```

たいせつ
商は、わり切れなかったり、けた数が多くなったりしたとき、がい数で求めることがあります。

答え □

1 わり算の商を、小数第二位を四捨五入して、小数第一位まで求めましょう。

教科書 92ページ 2 1 2

❶ 7)6.2　　❷ 9)28.3　　❸ 23)14.1

きほん2 小数のわり算で、あまりのだし方がわかりますか。

☆59.3kg のねん土を 3kg ずつのかたまりに分けます。かたまりは何こできて、何 kg あまりますか。

とき方 答えを求める式は、59.3÷3 です。かたまりのこ数は整数だから、商は一の位まで求めます。

```
    1 □
3)5 9.3
  3
  2 9
  2 7
    2.□
```

0.1 が 23 こであることを表している。

答え □ こできて、□ kg あまる。

たいせつ
小数のわり算では、あまりの小数点は、わられる数の小数点にそろえてつけます。

【1より小さい数(2)】一の位の下は、「分、厘、毛、糸、忽、微、繊、沙、塵、埃、渺、漠、模糊、逡巡、須臾、瞬息、弾指、刹那、六徳、虚空、清浄」だよ。

2 90.1 L の水を 7 L ずつ水そうに分けると、水が 7 L 入った水そうは何こできて、何 L あまりますか。また、答えのたしかめもしましょう。 教科書 93ページ 3 1

式

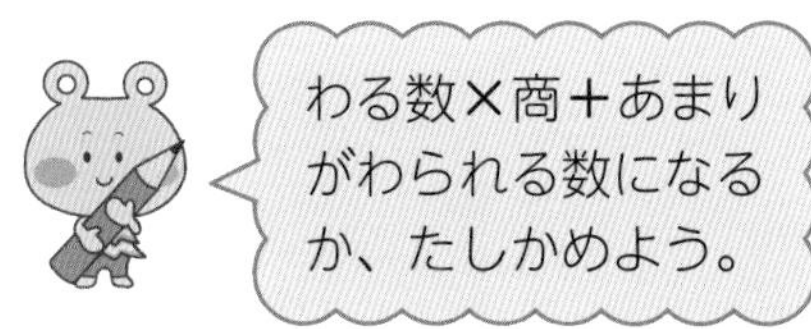

答え（　　　　　）

たしかめ（　　　　　）

きほん 3 どんな式になるかわかりますか。

☆ 1 本のリボンを同じ長さずつに切ると、1.8 m のリボンが 4 本できました。リボンは、はじめ何 m ありましたか。

とき方

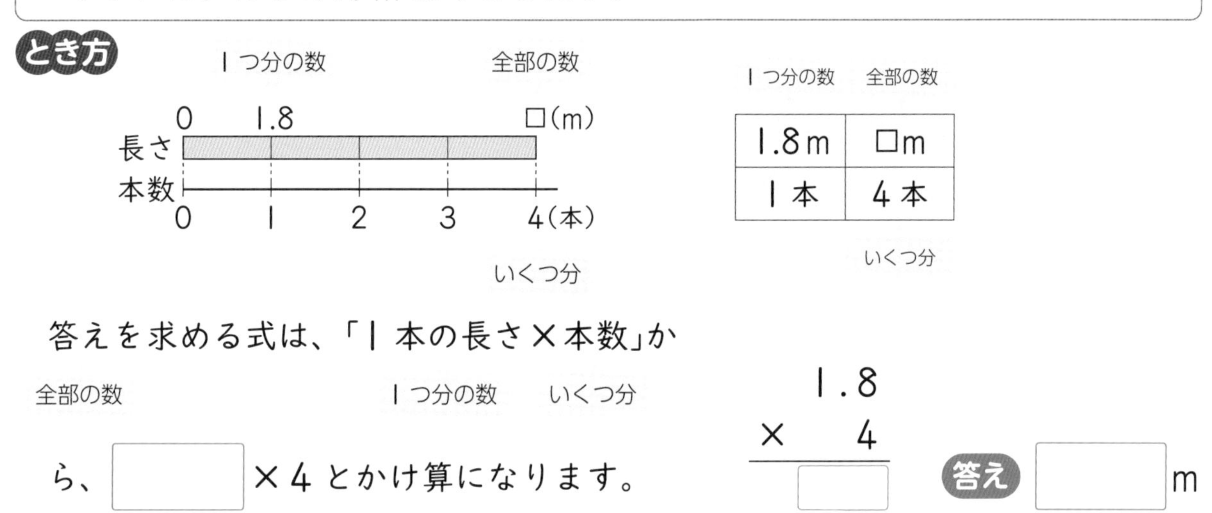

1つ分の数	全部の数
1.8 m	□m
1 本	4 本

いくつ分

答えを求める式は、「1 本の長さ×本数」から、□×4 とかけ算になります。
（全部の数／1つ分の数／いくつ分）

$$\begin{array}{r} 1.8 \\ \times \quad 4 \\ \hline \square \end{array}$$

答え □ m

3 麦茶が同じ量（りょう）ずつ 5 この水とうに入っています。麦茶の全部の量は 3.6 L です。1 この水とうに入っている麦茶は何 L ですか。 教科書 94ページ 1

❶ 図や表の□にわかっている数を書きましょう。

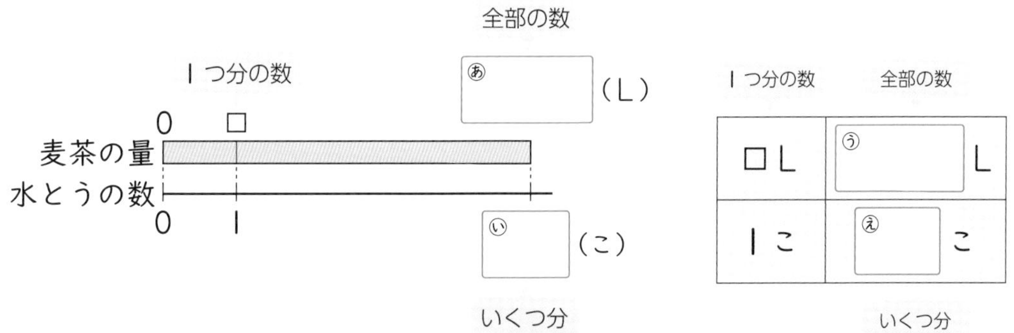

1つ分の数	全部の数
□L	う □ L
1 こ	え □ こ

いくつ分

❷ 式をつくって答えを求めましょう。

式

答え（　　　　　）

あまりの小数点のつけ方に注意しましょう。答えのたしかめをすると、あまりの大きさにまちがいがないかわかります。

勉強した日　月　日

練習のワーク①

教科書 下 84～96ページ　答え 17ページ

できた数　/12問中

1 小数×整数　次の計算を筆算でしましょう。

❶ 2.4×7　❷ 0.8×36

❸ 1.7×65　❹ 5.95×2

2 小数÷整数　次の計算を筆算でしましょう。❸、❹はわり進めるしかたで計算しましょう。❺、❻は、商は、小数第二位（だいにい）を四捨五入（ししゃごにゅう）して、小数第一位まで求（もと）めましょう。

❶ 82.8÷46　❷ 4.76÷7

❸ 6.2÷4　❹ 7÷8

❺ 50.3÷7　❻ 64.71÷23

3 小数×整数　あつさが 2.8cm の本を 15 さつ積（つ）み上げました。高さは何 cm になりますか。

式

答え（　　　　）

4 あまりのあるわり算　9.7dL の油を 2dL ずつびんに入れます。油が 2dL 入ったびんは何本できて、何 dL あまりますか。

式

答え（　　　　）

てびき

1 小数×整数
かけ算の筆算は、右にそろえて書きます。

❶
```
  2.4
×   7
```
❹
```
  5.9 5
×     2
```

たいせつ
積（せき）の小数点は、かけられる数と小数点より下のけた数が同じになるようにつけます。

2 小数÷整数

たいせつ
商の小数点は、わられる数の小数点にそろえてつけます。

3 全部の数は、
1つ分の数×いくつ分
で求められます。

4 あまりのあるわり算
あまりの大きさに注意します。
たしかめは、
わる数×商＋あまり
→わられる数
でします。

できるナビ　小数のかけ算・わり算は、整数のときと同じように計算できますが、積・商やあまりの小数点のつけ方には注意が必要（ひつよう）です。

練習のワーク②

教科書 ㊦84～96ページ　答え 18ページ

できた数　/9問中

おわったらシールをはろう

1 小数×整数　次の計算を筆算でしましょう。

❶ 3.6×8　❷ 1.2×12

❸ 0.06×5　❹ 4.27×29

2 小数÷整数　次の計算を筆算でしましょう。商は小数第二位を四捨五入して、小数第一位まで求めましょう。

❶ 7.5÷9　❷ 84.2÷81

3 小数×整数　1こ0.26kgの箱が、35こあります。全部で何kgになりますか。

式

答え（　　　）

4 いろいろなわり算　面積(めんせき)が28.8 cm^2 である長方形の紙があります。この紙のたての長さが8cmのとき、横の長さは何cmですか。

式

答え（　　　）

5 いろいろなわり算　43.5cmの長さのリボンを切り分けて、7cmの長さのリボンをつくっていきます。7cmのリボンは何本できて、リボンは何cmあまりますか。

式

答え（　　　）

1 小数×整数
整数のかけ算の筆算と同じように計算をして、かけられる数の小数点にそろえて積の小数点をつけます。

2 小数÷整数
小数第二位の数字が0から4までの数のときは、切り捨(す)てて、5から9までの数のときは切り上げて、商を求めます。

3 小数×整数
合計の重さは、
1この箱の重さ×こ数
で求められます。

4 いろいろなわり算
長方形の面積は、たての長さ×横の長さで求めます。
横の長さは、
長方形の面積÷たての長さ
で求められます。

5 いろいろなわり算
わり算の商が整数になるように計算します。わり算の筆算で、あまりは、わられる数の小数点にそろえてつけます。

できるナビ　小数のかけ算の筆算では、答えの小数点以下(いか)の最後(さいご)に0があるときは消すことに注意しましょう。

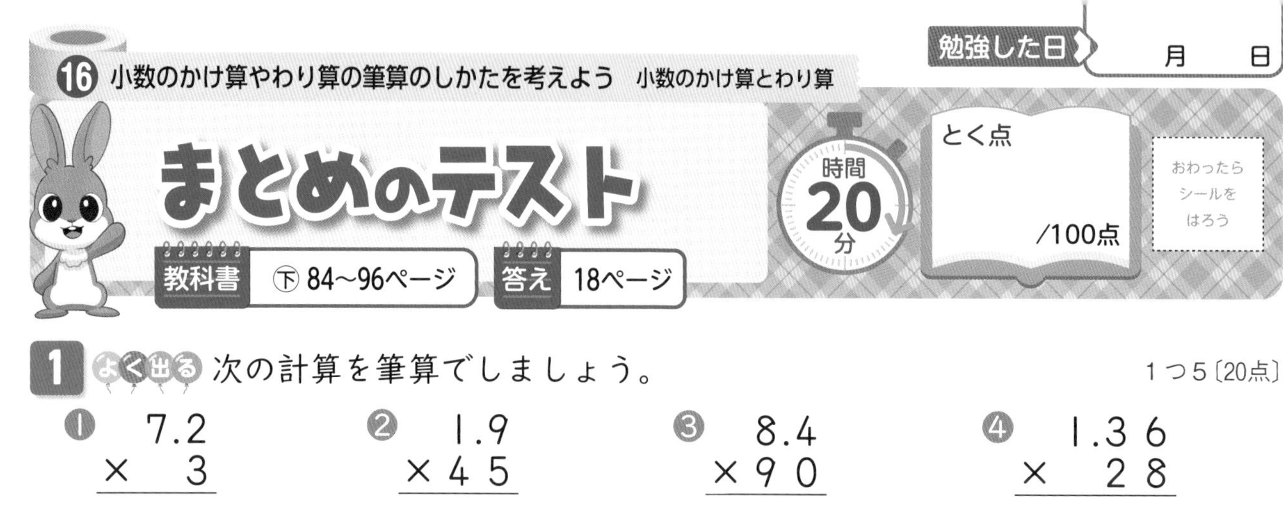

1 よく出る 次の計算を筆算でしましょう。　1つ5〔20点〕

❶ 7.2×3　❷ 1.9×45　❸ 8.4×90　❹ 1.36×28

2 よく出る 次の計算を筆算でしましょう。❺、❻はわり進めるしかたで計算しましょう。❼、❽は、商は、小数第二位を四捨五入して、小数第一位まで求めましょう。　1つ5〔40点〕

❶ $41.4 \div 9$　❷ $79.8 \div 21$　❸ $5.16 \div 43$　❹ $0.91 \div 7$

❺ $8.4 \div 8$　❻ $21 \div 15$　❼ $57.2 \div 6$　❽ $63.9 \div 28$

3 67.5cmのテープを8cmずつに切ると、何本できて、何cmあまりますか。

式　1つ6〔12点〕

答え（　　　　）

4 3.4Lのスポーツドリンクを12人で同じ量ずつ分けます。1人分は約何Lになりますか。商は、四捨五入して、小数第一位までのがい数で求めましょう。

式　1つ6〔12点〕

答え（　　　　）

チャレンジ!

5 右の図で、㋐と㋑の面積が等しいとき、□にあてはまる数を求めましょう。　1つ8〔16点〕

式

答え（　　　　）

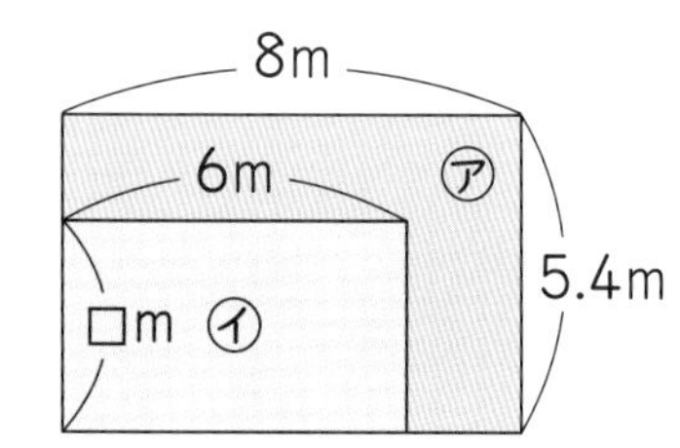

ふろくの「計算練習ノート」21～24ページをやろう！

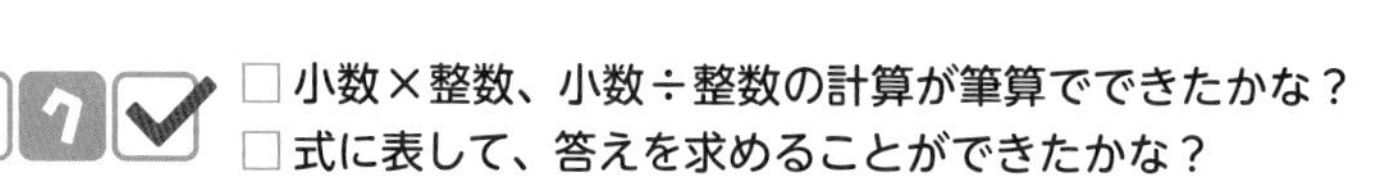

□小数×整数、小数÷整数の計算が筆算でできたかな？
□式に表して、答えを求めることができたかな？

勉強した日 月 日

学びのワーク ボッチャにトライ

おわったら シールを はろう

教科書 ㊦ 98～99ページ　答え 18ページ

きほん1 何倍かを小数で表すことができますか。

☆右の表は、紙飛行機を飛ばしたときの記録です。
2回目、3回目、4回目の記録は、それぞれ、1回目の記録の何倍ですか。

	きょり(m)
1回目	6
2回目	12
3回目	9
4回目	19.2

とき方 1回目の記録を1とみたときのそれぞれの記録を、図にかくと、次のようになります。

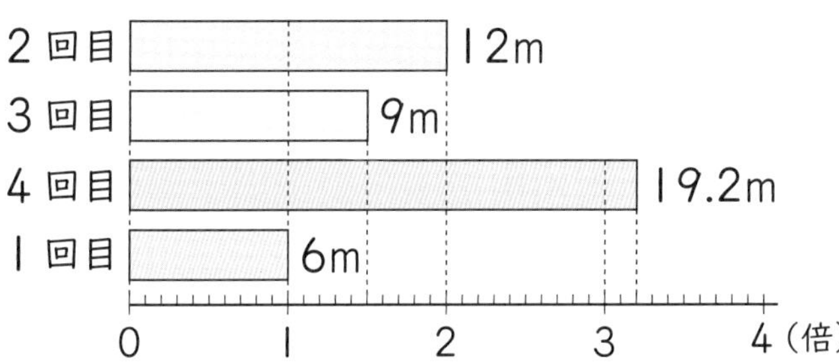

たいせつ 何倍かを表すときにも、小数を使うことがあります。

「全部の数÷1つ分の数＝いくつ分」で求められるから、式は、
2回目…□÷6　3回目…□÷6
4回目…□÷6 とわり算になります。

答え 2回目 □倍
3回目 □倍
4回目 □倍

1.5倍というのは、6mを1とみたとき、9mが1.5にあたることを表しているんだね。

1 きほん1で、次の記録は、2回目の記録の何倍ですか。 教科書 98ページ1

❶ 4回目の記録

式

答え（　　　）

❷ 5回目を飛ばして21mだったとき、5回目の記録

式

答え（　　　）

ポイント 倍を表す数が小数になることもあります。計算をするときは「わり算」を使って、もとにする数の何倍かを求めます。

勉強した日　　月　　日

① 1より大きい分数
② 分数の大きさ
きほんのワーク

学習の目標
分数の表し方になれ、大小をくらべられるようになろう。

おわったらシールをはろう

教科書 下 100〜106ページ　答え 18ページ

ふくしゅう

例 $\frac{3}{5}$mは1mを何等分した何こ分の長さですか。

考え方 分数は、1を●等分した1こ分の「●分の1」が何こあるかを考えていきます。

$\frac{3}{5}$mは1mを5等分した3こ分の長さです。

問題 次の□にあてはまる数を書きましょう。

❶ $\frac{1}{5}$mの4こ分は□mです。

❷ $\frac{1}{5}$mの□こ分は1mです。

きほん1 1より大きい分数の表し方がわかりますか。

☆右の長さを帯分数（たいぶんすう）と仮分数（かぶんすう）の両方で表しましょう。

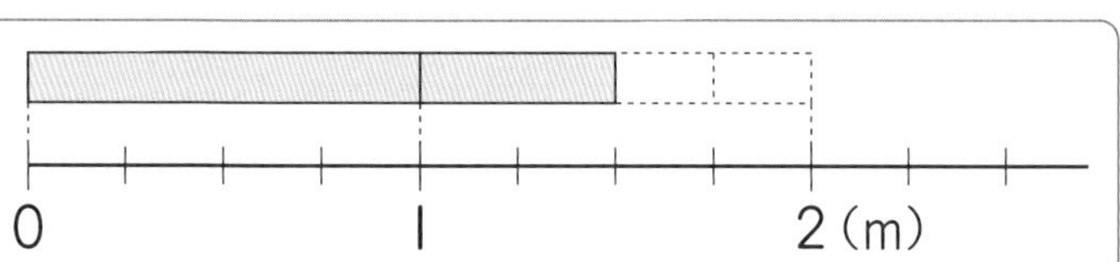

とき方 1目もりの大きさは$\frac{1}{4}$mです。長さは1mと、あと□mだから、帯分数で□mと表されます。また、$\frac{1}{4}$mが6こ分だから、仮分数で□mと表されます。

→「一（いち）と四分（よんぶん）の二（に）」と読む。

答え 帯分数□m　仮分数□m

たいせつ

真分数（しんぶんすう）…分子が分母より小さい分数←1より小さい数
帯分数…整数と真分数の和になっている分数←1より大きい数
仮分数…分子が分母と等しいか、分子が分母より大きい分数　←1と等しいか、1より大きい数

$\frac{1}{4}$や$\frac{3}{4}$は真分数、$1\frac{1}{4}$や$2\frac{3}{4}$は帯分数、$\frac{4}{4}$や$\frac{5}{4}$は仮分数だよ。

1 次の数直線の目もりが表す分数はいくつですか。1より大きい分数は帯分数と仮分数の両方で表しましょう。

教科書 103ページ3

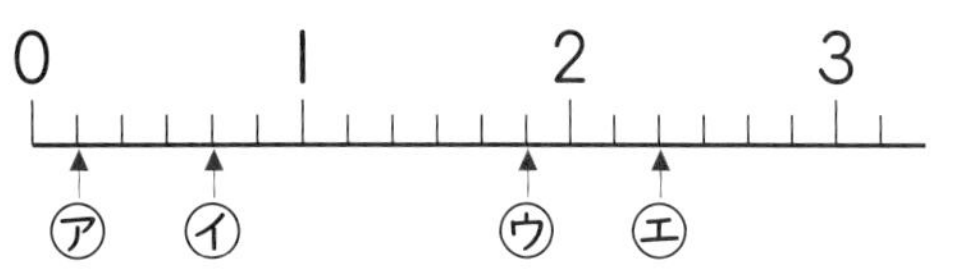

ア（　　　）　イ（　　　）
ウ（　　　）　エ（　　　）

$\frac{3}{3}$や$\frac{4}{4}$のように分子と分母が同じ数のときは1になるけど、$\frac{0}{0}$は1にならないよ。これは、分母が0の分数は考えないからだよ。

きほん2 仮分数を帯分数になおせますか。

☆ $\frac{13}{5}$ を帯分数になおしましょう。

とき方 $\frac{13}{5}$ のなかに、$\frac{5}{5}$ がいくつあるか調べます。

$13 \div 5 = 2$ あまり 3 より、$\frac{13}{5}$ のなかに $1\left(=\frac{5}{5}\right)$ が

□ こと、$\frac{1}{5}$ が □ こあります。

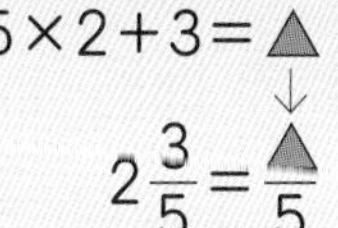

答え □

たいせつ

＜仮分数→帯分数＞

$13 \div 5 = ■$ あまり ●

$\frac{13}{5} = ■\frac{●}{5}$

＜帯分数→仮分数＞

$5 \times 2 + 3 = ▲$

$2\frac{3}{5} = \frac{▲}{5}$

$\frac{13}{5}$ より $2\frac{3}{5}$ の方が大きさがわかりやすいね。

さんこう

$2\frac{3}{5}$ は $\frac{1}{5}$ が何こ分かを考えて、仮分数になおすと、$\frac{1}{5}$ が $(5 \times 2 + 3)$ こ分で、$2\frac{3}{5} = \frac{13}{5}$ となります。

2 帯分数は仮分数に、仮分数は帯分数か整数になおしましょう。 教科書 104ページ3 1〜3

❶ $5\frac{3}{10}$ （　　）

❷ $\frac{19}{9}$ （　　）

❸ $\frac{16}{4}$ （　　）

きほん3 大きさの等しい分数を見つけることができますか。

☆ 右の数直線を見て、$\frac{1}{2}$ と大きさの等しい分数を4ついいましょう。

0									$\frac{1}{2}$									1
0						$\frac{1}{3}$						$\frac{2}{3}$						1
0				$\frac{1}{4}$					$\frac{2}{4}$					$\frac{3}{4}$				1
0			$\frac{1}{5}$				$\frac{2}{5}$				$\frac{3}{5}$				$\frac{4}{5}$			1
0			$\frac{1}{6}$			$\frac{2}{6}$			$\frac{3}{6}$			$\frac{4}{6}$			$\frac{5}{6}$			1
0		$\frac{1}{8}$		$\frac{2}{8}$		$\frac{3}{8}$			$\frac{4}{8}$			$\frac{5}{8}$		$\frac{6}{8}$		$\frac{7}{8}$		1
0		$\frac{1}{9}$		$\frac{2}{9}$		$\frac{3}{9}$		$\frac{4}{9}$		$\frac{5}{9}$		$\frac{6}{9}$		$\frac{7}{9}$		$\frac{8}{9}$		1
0		$\frac{1}{10}$		$\frac{2}{10}$		$\frac{3}{10}$		$\frac{4}{10}$	$\frac{5}{10}$		$\frac{6}{10}$		$\frac{7}{10}$		$\frac{8}{10}$		$\frac{9}{10}$	1

とき方 上の図で、$\frac{1}{2}$ の下を見ます。$\frac{1}{2} = □ = □ = □ = \frac{5}{10}$ です。

たいせつ

分数には、分母と分子がちがっていても、大きさの等しい分数があります。

答え □

3 どちらが大きいですか。□に等号や不等号（ふとうごう）を入れましょう。 教科書 106ページ1

❶ $\frac{23}{6}$ □ $\frac{22}{6}$

❷ $\frac{4}{5}$ □ $\frac{4}{8}$

❸ $\frac{4}{6}$ □ $\frac{6}{9}$

❸は きほん3 の数直線を見て考えよう。

ポイント 分母が同じ分数では、分子が大きくなるほど、分数は大きくなります。また、分子が同じ分数では、分母が大きくなるほど、分数は小さくなります。

学習の目標

いろいろな分数のたし算やひき算ができるようになろう。

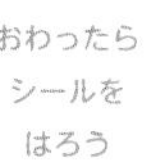

③ 分数のたし算とひき算

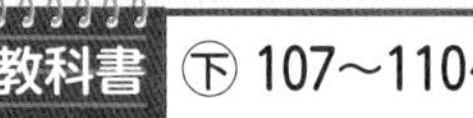

きほん1 分母が同じ分数のたし算がわかりますか。

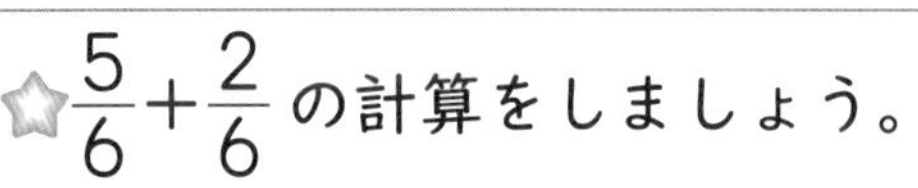

☆ $\frac{5}{6}+\frac{2}{6}$ の計算をしましょう。

とき方 $\frac{1}{6}$ の何こ分になるかを考えます。

$\frac{5}{6}+\frac{2}{6}=$ □（□）

5こ分　2こ分　7こ分　帯分数になおすと…

答え □

分母が同じ分数のたし算では、分母はそのままにして、分子どうしをたせばいいんだね。

さんこう

答えが仮分数（かぶんすう）になったときは、そのまま答えてもかまいませんが、帯分数（たいぶんすう）になおすと、大きさがわかりやすくなります。

1 次の計算をしましょう。

教科書 107ページ 1 1▶ 2▶

❶ $\frac{2}{8}+\frac{7}{8}$　❷ $\frac{6}{9}+\frac{8}{9}$　❸ $\frac{2}{7}+\frac{5}{7}$

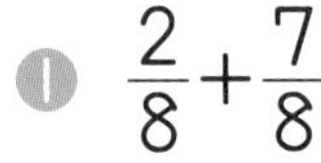

きほん2 帯分数のたし算がわかりますか。

☆ $1\frac{3}{4}+2\frac{2}{4}$ の計算をしましょう。

とき方 帯分数のたし算は、整数部分と分数部分に分けて計算します。

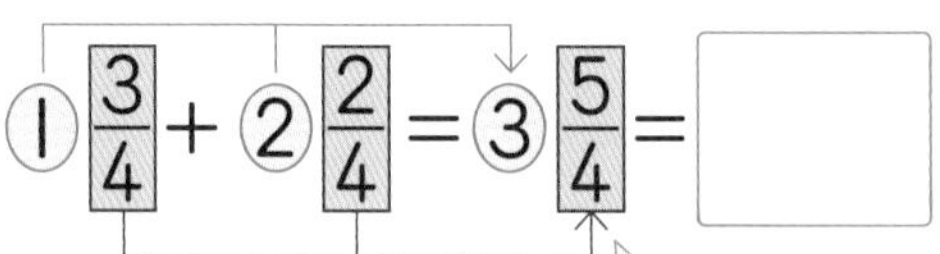

$\frac{5}{4}$ は $1\frac{1}{4}$ と同じ。

答え □

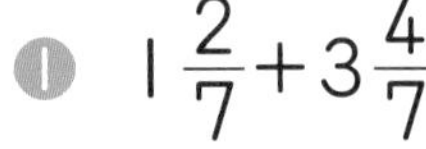

仮分数になおすとき方

$\frac{7}{4}+\frac{10}{4}=\frac{17}{4}$

のように、計算することもできます。

2 次の計算をしましょう。

教科書 108ページ 2 1▶

❶ $1\frac{2}{7}+3\frac{4}{7}$　❷ $1\frac{5}{9}+3\frac{8}{9}$

❸ $\frac{9}{10}+2\frac{1}{10}$　❹ $1\frac{2}{4}+\frac{3}{4}$

分数部分どうしの和が仮分数になったとき、整数部分にくり上げるのをわすれないようにしよう。

分子が1の単位分数（たんいぶんすう）の和で表すことができる分数があるよ。
たとえば、$\frac{5}{6}$ は、$\frac{5}{6}=\frac{3}{6}+\frac{2}{6}=\frac{1}{2}+\frac{1}{3}$ のようにできるんだよ。

きほん3 分母が同じ分数のひき算がわかりますか。

☆$\frac{8}{5}$L の麦茶のうち、$\frac{4}{5}$L を飲むと残り(のこ)は何 L ですか。

とき方 残りの量(りょう)を求(もと)める式は、「もとの量ー飲んだ量」から、$\frac{8}{5}-\frac{4}{5}$ とひき算になります。たし算のときと同じように、$\frac{1}{5}$ の何こ分になるかを考えます。

$\frac{8}{5} - \frac{4}{5} = \square$

8こ分　4こ分　4こ分

答え $\square$ L

3 次の計算をしましょう。 教科書 109ページ 3 2

❶ $\frac{13}{10}-\frac{6}{10}$　❷ $\frac{8}{6}-\frac{2}{6}$　❸ $\frac{14}{8}-\frac{9}{8}$

きほん4 帯分数のひき算ができますか。

☆$3\frac{5}{8}-1\frac{6}{8}$ の計算をしましょう。

$3\frac{5}{8}-1\frac{6}{8}=②\frac{\square}{8}-①\frac{6}{8}=①\frac{\square}{8}$

$\frac{5}{8}$から$\frac{6}{8}$はひけない。

答え $\square$

とき方 たし算と同じように考えて、整数部分どうしの差(さ)と、分数部分どうしの差を合わせます。
分数部分のひき算ができないときは、ひかれる数の整数部分から1くり下げて計算します。

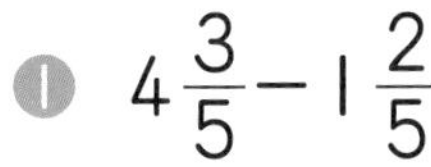

仮分数になおすとき方

$\frac{29}{8}-\frac{14}{8}=\frac{15}{8}$

のように、計算することもできます。

4 次の計算をしましょう。 教科書 109〜110ページ

❶ $4\frac{3}{5}-1\frac{2}{5}$　❷ $3\frac{8}{9}-\frac{4}{9}$　❸ $1\frac{1}{4}-\frac{3}{4}$

❹ $3\frac{2}{7}-1\frac{3}{7}$　❺ $5\frac{2}{6}-3\frac{3}{6}$

❻ $1-\frac{1}{8}$　❼ $5-2\frac{7}{10}$

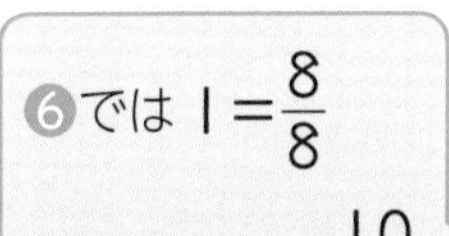

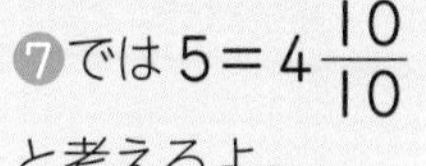

ポイント 分母が同じ分数のたし算やひき算は、分子どうしのたし算・ひき算を考えます。また、帯分数があるときは、整数部分と分数部分に分けて考えます。

勉強した日　月　日

練習のワーク

教科書 ㊦ 100〜112ページ　答え 19ページ

できた数　/19問中

おわったら シールを はろう

1 帯分数と仮分数 帯分数は仮分数に、仮分数は帯分数か整数になおしましょう。

❶ $5\frac{3}{8}$ (　　　　)　❷ $1\frac{7}{9}$ (　　　　)

❸ $\frac{11}{7}$ (　　　　)　❹ $\frac{18}{3}$ (　　　　)

2 分数の大小 次の□に等号や不等号を入れましょう。

❶ $\frac{19}{7}$ □ $\frac{18}{7}$　❷ $\frac{3}{9}$ □ $\frac{1}{3}$　❸ $\frac{2}{10}$ □ $\frac{2}{8}$

3 分数のたし算 次の計算をしましょう。

❶ $\frac{4}{5}+\frac{3}{5}$　❷ $\frac{4}{6}+\frac{5}{6}$

❸ $1\frac{2}{6}+1\frac{3}{6}$　❹ $1\frac{3}{8}+2\frac{5}{8}$

❺ $\frac{6}{9}+2\frac{3}{9}$　❻ $\frac{4}{5}+1\frac{2}{5}$

4 分数のひき算 次の計算をしましょう。

❶ $\frac{7}{4}-\frac{2}{4}$　❷ $3\frac{6}{9}-1\frac{2}{9}$

❸ $3\frac{5}{6}-1\frac{5}{6}$　❹ $1\frac{4}{5}-\frac{6}{5}$

❺ $2\frac{4}{7}-\frac{6}{7}$　❻ $4-\frac{9}{10}$

1 帯分数と仮分数
仮分数を帯分数になおすときは、
分子÷分母
の計算をします。
わり切れるときは、整数になおせます。

2 分数の大小
分母が同じときは、**分子が大きいほど、分数は大きく**なります。
分子が同じときは、**分母が大きいほど、分数は小さく**なります。

3 4 帯分数があるときは、**整数部分と分数部分に分けて**考えましょう。

4 帯分数があって、分数部分がひけないときは、**ひかれる数の整数部分からくり下げて**考えます。

おちついて計算していこう。

できるナビ　仮分数や帯分数になおす方法をしっかり覚えて、大きさをくらべたり、たし算やひき算に利用したりしましょう。

まとめのテスト

教科書 ㊦ 100～112ページ　答え 19ページ

時間 20分　とく点 /100点　おわったら シールを はろう

1 (　)の中の分数を、大きい順にならべましょう。　1つ5〔20点〕

❶ $\left(\frac{7}{9}、\frac{3}{9}、\frac{2}{9}、\frac{5}{9}\right)$　(　　　)

❷ $\left(\frac{9}{10}、\frac{9}{8}、1、\frac{9}{11}\right)$　(　　　)

❸ $\left(2\frac{3}{5}、2\frac{1}{5}、2\frac{4}{5}、2\frac{2}{5}\right)$　(　　　)

❹ $\left(1\frac{5}{6}、3\frac{2}{6}、4\frac{1}{6}、2\frac{3}{6}\right)$　(　　　)

2 よく出る 次の計算をしましょう。　1つ5〔60点〕

❶ $\frac{5}{7}+\frac{6}{7}$　❷ $2\frac{1}{4}+\frac{2}{4}$　❸ $1\frac{3}{6}+\frac{4}{6}$

❹ $1\frac{1}{5}+2\frac{3}{5}$　❺ $1\frac{2}{9}+3\frac{8}{9}$　❻ $2\frac{7}{12}+2\frac{5}{12}$

❼ $2\frac{7}{9}-1\frac{2}{9}$　❽ $3\frac{6}{10}-1\frac{3}{10}$　❾ $2\frac{4}{5}-\frac{3}{5}$

❿ $3\frac{5}{8}-\frac{6}{8}$　⓫ $1-\frac{1}{11}$　⓬ $3\frac{2}{4}-1\frac{3}{4}$

3 $1\frac{2}{12}$Lのジュースがあります。そこへ$\frac{5}{12}$Lのジュースをたすと、全部で何Lになりますか。　1つ5〔10点〕

式

答え(　　　)

4 家からデパートまでは、$5\frac{1}{3}$kmあります。$\frac{2}{3}$kmは歩き、残りはバスに乗ります。バスに乗ったのは、何kmですか。　1つ5〔10点〕

式

答え(　　　)

ふろくの「計算練習ノート」25～27ページをやろう！

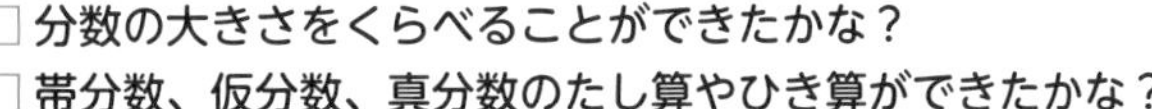

□分数の大きさをくらべることができたかな？
□帯分数、仮分数、真分数のたし算やひき算ができたかな？

勉強した日　月　日

① 直方体と立方体
② 展開図
きほんのワーク

学習の目標
直方体と立方体の特ちょうや、展開図のかき方を覚えよう。

おわったらシールをはろう

教科書 下 114～120ページ　答え 19ページ

きほん1 直方体や立方体がどんな形かわかりますか。

☆下の表は、直方体や立方体の面、辺、頂点の数について調べたものです。あいているところにあてはまる数を書きましょう。

	面(こ)	辺(本)	頂点(こ)
直方体	㋐	㋑	㋒
立方体	㋓	㋔	㋕

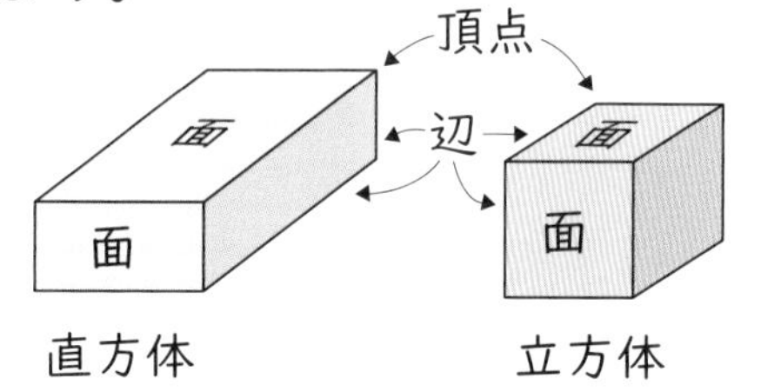

とき方　長方形だけでかこまれている形や、長方形と正方形でかこまれている形を 直方体 といい、正方形だけでかこまれている形を 立方体 といいます。

直方体、立方体どちらも面の数は □ こ、辺の数は □ 本、頂点の数は □ こで、同じになります。

直方体や立方体の面のように、平らな面のことを「平面」というんだ。

答え　上の表に記入

たいせつ
直方体…面の形は長方形、または、長方形と正方形なので、長さの等しい辺が４本ずつ３組あるか、または、長さの等しい辺が４本と８本あります。
立方体…面の形がすべて正方形なので、すべての辺の長さが等しくなっています。

1 右の図のような直方体について調べましょう。教科書 116ページ1

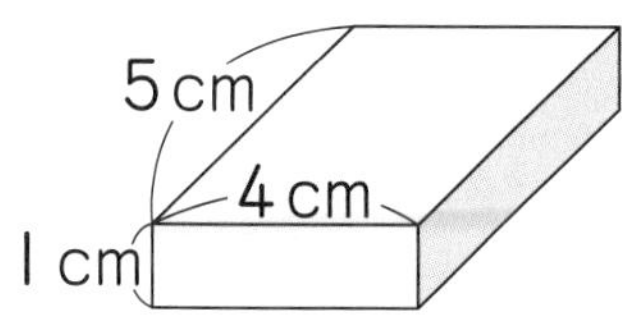

❶ どんな形の面がそれぞれ何こありますか。

(　　　)

直方体の形は、１つの頂点に集まっている「たて」、「横」、「高さ」の辺の長さで決まるよ。

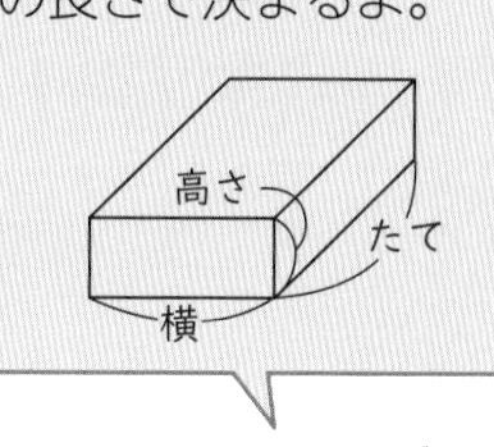

❷ 次の長さの辺は、それぞれ何本ありますか。

㋐ 1cm(　　　)　㋑ 4cm(　　　)　㋒ 5cm(　　　)

箱やつつのように、平らな面や曲がった面でかこまれた形を「立体」というよ。だから、直方体や立方体は「立体」だね。

きほん 2 展開図を組み立ててできる立体がわかりますか。

☆右の展開図を組み立てます。

❶ 点 E と重なる点はどれですか。

❷ 辺 JH と重なる辺はどれですか。

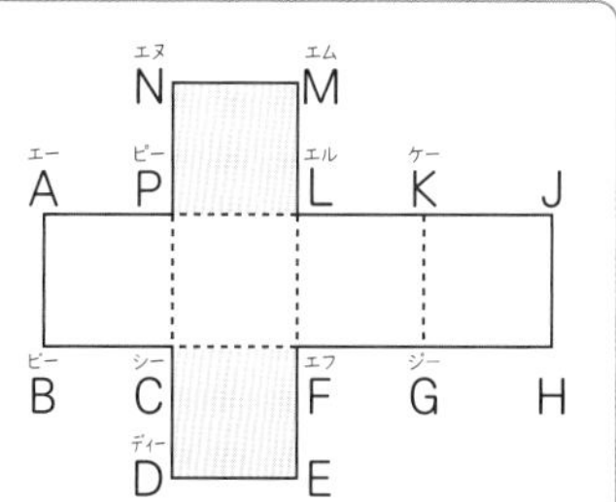

とき方 直方体や立方体の辺を切り開いて、１まいの紙になるようにかいた図を［展開図］といいます。

展開図を組み立てると、辺 AP と辺 NP、辺 BC と辺［　　］、辺 EF と辺［　　］、辺 KL と辺 ML が重なり、さらに、辺 DE と辺 HG、辺 MN と辺 KJ、辺 AB と辺 JH が重なって、立方体ができます。

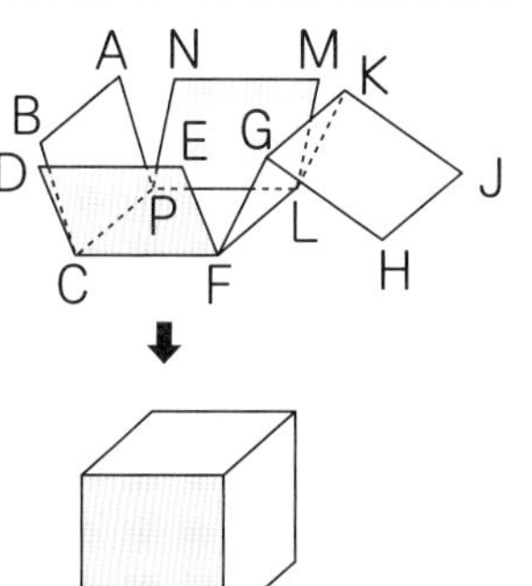

答え ❶ 点［　　］　❷ 辺［　　］

2 きほん2 の展開図を組み立てたとき、次の面と向き合う面を答えましょう。

教科書 118ページ 2

❶ 面 CFLP　（　　　　）

❷ 面 NPLM　（　　　　）

きほん 3 展開図をかくことができますか。

☆右のような直方体の展開図の続きを右の方がんにかきましょう。

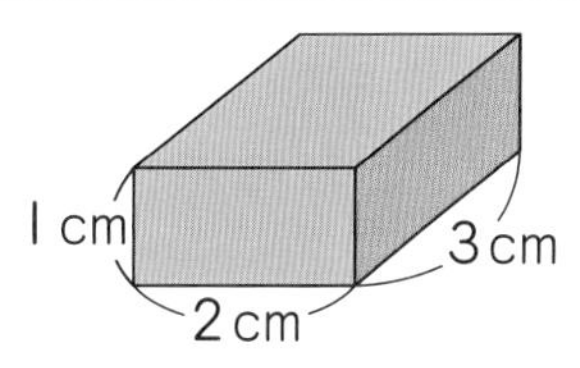

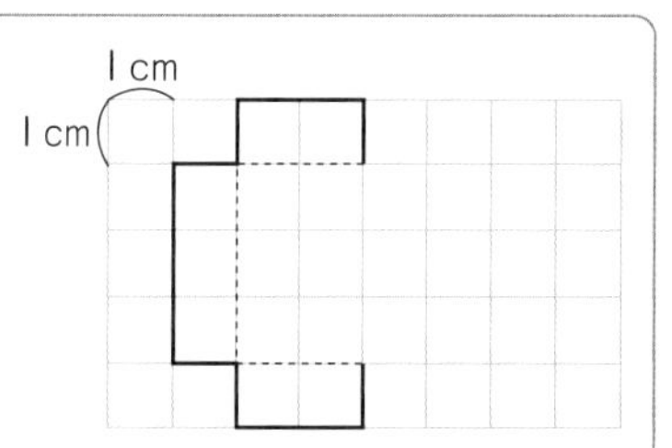

とき方 上の直方体の面は、次のようになります。

たて 1 cm、横 2 cm の長方形 2 こ
たて 1 cm、横［　　］cm の長方形 2 こ
たて［　　］cm、横 2 cm の長方形 2 こ

➡ 組み立てられるように 6 この面をかきます。

答え 上の図に記入

3 組み立てると、立方体ができるのはどれですか。

あ

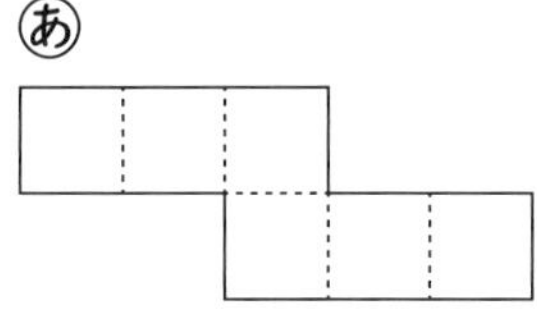

い

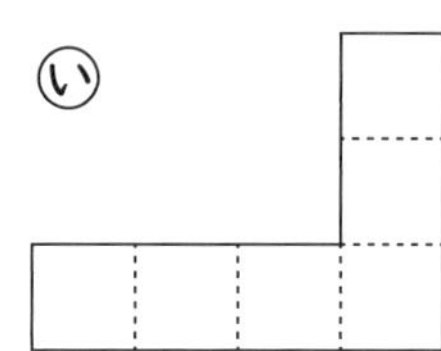

う

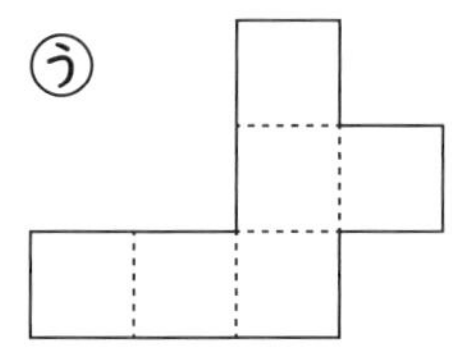

え

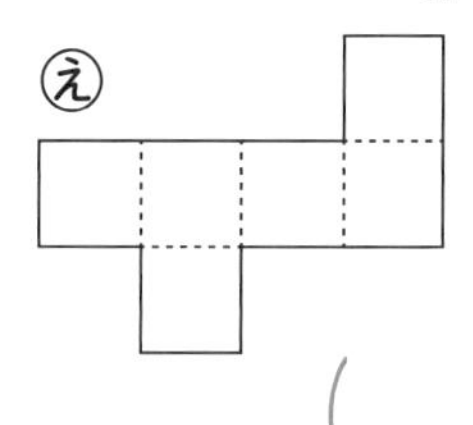

（　　　　）

ポイント 展開図から、その立体がどのような面でできているのかがわかります。どの辺で切り開くかによって、同じ立体でも展開図はいろいろできることに注意しましょう。

勉強した日　月　日

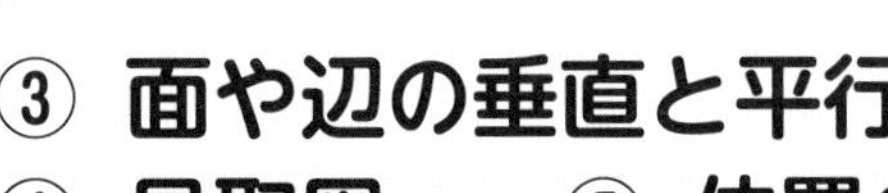

③ 面や辺の垂直と平行
④ 見取図　⑤ 位置の表し方

学習の目標
直方体や立方体の面と面や、辺と辺、面と辺の関係を覚えよう。

おわったらシールをはろう

きほんのワーク

教科書 下 121～128ページ　答え 20ページ

きほん1　直方体で、面と面や、辺と辺、面と辺の関係がわかりますか。

☆右の図の直方体を見て、答えましょう。

1. (あ)に平行な面はどれですか。
2. 頂点B（ちょうてん ビー）を通って、辺BF（エフ）に垂直（すいちょく）な辺（へん）はどれですか。
3. (か)に垂直な辺はどれですか。

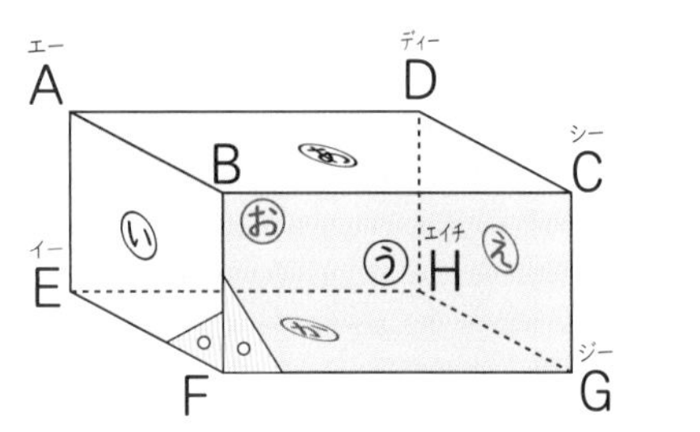

とき方 1　上の図の(あ)と(か)、(い)と(え)、(う)と(お)のように、向き合っている2つの面は交わりません。
このように交わらない2つの面を［平行］といいます。

2　(い)、(う)は長方形だから、辺BFと辺BA、辺BFと辺BCは［垂直］です。

3　辺FEも辺FGも(か)の上にある辺です。辺BFはどちらの辺とも垂直だから、辺BFは(か)に垂直な辺です。

たいせつ
直方体や立方体では、となり合っている2つの面は**垂直**です。

(か)に垂直な辺はほかに3本あるよ。

答え 1 [　]　2 辺[　] 辺[　]
3 辺[　] 辺[　] 辺[　] 辺[　]

1　きほん1の図を見て、答えましょう。

教科書 121～123ページ

1. (い)に垂直な面、平行な面は、それぞれどれですか。(あ)～(か)の記号で答えましょう。

垂直（　　　）　平行（　　　）

2. 辺BCに垂直な辺、平行な辺は、それぞれどれですか。

垂直（　　　）　平行（　　　）

3. (い)に垂直な辺、平行な辺は、それぞれどれですか。

垂直（　　　）　平行（　　　）

さんすうはかせ　直方体の１つの辺から見て、交わらない辺のうち平行でない辺は「ねじれの位置（いち）にある」というんだよ。

きほん2 直方体の見取図がかけますか。

☆下の図の続きをかいて、直方体の見取図を完成させましょう。

とき方 直方体や立方体などの形全体のようすがわかるようにかいた図を、

といいます。
見取図は、次のようにかくことができます。

1 正面の形をかく。
2 見えている辺をかく。
3 見えない辺を点線でかく。

答え 左の図に記入

見取図は、少しななめ上から見たようにかくと、たて、横、高さが一目で見えるようにかけるね。また、平行な辺は平行になるようにかくよ。

2 右の図は、直方体の見取図をかきかけたものです。見えない辺を点線にして、続きをかいて、見取図を完成させましょう。 教科書 124ページ 1

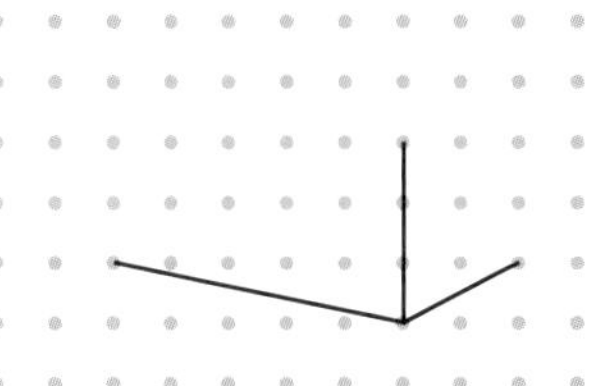

きほん3 位置の表し方がわかりますか。

☆下の図は、たてのじくと横のじくに目もりがついています。アの点を(1 の 2)と書くことにします。同じようにしてイの点、ウの点の位置を表しましょう。

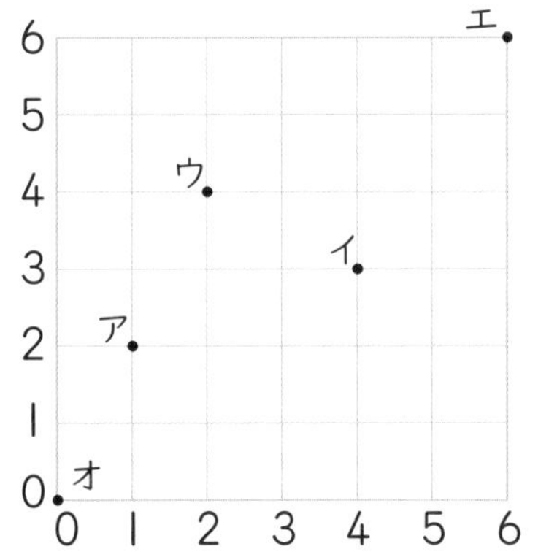

とき方 平面上にある点の位置は、横とたての 2 つの数の組で表すことができます。
イの点は横が 4、たてが □ のところにあります。

答え イの点(□ の □)
ウの点(□ の □)

下に書いてある数字が、横の位置を表しているよ。

3 きほん3 の図で、アの点と同じようにして、次の点の位置を表しましょう。 教科書 127ページ 1

① エの点 (　　　　)

② オの点 (　　　　)

ポイント 見取図は、全体の形を見やすくかいた図なので、立体のおよその形がわかります。また、平行や垂直がわかりやすくなります。

勉強した日　月　日

練習のワーク

教科書 下 114～130ページ　答え 20ページ

おわったらシールをはろう

1 直方体と立方体　次の□にあてはまることばや数を書きましょう。

❶ 長方形だけでかこまれている形や、長方形と正方形でかこまれている形を［　　］といいます。

❷ 立方体の面の数は［　　］こ、辺の数は［　　］本、頂点の数は［　　］こです。

2 展開図　右の図の立方体の展開図を組み立てます。

❶ あに平行な面はどれですか。い～かの記号で答えましょう。

（　　　　）

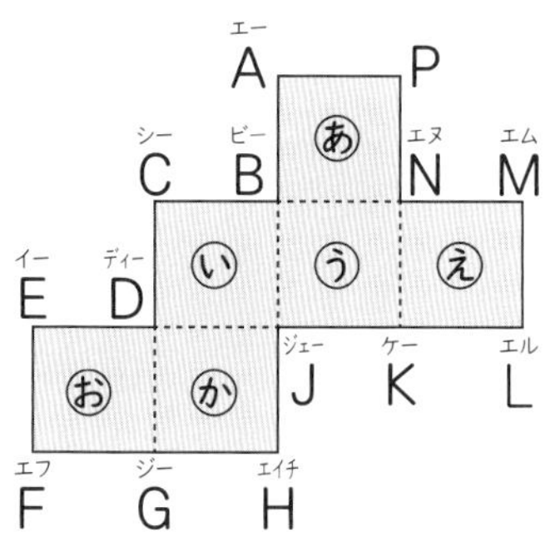

❷ 点Pと重なる点はどれですか。（　　　　）

3 面や辺の垂直と平行　右の図の直方体について答えましょう。

❶ 面AEHDに垂直な面はいくつありますか。（　　　　）

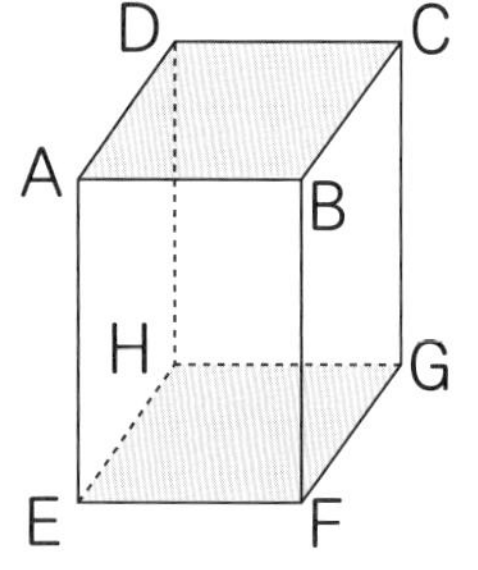

❷ 辺ABに平行な辺はどれですか。

（　　　　）

❸ 面ABCDに平行な辺はどれですか。

（　　　　）

4 位置の表し方　右の図の直方体で、頂点Eの位置をもとにして、頂点Bの位置を(3の0の5)と表します。同じようにして、次の頂点の位置を表しましょう。

❶ 頂点G（　　　　）

❷ 頂点A（　　　　）

❸ 頂点C（　　　　）

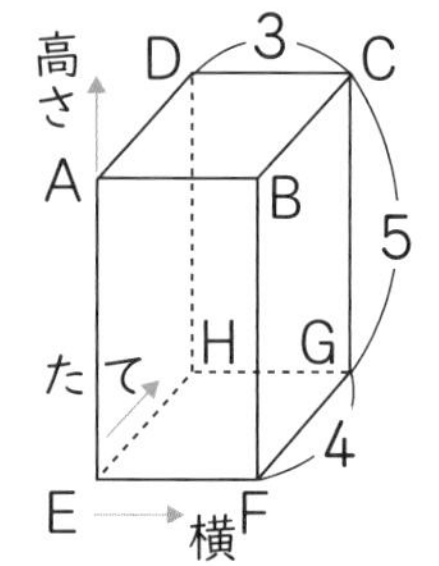

1 直方体と立方体

たいせつ

直方体⇒6この長方形や、4この長方形と2この正方形でかこまれている立体

立方体⇒6この正方形でかこまれている立体

2 問題の展開図を組み立ててできる立方体の見取図は、次のようになります。

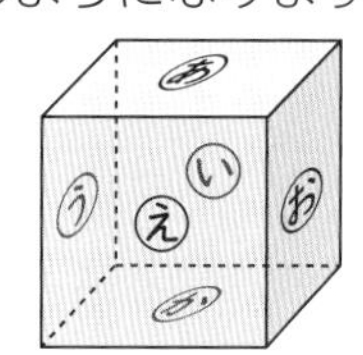

2 **3** 面や辺の垂直と平行

たいせつ

直方体や立方体では、**向き合った2つの面は平行で、となり合った2つの面は垂直**です。

4 位置の表し方

空間にある点の位置は、3つの数の組で表すことができます。**もとになる点からの横、たて、高さを考えます。**

できるナビ　直方体や立方体の見取図や展開図を参考にして、面・辺・頂点の数や面の形・辺の長さをしっかりかくにんしておきましょう。

まとめのテスト

教科書 ㊦114～130ページ　答え 20ページ

1 下の図のような形のあつ紙が、たくさんあります。次の直方体や立方体を作るとき、それぞれどのあつ紙を何まい使えばよいですか。　1つ12〔36点〕

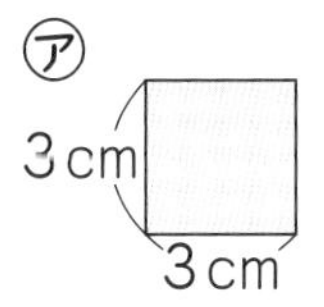

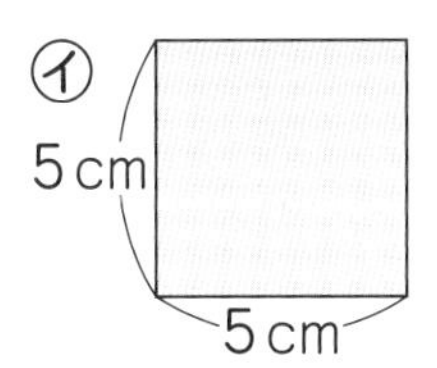

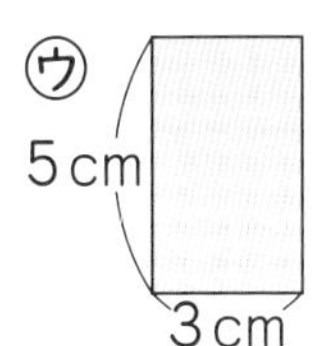

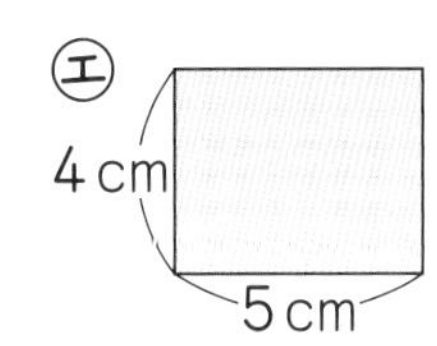

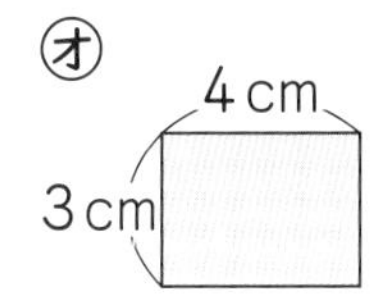

❶ 1辺5cmの立方体　（　　　）

❷ たて3cm、横3cm、高さ4cmの直方体　（　　　）

❸ たて3cm、横4cm、高さ5cmの直方体　（　　　）

2 右の図のように、展開図を組み立てたとき、面に順(じゅん)じょ正しくたてに「さんすう」と読める立方体になるようにします。展開図に、残(のこ)りの文字を書きましょう。　〔14点〕

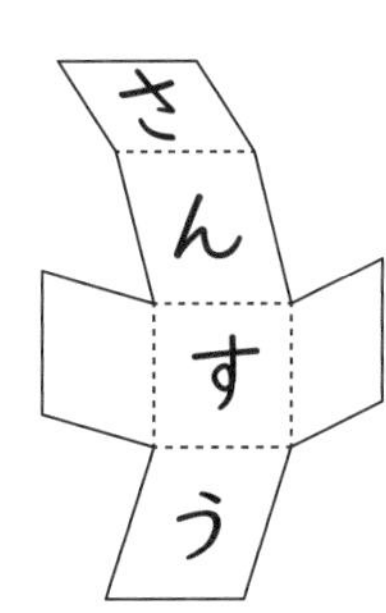

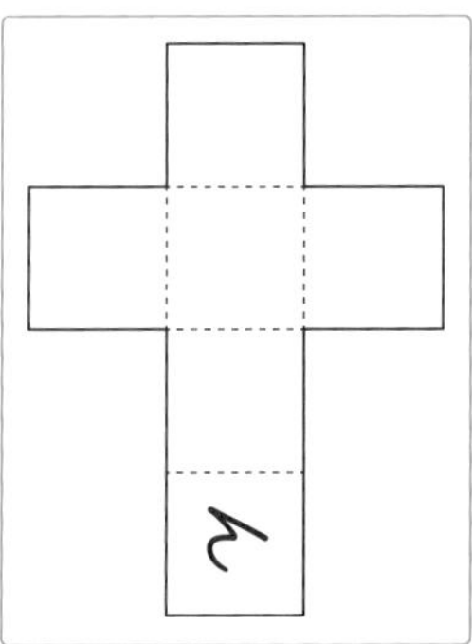

3 右の図の直方体について答えましょう。　1つ12〔36点〕

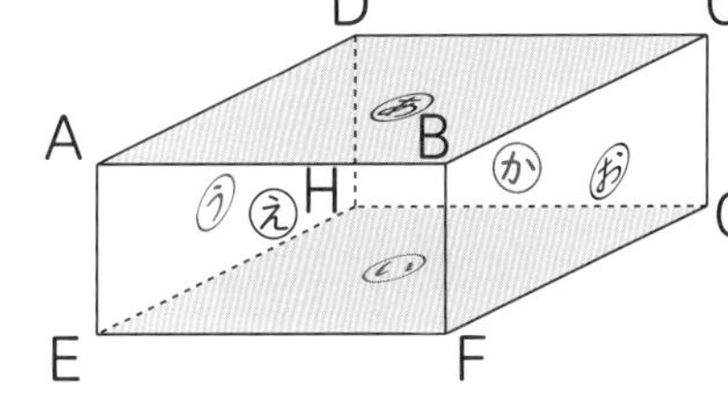

❶ 平行な2つの面の組を、あ～かの記号を使って書きましょう。

（　　　）

❷ 辺BFに垂直な辺はどれですか。　（　　　）

❸ あに垂直な辺はどれですか。　（　　　）

4 右の㋐のように石をならべて、(1の1)と(1の3)の石を取ると、㋑のようになり、さらに(3の1)と(3の3)の石を取ると、漢字の「田」ができます。漢字の「中」を作るには、㋐のどの石を取ればよいですか。　〔14点〕

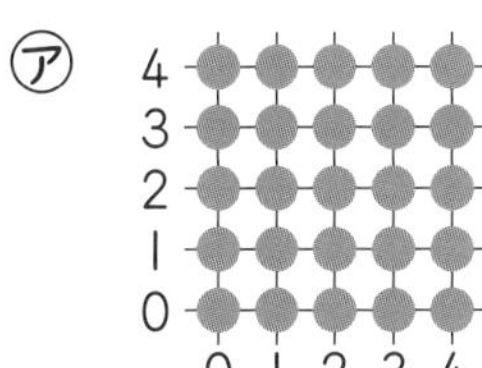

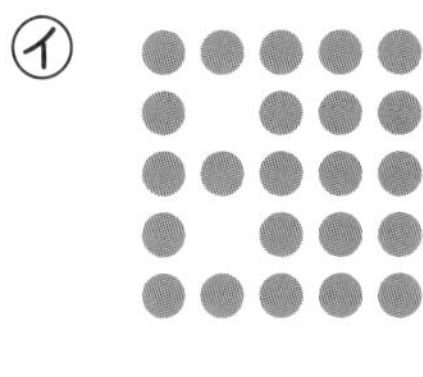

（　　　）

□直方体や立方体のせいしつ、面や辺の平行や垂直がわかったかな？
□位置の表し方がわかったかな？

勉強した日　月　日

ともなって変わる量

きほんのワーク

学習の目標・
2つの量の変わり方の関係を、表や式、グラフに表そう。

おわったらシールをはろう

教科書 下 132～138ページ　答え 20ページ

きほん1 2つの量の変わり方の関係を式に表すことができますか。

☆8このおはじきを、ひろしさんとさやかさんの2人で分けます。

❶ ひろしさんのおはじきの数が１こふえると、さやかさんのおはじきの数はどのように変(か)わりますか。

❷ ひろしさんのおはじきの数を□こ、さやかさんのおはじきの数を○こととして、□と○の関係(かんけい)を式に表しましょう。

とき方 2人のおはじきの数を表に表して調べます。

１ふえる　１ふえる　１ふえる

ひろしさん(こ)	1	2	3	4	5	6	7
さやかさん(こ)	7	6					

１へる　１へる　□へる

表をたてに見ると、
1＋7＝8
2＋6＝8
⋮
⋮
となっているんだね。

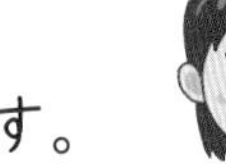

❶ ひろしさんの数が１ふえると、さやかさんの数は１へります。

❷ ひろしさんの数＋さやかさんの数＝□となります。

答え ❶ □。 ❷ □＋○＝□

1 まわりの長さが14cmの長方形をかきます。

📖教科書 133ページ1

❶ 横の長さとたての長さの関係を、下の表に表しましょう。

横の長さとたての長さ

横の長さ(cm)	1	2	3	4	5	6
たての長さ(cm)						

ともなって変わる量(りょう)のきまりは、関係を表に表したり、式に表したりするとわかりやすくなるよ。

❷ 横の長さが1cmふえると、たての長さはどのように変わりますか。

（　　　　　　）

❸ 横の長さを□cm、たての長さを○cmとして、□と○の関係を、式に表しましょう。

（　　　　　　）

2つの量があって、一方が変われば、もう一方も変わるようなとき、「ともなって変わる量」というよ。身近にはいろいろあるからさがしてみよう。

きほん2 2つの量の変わり方のきまりを見つけて求めることができますか。

☆ 1辺が1cmの正方形の紙をならべて、右のような形を作ります。15だんのときのまわりの長さを求めましょう。

1だん　2だん　3だん　4だん

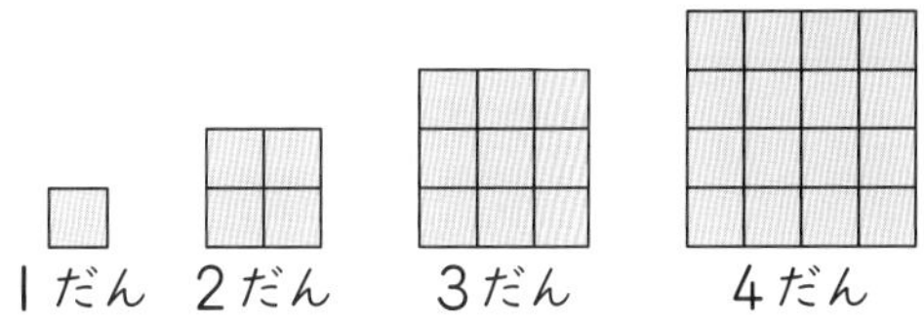

とき方 だんの数が1だんふえると、まわりの長さは □ cmふえます。

だんの数(だん)	1	2	3	4	5	6
まわりの長さ(cm)	4	8	12	16	20	24

「ふえる長さ×だんの数＝まわりの長さ」だから、だんの数を□だん、まわりの長さを○cmとして□と○の関係を式に表すと、□×□＝○になり、15だんのときのまわりの長さ○cmは、□に15をあてはめて、□×15で求められます。

答え □ cm

2 きほん2で、まわりの長さが36cmになるのは何だんのときですか。

教科書 136ページ3

式

答え（　　　）

きほん3 2つの量の変わり方の関係をグラフに表すことができますか。

☆ 下の表は、直方体の水そうに水を入れたときにかかった時間と、たまった水の深さを表したものです。時間と水の深さの関係を、グラフにかきましょう。

水を入れた時間とたまった水の深さ

時間(分)	0	1	2	3	4	5	6	7	8	9
水の深さ(cm)	0	2	4	6	8	10	12	14	16	18

水を入れた時間とたまった水の深さ

(cm) たまった水の深さ 0 2 4 6 8 10 12 14 16 18

0 1 2 3 4 5 6 7 8 9 時間 (分)

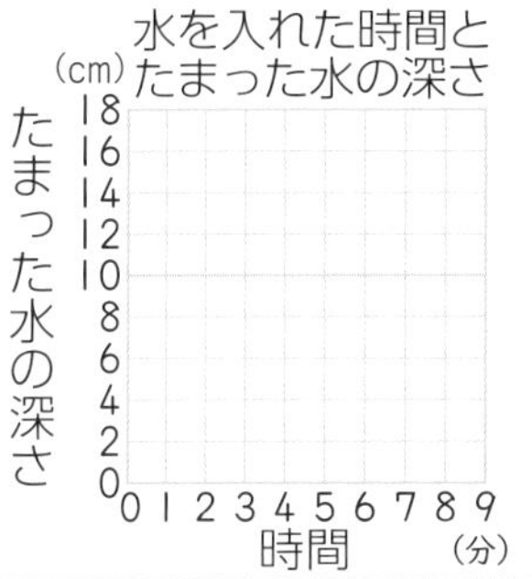

とき方 時間を横のじく、水の深さをたてのじくにとって点をかき、かいた点を直線で結んでいきます。

答え 上の問題に記入

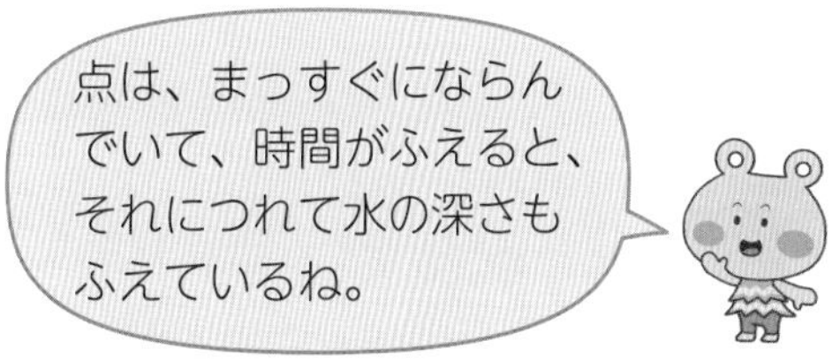

点は、まっすぐにならんでいて、時間がふえると、それにつれて水の深さもふえているね。

3 下の表は、大きな直方体の水そうに水を入れたときの水の深さと、たまった水の量を表したものです。

教科書 138ページ4

水の深さとたまった水の量

水の深さ(cm)	0	2	4	6	8
水の量(L)	0	6	12	18	24

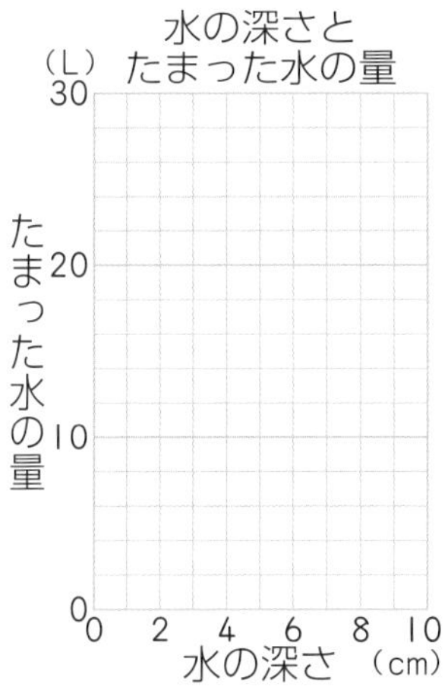

❶ 水の深さと量の関係を、右のグラフにかきましょう。

❷ 水の深さが、次のときのたまった水の量は何Lですか。

5cm（　　　）　10cm（　　　）

水の深さとたまった水の量

(L) たまった水の量 0 10 20 30

0 2 4 6 8 10 水の深さ (cm)

ポイント 2つの量の変わり方の関係を式に表すときに、ことばの式を書いてそれにあてはめてみたり、表の数の横やたての関係を考えてみたりすることが大切です。

練習のワーク

教科書 下 132～140ページ　答え 21ページ

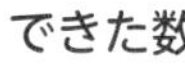

できた数　/6問中

おわったらシールをはろう

1 変わり方と表・式　1辺が1cmの正三角形の紙をならべて、右のような形を作ります。

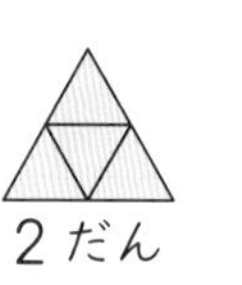
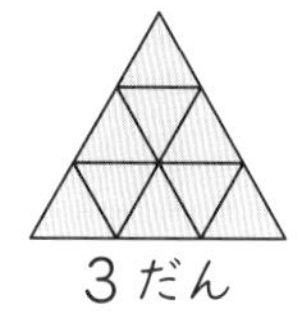

1だん　2だん　3だん

❶ だんの数とまわりの長さの関係を、下の表に表しましょう。

だんの数とまわりの長さ

だんの数（だん）	1	2	3	4	5
まわりの長さ(cm)	3	6		12	

❷ だんの数を□だん、まわりの長さを○cmとして、□と○の関係を式に表しましょう。

(　　　　　)

❸ 25だんのとき、まわりの長さは何cmですか。

式

答え(　　　　　)

❹ まわりの長さが90cmになるのは何だんのときですか。

式

答え(　　　　　)

2 変わり方とグラフ　下の表は、大きな入れ物に水を入れたときの水のかさと、全体の重さを表したものです。

水のかさと全体の重さ

水のかさ(dL)	0	1	2	3	4	5
全体の重さ(g)	150	250	350	450	550	650

❶ 水のかさと全体の重さの関係を、右のグラフにかきましょう。

❷ 水を7dL入れたとき、全体の重さは何gですか。

(　　　　　)

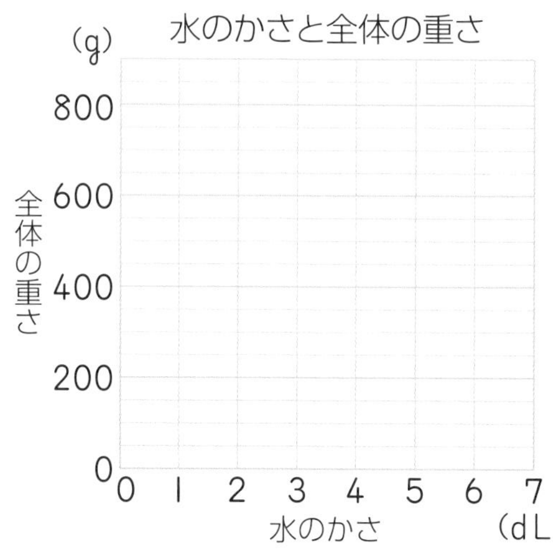

1 表を**横**に見ると、まわりの長さは3ずつふえています。**たて**に見ると、まわりの長さはだんの数の3倍の関係になっています。

表にまとめる。
↓
表から、2つの量の関係を考える。
↓
2つの量の関係を式に表す。
↓
一方の量から他方の量を求める。

表にまとめて、2つの量の関係を調べることは大切だよ。

2 ❶表をもとにして、水のかさと全体の重さを表す点をかき、かいた点を直線で結びます。
❷表の続きを考えるか、❶でかいたグラフの続きを考えて、水のかさが7dLのときの全体の重さを読み取ります。

できるナビ　ともなって変わる2つの量の関係を表にまとめたり、式やグラフに表したりできるようにしましょう。

まとめのテスト

教科書 ㊦ 132～140ページ　答え 21ページ

とく点
/100点

おわったら
シールを
はろう

1 よく出る 横の長さが、たての長さより 3cm 長い長方形をかきます。　1つ14〔28点〕

❶ たての長さと横の長さの関係を、下の表に表しましょう。

たての長さと横の長さ

たての長さ(cm)	1	2	3	4	5	6	7
横の長さ(cm)	4	5					

❷ たての長さを□ cm、横の長さを○ cm として、
□と○の関係を式に表しましょう。
(　　　　)

2 長さ 16cm のテープを図のようにつないでいきます。のりしろは 3cm です。　1つ12〔36点〕

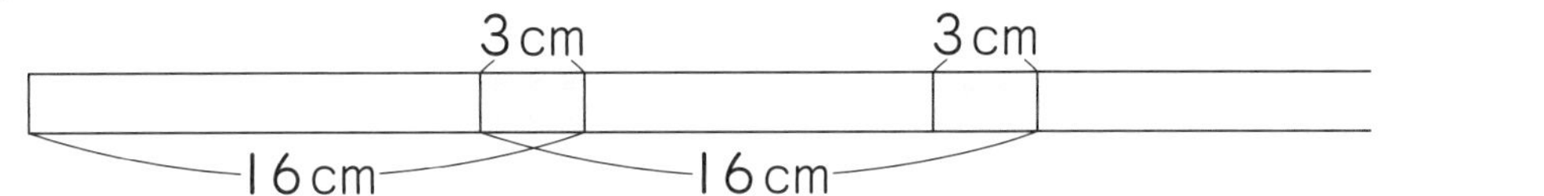

❶ 2本つなぐと、全体で何 cm になりますか。
(　　　　)

❷ 下の表のあいているところに、あてはまる数を書きましょう。

テープの数と全体の長さ

テープの数(本)	1	2	3	4	5	6
全体の長さ(cm)	16					

❸ テープを 10 本つなぐと、全体の長さは何 cm になりますか。
(　　　　)

3 右の図のように、4m おきにはたを立てていきます。　1つ12〔36点〕

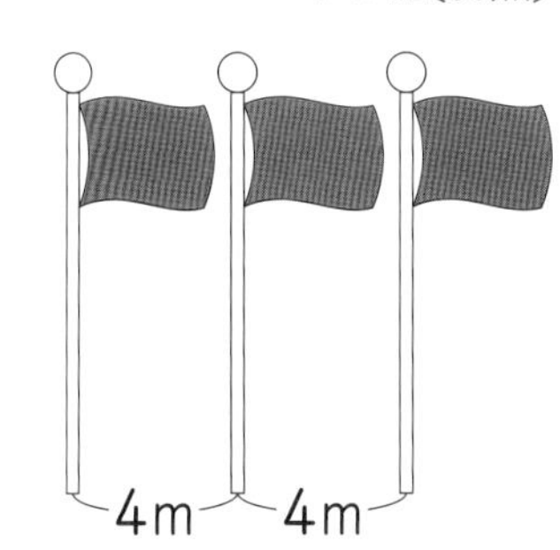

❶ 6本のはたを立てたとき、初(はじ)めに立てたところから
6本目に立てたところまでのきょりは何 m ありますか。
(　　　　)

❷ 立てたはたの本数を□本、初めにはたを立てたところからのきょりを○ m として、□と○の関係を式に表します。□にあてはまる数を答えましょう。

㋐□×(□－㋑□)＝○

❸ 15本のはたを立てたとき、初めに立てたところから 15本目に立てたところまでのきょりは何 m ですか。
(　　　　)

□ともなって変わる２つの量の関係を表に表すことができたかな？
□ともなって変わる２つの量の関係を式に表すことができたかな？

勉強した日　月　日

しりょうの活用

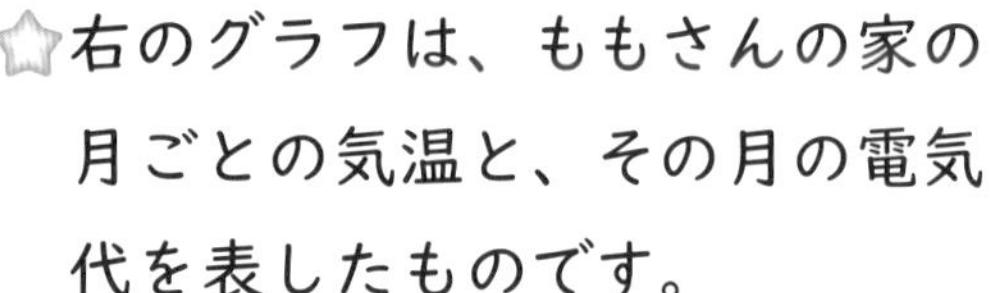

きほんのワーク

学習の目標
2つのグラフを重ね合わせたグラフを読み取れるようになろう。

おわったらシールをはろう

教科書 下 142〜147ページ　答え 21ページ

きほん1 2つのグラフを重ね合わせたグラフを読み取れますか。

☆右のグラフは、ももさんの家の月ごとの気温と、その月の電気代を表したものです。

❶　9月の気温は何℃ですか。また、電気代は何円ですか。

❷　電気代がいちばん高いのは何月ですか。

❸　気温が上がると電気代も上がるのは、何月から何月ですか。

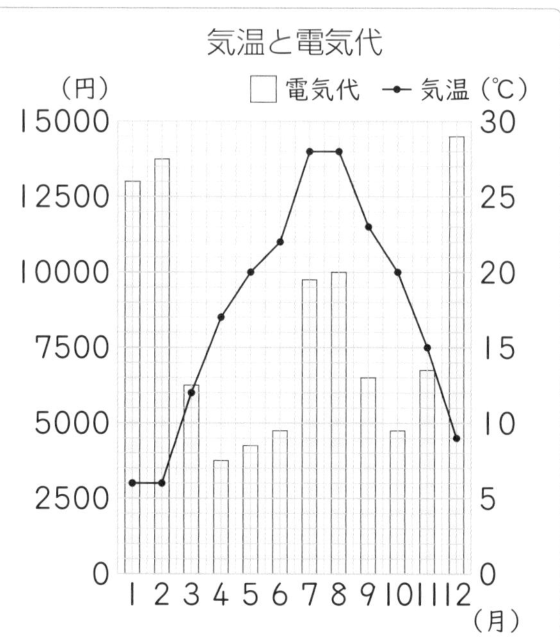

とき方 ❶　右のたてじくは［　］、左のたてじくは電気代を表しています。気温は［　］グラフで表されているから、9月の点を、右のたてじくの目もりで読みます。電気代は、ぼうグラフで表されているから、9月のぼうの長さを、左のたてじくの目もりで読みます。

❷　ぼうグラフで、いちばん長いぼうの月を見つけます。

❸　気温が上がる［　］月から7月のうち、電気代も上がる月を見つけます。

同じ横じくで2つ以上のグラフを重ね合わせたグラフを「複合グラフ」というよ。

答え ❶［　］℃［　］円　❷［　］月　❸［　］月から［　］月

1 きほん1のグラフについて、次の［　］にあてはまる数やことばを書きましょう。

教科書 142ページ1 145ページ2

❶［　］月から［　］月までは、気温が下がると電気代も下がります。

❷　2月から［　］月は、気温が上がると電気代は下がり、10月から［　］月は、気温が下がると電気代は上がります。

❸　気温が低くなる冬は、電気代が［　］くなります。

ポイント　折れ線グラフやぼうグラフがそれぞれ何を表すかをかくにんしたら、左右の目もりの位置に注意して、変わり方の特ちょうを読み取りましょう。

まとめのテスト

教科書 下 142～147ページ　答え 21ページ

1 右のグラフは、A(エー)市の月ごとの気温とこう水量(りょう)を表したものです。　1つ10〔40点〕

❶ いちばん気温が高いのは何月ですか。また、それは何℃ですか。

月（　　　　　）
気温（　　　　　）

❷ いちばんこう水量が少ないのは何月ですか。また、それは何 mm ですか。

月（　　　　　）
こう水量（　　　　　）

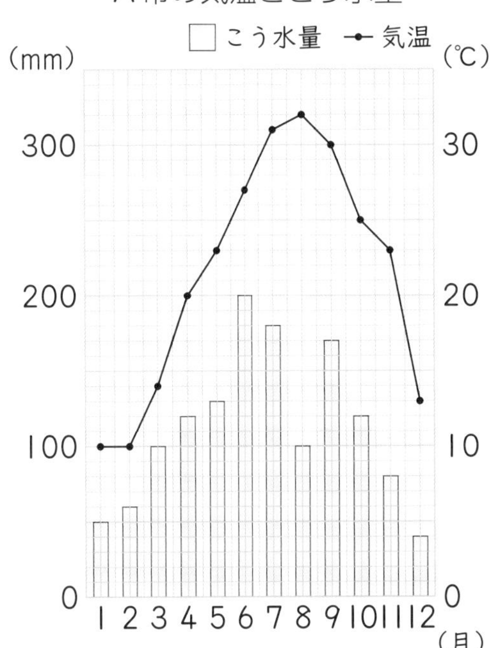

2 右のグラフは、B(ビー)市の月ごとのこう水量を表したものです。　1つ15〔60点〕

❶ 次の表は、B 市の月ごとの気温を表したものです。右のグラフに、気温の変わり方を重ねて折れ線グラフに表しましょう。

B 市の気温

月	1	2	3	4	5	6	7	8	9	10	11	12
気温(℃)	4	4	7	12	17	21	25	27	23	17	11	7

❷ こう水量がいちばん多いのは何月ですか。また、それは何 mm ですか。

月（　　　　　）
こう水量（　　　　　）

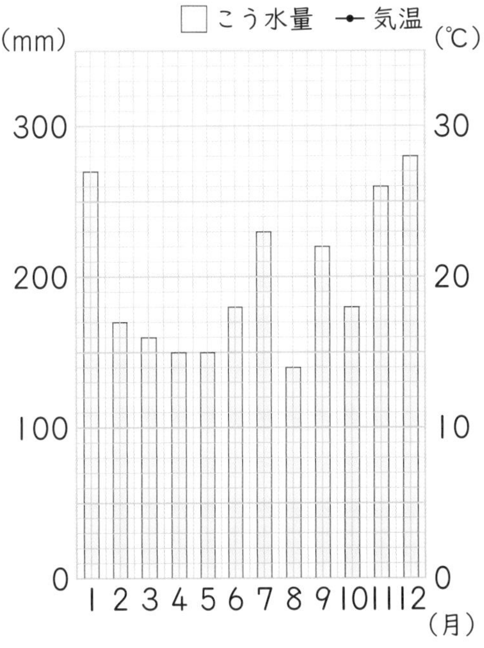

❸ **1** の A 市のグラフとくらべた次の㋐～㋒の文のうち、正しいものを選(えら)んで、記号で答えましょう。

㋐ こう水量がいちばん少ないのは、A 市も B 市も 8 月です。
㋑ B 市の気温は、A 市よりも全体的に高くなっています。
㋒ 12 月は、B 市のこう水量は A 市のこう水量の 7 倍です。（　　　　）

□ 同じ横じくで 2 つのグラフを重ねてかけたかな？
□ 2 つのグラフをくらべて、変わり方や特ちょうのちがいを読み取れたかな？

勉強した日 月 日

まとめのテスト①

教科書 ㊦ 148〜153ページ 答え 22ページ

時間 20分

とく点 /100点

おわったらシールをはろう

1 次の数の読み方を漢字で書きましょう。 1つ5〔10点〕

❶ 368045291 （ ）

❷ 208405030050000 （ ）

2 四捨五入して、〔 〕の中の位までのがい数にしましょう。 1つ5〔10点〕

❶ 53631〔千の位〕 （ ）

❷ 209428〔一万の位〕 （ ）

3 次の□にあてはまる数を数字で書きましょう。 1つ5〔20点〕

❶ 1億を20こと、100万を3こと、1000を5こ合わせた数は□です。

❷ 1を3こと、0.01を10こと、0.001を4こ合わせた数は□です。

❸ $\frac{1}{9}$を13こ集めた数は、帯分数で表すと□、仮分数で表すと□です。

4 0.6、0、6、0.06、0.66を大きい順に書きましょう。 〔5点〕

（ ）

5 次の計算をしましょう。 1つ5〔45点〕

❶ 726億−392億 ❷ 473億×12 ❸ 5600兆÷7

❹ 807×758 ❺ 521×473 ❻ 85÷5

❼ 416÷8 ❽ 115÷23 ❾ 936÷18

6 運動会で、287人の子どもが6人ずつ組になって走ります。何組で全員が走ることができますか。 1つ5〔10点〕

式

答え（ ）

チェック

□大きい数、小数、分数のしくみやがい数の表し方がわかったかな？
□1けたや2けたでわるわり算ができたかな？

まとめのテスト②

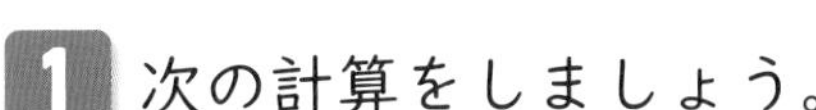

教科書 ㊦ 148～153ページ　答え 22ページ

時間 20分　とく点 /100点　おわったら シールを はろう

1 次の計算をしましょう。　1つ5〔80点〕

❶ 1.44＋2.38　❷ 4.2＋6.83

❸ 5.33－2.18　❹ 7－3.53

❺ $\frac{4}{6}+\frac{7}{6}$　❻ $1\frac{2}{5}+\frac{4}{5}$　❼ $1\frac{2}{4}+2\frac{3}{4}$

❽ $\frac{8}{3}-\frac{5}{3}$　❾ $3\frac{2}{10}-\frac{9}{10}$　❿ $4\frac{2}{7}-1\frac{4}{7}$

⓫ 1.7×7　⓬ 8.3×30　⓭ 0.47×35

⓮ 9.8÷7　⓯ 72.8÷28　⓰ 21÷12

2 同じ種類(しゅるい)のかんづめ 24 この重さをはかったら、3.6kg ありました。このかんづめ 1 この重さは何 kg ですか。　1つ4〔8点〕

式

答え（　　　）

3 次の□にあてはまる数を書きましょう。　1つ2〔12点〕

❶ 98×13＝(□－2)×13＝□×13－2×13＝□

❷ 115×5－60×5＝(115－□)×5＝□×5＝□

チェック
□ 小数や分数の計算ができたかな？
□ 計算のきまりを使ってくふうして計算できたかな？

勉強した日　月　日

まとめのテスト③

教科書 下 148～153ページ　答え 22ページ

時間 20分　とく点 /100点　おわったらシールをはろう

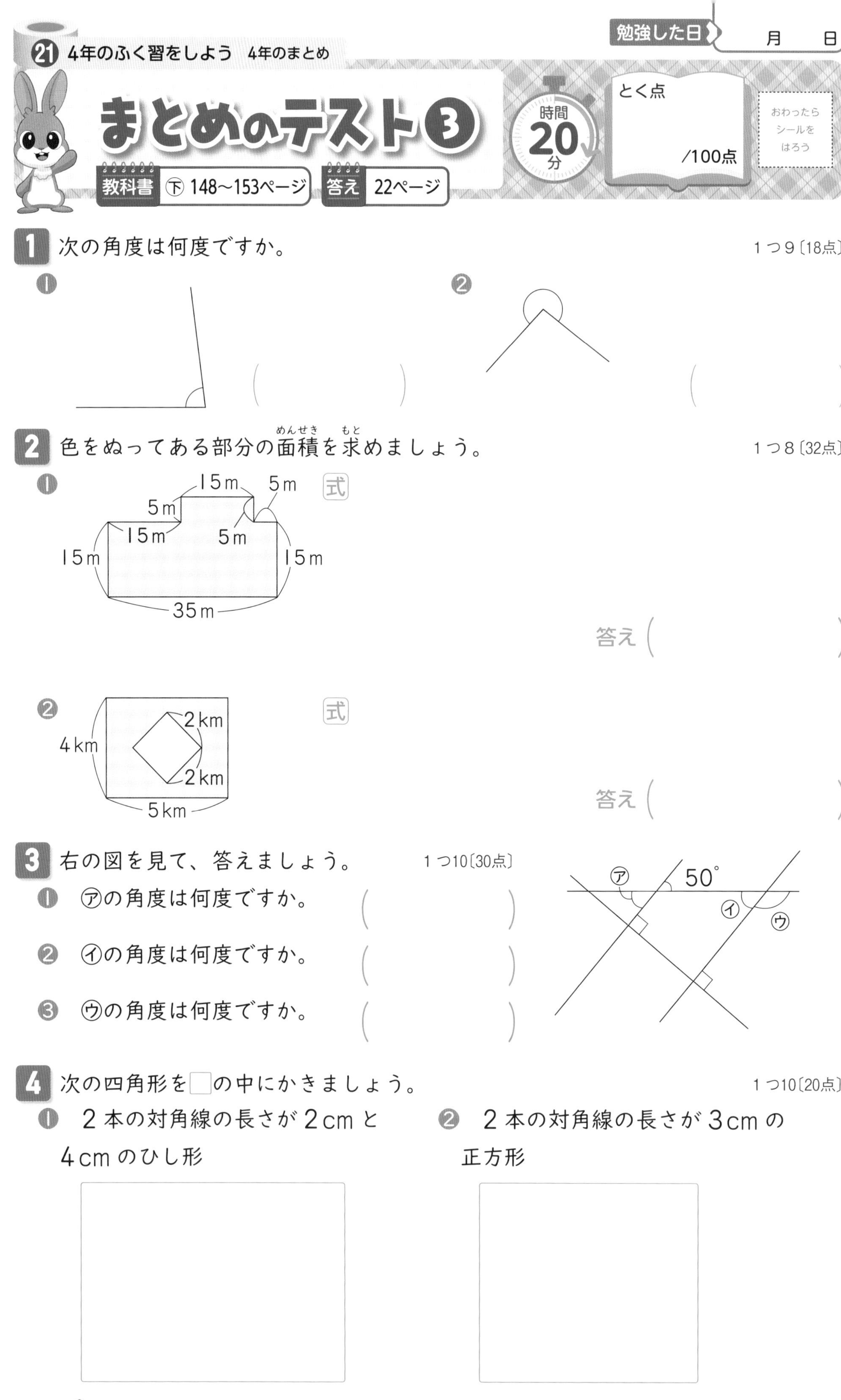

1 次の角度は何度ですか。　1つ9〔18点〕

❶ (　　　)

❷ (　　　)

2 色をぬってある部分の面積を求めましょう。　1つ8〔32点〕

❶ 式

答え (　　　)

❷ 式

答え (　　　)

3 右の図を見て、答えましょう。　1つ10〔30点〕

❶ ㋐の角度は何度ですか。(　　　)

❷ ㋑の角度は何度ですか。(　　　)

❸ ㋒の角度は何度ですか。(　　　)

4 次の四角形を□の中にかきましょう。　1つ10〔20点〕

❶ 2本の対角線の長さが2cmと4cmのひし形

❷ 2本の対角線の長さが3cmの正方形

チェック✓

□ 角度をはかったり、面積を求めることができたかな？

□ 垂直や平行な直線から角度を求めたり、四角形をかくことができたかな？

まとめのテスト④

教科書 下 148～153ページ 答え 22ページ

時間 20分 とく点 /100点 おわったらシールをはろう

1 右の図は直方体の展開図です。この展開図を組み立ててできる直方体について、答えましょう。 1つ10〔30点〕

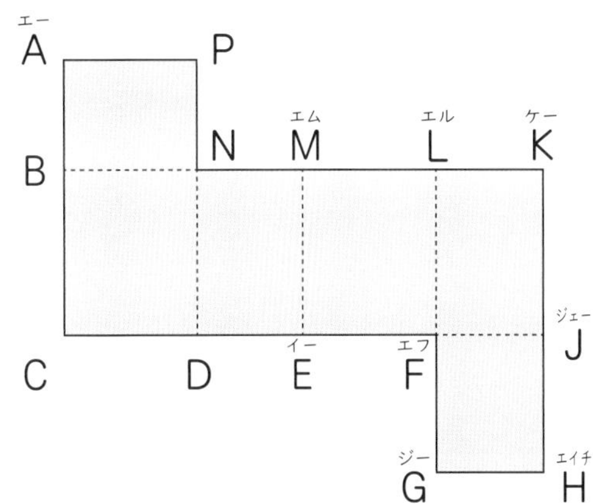

❶ 点Pと重なる点はどれですか。

(　　　　)

❷ 辺CDと重なる辺はどれですか。

(　　　　)

❸ 面BCDNと平行になる面はどれですか。

(　　　　)

2 下の表は、しゅんさんの学校でけがをした人数を調べたものです。 1つ10〔30点〕

月	4	5	6	7	8	9	10
けがをした人数(人)	18	あ	34	23	9	19	17

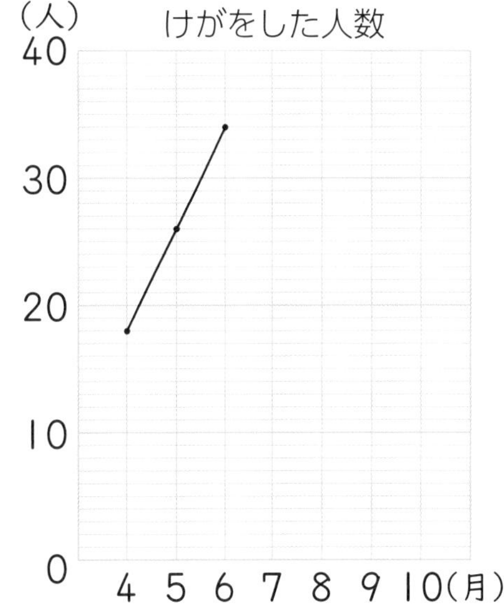

❶ 表のあにあてはまる数はいくつですか。右のグラフを見て答えましょう。(　　　　)

❷ 右の折れ線グラフの続きをかきましょう。

❸ 変わり方がいちばん大きいのは、何月から何月の間ですか。(　　　　)

3 高さが15cmの箱を積み上げます。積み上げる箱の数が変わると、積み上げた高さはどのように変わるか調べましょう。 1つ10〔40点〕

箱の数(こ)	1	2	3	4	5	6
積み上げた高さ(cm)	15	30	45	60	あ	い

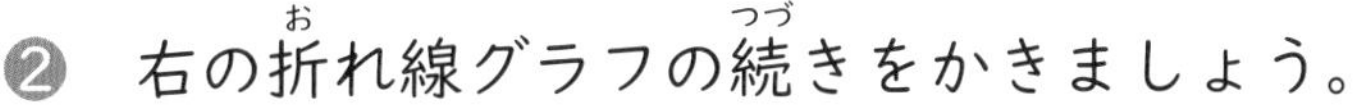

❶ あ、いにあてはまる数を求めましょう。

あ(　　　　) い(　　　　)

❷ 箱の数が1こずつふえると、積み上げた高さは何cmずつふえますか。

(　　　　)

❸ 積み上げた高さが135cmのとき、箱の数は何こですか。

(　　　　)

ふろくの「計算練習ノート」28～29ページをやろう！

チェック
□直方体の展開図がわかったかな？
□折れ線グラフやともなって変わる2つの量がわかったかな？

勉強した日　月　日

学びのワーク すじ道をたてて考えよう

おわったらシールをはろう

教科書 ㊦ 154～155ページ　答え 22ページ

きほん1 重さのちがうものをさがすことができますか。

☆同じ大きさの玉が9こあります。9この玉には、それぞれ㋐から㋘の名前が1つずつついています。この中に1つだけ、重さがほかの玉とちがう玉があります。使える道具は、同じ重さのときにつり合う「てんびん」しかありません。下の図のように、かくじつに重さのちがう玉を見つけるやり方を考えました。下の❶から❾にあてはまる玉の名前を答えましょう。

○はつり合うとき
×はつり合わないとき

㋐㋑㋒㋓と㋔㋕㋖㋗をくらべる
- ○ → ❶がちがう
- × → ㋐㋑と㋒㋓をくらべる
  - ○ → ㋐㋑㋒と㋕㋖㋗をくらべる
    - ○ → ❷がちがう
    - × → ㋕と㋖をくらべる
      - ○ → ❸がちがう
      - × → ㋐と㋕をくらべる
        - ○ → ❹がちがう
        - × → ❺がちがう
  - × → ㋔㋕㋖と㋐㋑㋒をくらべる
    - ○ → ❻がちがう
    - × → ㋐と㋑をくらべる
      - ○ → ❼がちがう
      - × → ㋐と㋕をくらべる
        - ○ → ❽がちがう
        - × → ❾がちがう

とき方 玉をてんびんにのせたとき、○(つり合う)と×(つり合わない)に分かれていることに注意します。
○のとき、重さがちがうのは、てんびんにのせなかった玉のいずれかです。×のとき、重さがちがうのは、てんびんにのせた玉のいずれかです。

「㋐㋑㋒㋓」と「㋔㋕㋖㋗」がつり合っているときは、㋐～㋗のいずれも重さが同じということだね！

「㋐㋑㋒㋓」と「㋔㋕㋖㋗」がつり合っていないときは、重さのちがう玉は㋐～㋗のいずれかになると考えられるね。

答え

❶　❷　❸　❹　❺

❻　❼　❽　❾

ポイント てんびんの左右のさらに、同じ数ずつ玉をのせます。てんびんがつり合うかつり合わないかを調べることで、重さのちがう玉を見つけましょう。

●勉強した日　　月　　日

実力判定テスト

夏休みのテスト①

時間 30分

名前　　　とく点　　　／100点

おわったらシールをはろう

教科書 上12〜111ページ　答え 23ページ

1 次の数の読み方を漢字で書きましょう。1つ4〔8点〕

❶ 6182570947

（　　　　　　　　　　）

❷ 37431110520000

（　　　　　　　　　　）

2 右の折れ線グラフは、4年1組の教室の気温の変わり方を表したものです。1つ4〔16点〕

教室の気温の変わり方

(℃)

30

20

10

0

8　9　10　11　12　1　2　3　4（時）

午前　　午後

❶ いちばん気温が高いのは、何℃で、それは何時ですか。

気温（　　　　）　時こく（　　　　）

4 次の角度は、何度ですか。1つ4〔8点〕

❶　　　❷

（　　　　）　（　　　　）

5 4年3組の26人について、平泳ぎとクロールができるかできないかを調べました。クロールのできない人は全部で10人、平泳ぎのできる人は全部で16人でした。1つ6〔18点〕

平泳ぎとクロール調べ　（人）

		平泳ぎ		合計
		できる	できない	
クロール	できる			
	できない		3	10
合計		16		26

❶ 平泳ぎができて、クロールのできない人は何

夏休みのテスト②

●勉強した日　　月　　日

時間30分

名前　　とく点　　／100点

おわったらシールをはろう

教科書　㊤12〜111ページ　答え　23ページ

1 次の数を数字で書きましょう。　1つ5〔10点〕

❶ 7000億の10倍の数

（　　　　　　　　）

❷ 100億を140こ集めた数

（　　　　　　　　）

2 右の折れ線グラフは、ある町の1年間の気温の変わり方を表したものです。　1つ6〔18点〕

気温の変わり方

(℃)
30
20
10
0
1 2 3 4 5 6 7 8 9 10 11 12(月)

❶ いちばん気温が低いのは何℃で、それは何月ですか。

（　　　）（　　　）

4 次のような三角形をかきましょう。　1つ6〔12点〕

❶ 40°　50°　5cm

❷ 90°　4cm　35°

5 右の表は、4年生84人について、ハンカチとティッシュの持ち物調べをしたものです。

持ち物調べ　（人）

		ハンカチ ある	ハンカチ ない	合計
ティッシュ	ある	あ	い	46
ティッシュ	ない	う	14	え
合計		52	お	か

気温（　　　）月（　　　）

❷ 気温が1℃上がっているのは、何月から何月の間ですか。

（　　　）

3 次の計算をしましょう。 1つ6〔24点〕

❶ 960÷4

（　　　）

❷ 78÷4

（　　　）

❸ 762÷3

（　　　）

❹ 544÷6

（　　　）

1つ6〔12点〕

❶ 表のあいているところに、人数を書き入れましょう。

❷ 両方ともある人と両方ともない人とでは、どちらが何人多いですか。

（　　　）

6 次の計算をしましょう。 1つ6〔24点〕

❶ 398÷28

（　　　）

❷ 623÷43

（　　　）

❸ 792÷78

（　　　）

❹ 6000÷50

（　　　）

❷ 気温の下がり方がいちばん大きいのは、何時から何時の間ですか。

(　　　　　)

❸ 気温が変わっていないのは、何時から何時の間ですか。

(　　　　　)

3 次の計算をしましょう。　1つ5〔30点〕

❶ 150÷3　(　　　)

❷ 1200÷6　(　　　)

❸ 360÷4　(　　　)

❹ 87÷7　(　　　)

❺ 805÷8　(　　　)

❻ 457÷9　(　　　)

人ですか。

(　　　　　)

❷ 平泳ぎとクロールのどちらもできる人は何人ですか。

(　　　　　)

❸ 平泳ぎのできない人は、全部で何人ですか。

(　　　　　)

6 次の計算をしましょう。　1つ5〔20点〕

❶ 48÷16　(　　　)

❷ 854÷32　(　　　)

❸ 165÷29　(　　　)

❹ 810÷90　(　　　)

えを見積もりましょう。 〔5点〕

(　　　　)

3 次の計算をしましょう。 1つ5〔20点〕

❶ $42-63\div7$

(　　　　)

❷ $14\times8-(54-28)$

(　　　　)

❸ 102×56

(　　　　)

❹ 25×124

(　　　　)

(　　　　)　(　　　　)

5 次の図形の面積(めんせき)を求(もと)めましょう。 1つ5〔20点〕

❶

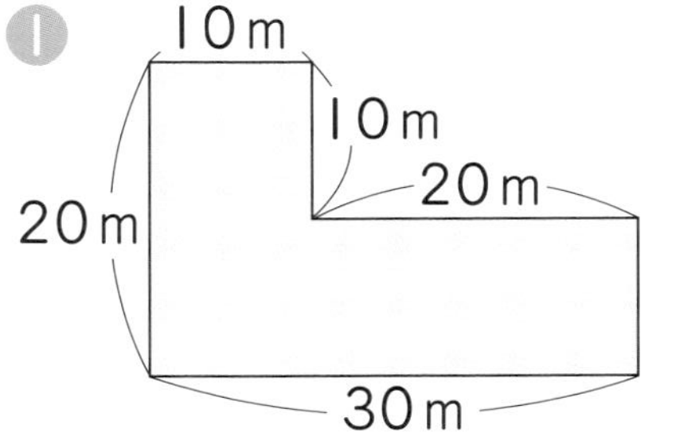

10m
10m
20m
20m
30m

式

答え(　　　　)

❷

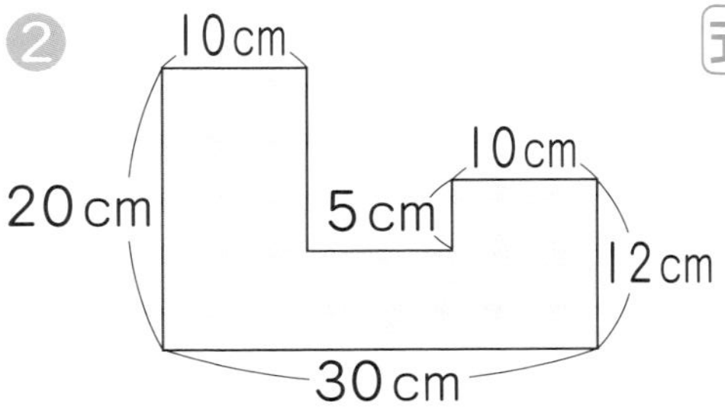

10cm
10cm
5cm
20cm
12cm
30cm

式

答え(　　　　)

なったかを表したものです。スーパー㋐とスーパー㋑では、どちらが金がくが高くなったといえますか。 〔10点〕

（　　　　）

3 四捨五入して、上から１けたのがい数にして、次の計算の答えを見積もりましょう。 1つ5〔10点〕

❶ 493×711

（　　　　）

❷ 18963÷387

（　　　　）

❸ 11.7＋4.46

（　　　　）

❹ 8.03－3.7

（　　　　）

❺ 5－2.38

（　　　　）

❻ 0.96－0.46

（　　　　）

6 たて36m、横50mの長方形の形をした公園の面積は何m^2ですか。また、何aですか。 1つ5〔10点〕

式

答え（　　　　、　　　　）

●勉強した日　月　日

実力判定テスト

冬休みのテスト①

時間 30分

名前　　とく点　　/100点

おわったらシールをはろう

教科書 上112〜140ページ、下2〜77ページ　答え 23ページ

1 右の図で、直線あと直線い、直線うと直線えは、それぞれ平行です。4つの点A、B、C、Dを頂点とする四角形の名前を答えましょう。また、ア〜ウの角度は、それぞれ何度ですか。　1つ5〔20点〕

い　A　う　あ　B　ア　D　え　110°　イ　C　ウ

四角形（　　）　ア（　　）

イ（　　）　ウ（　　）

2 右の表は、りんご1このねだんが、スーパーあとスーパーいでどれだけ高く

スーパーあといのねだんくらべ

	もとの金がく	いまの金がく
スーパーあ	120円	240円
スーパーい	60円	180円

4 1こ150円のりんごと1こ200円のなし、30円の箱があります。次の式はどんな買い物をするときの代金を求める式かを書きましょう。また、そのときの代金も求めましょう。　1つ5〔20点〕

❶ 150×4＋30

（　　）

代金（　　）

❷ (150＋200＋30)×4

（　　）

代金（　　）

5 次の計算をしましょう。　1つ5〔30点〕

❶ 2.34＋1.73　❷ 0.38＋3.32

冬休みのテスト②

●勉強した日　月　日

名前　　とく点　／100点

おわったらシールをはろう

教科書　上112〜140ページ、下2〜77ページ　答え　23ページ

1 右の長方形ABCDの図を見て、いろいろな四角形を見つけましょう。　1つ5〔15点〕

A　E　D
F　H
B　G　C

❶ 長方形は何こありますか。（　　　）

❷ ひし形は何こありますか。（　　　）

❸ 台形は何こありますか。（　　　）

2 ある店のおにぎり１この重さは115gです。このおにぎり284この重さは約何kgですか。四捨五入して、上から１けたのがい数にして、答

4 次の計算をしましょう。　1つ5〔40点〕

❶ 1.26＋6.32（　　　）　❷ 5.55＋0.35（　　　）

❸ 1.9＋4.77（　　　）　❹ 3.28＋10.9（　　　）

❺ 8.76−5.35（　　　）　❻ 4.16−3.6（　　　）

❼ 3−1.38　❽ 5.06−4.46

●勉強した日　月　日

実力判定テスト

学年末のテスト①

時間30分　名前　とく点　/100点　おわったらシールをはろう

教科書　㊤12～140ページ、㊦2～158ページ　答え　24ページ

1 0から9までの10まいのカードで、下の10けたの整数を作りました。　1つ5〔15点〕

4	2	5	0	3	6	1	8	7	9

❶ いちばん左の数字は何の位ですか。

（　　　　）

❷ 2は、何が2こあることを表していますか。

（　　　　）

❸ この数を四捨五入して、上から2けたのがい数にしましょう。

（　　　　）

2 次のような直線をかきましょう。　1つ6〔12点〕

❶ 点アを通って、直線㋐に垂直な直線

❷ 点アを通って、直線㋐に平行な直線

5 入れ物に、さとうが$\frac{3}{8}$kg入っています。この入れ物に、さらにさとうを入れたところ、全体の重さは$\frac{11}{8}$kgになりました。入れたさとうの重さは何kgですか。　1つ5〔10点〕

式

答え（　　　　）

6 右の直方体を見て、答えましょう。　1つ5〔15点〕

❶ ㋓に平行な面を答えましょう。

（　　　　）

❷ 頂点Aを通って、

学年末のテスト②

●勉強した日　月　日

時間 30分

名前

とく点 ／100点

おわったらシールをはろう

教科書 ㊤12～140ページ、㊦2～158ページ

答え 24ページ

1 三角じょうぎを、次のように組み合わせました。㋐、㋑の角度を求めましょう。　1つ5〔10点〕

❶

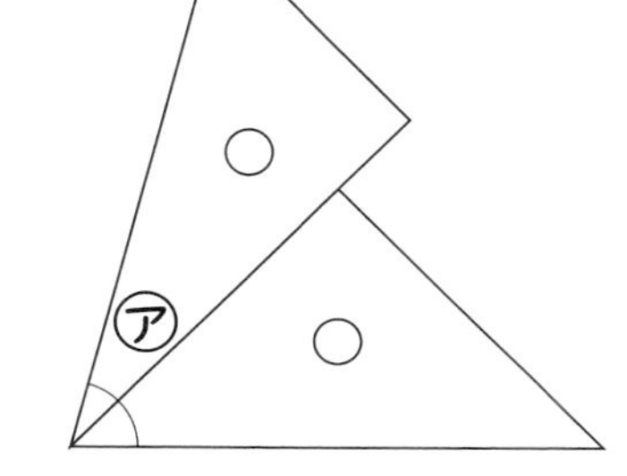

❷

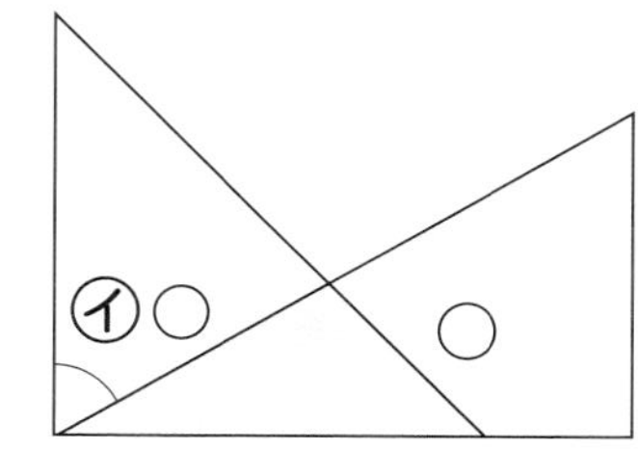

（　　　）　（　　　）

2 四捨五入して百の位までのがい数にして、答えを見積もりましょう。　1つ5〔10点〕

❶ 489＋119

（　　　）

❷ 885－287－512

（　　　）

5 たて2cm、横3cm、高さ1cmの直方体のてん開図をかきましょう。ただし、1つの方がんは1辺が1cmの正方形です。　〔10点〕

6 正三角形の1辺の長さと、まわりの長さの関係について調べましょう。　1つ5〔20点〕

❶ 1辺の長さが、1cm、2cm、3cm、…とふえていくと、まわりの長さはどのように変わるかを、下の表にまとめましょう。

1辺の長さ　(cm)	1	2	3	4	5
まわりの長さ(cm)					

3 右の図形の面積(めんせき)を求めましょう。 1つ5〔10点〕

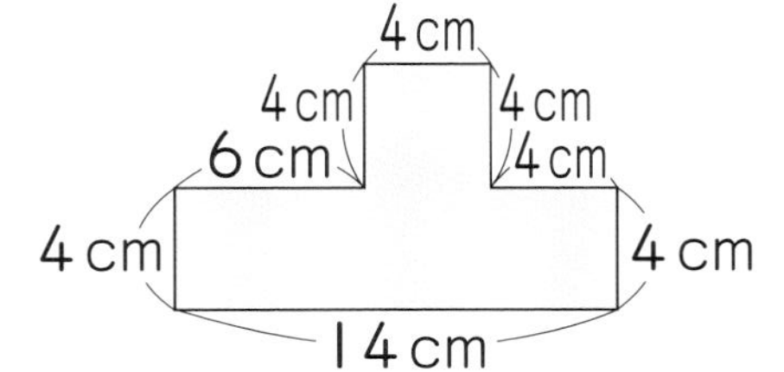

式

答え（　　　）

4 次の計算をしましょう。わり算はわり切れるまでしましょう。 1つ5〔30点〕

❶ 7.8×23（　　　）

❷ $1.68 \div 6$（　　　）

❸ $\frac{4}{5}+\frac{6}{5}$（　　　）

❹ $1\frac{3}{4}+3\frac{2}{4}$（　　　）

❺ $\frac{9}{8}-\frac{5}{8}$（　　　）

❻ $2\frac{1}{7}-\frac{5}{7}$（　　　）

❷ 1辺の長さを□cm、まわりの長さを○cmとして、□と○の関係を式に表しましょう。

（　　　）

❸ 1辺の長さが12cmのとき、まわりの長さは何cmですか。

（　　　）

❹ まわりの長さが144cmになるのは1辺の長さが何cmのときですか。

（　　　）

7 ゴムⓐとゴムⓘの2本のゴムののび方を調べたら、右のようになりました。ゴムⓐとゴムⓘでは、どちらのゴムがよくのびるといえますか。 〔10点〕

	もとの長さ	全体の長さ
ゴムⓐ	120cm	240cm
ゴムⓘ	60cm	180cm

（　　　）

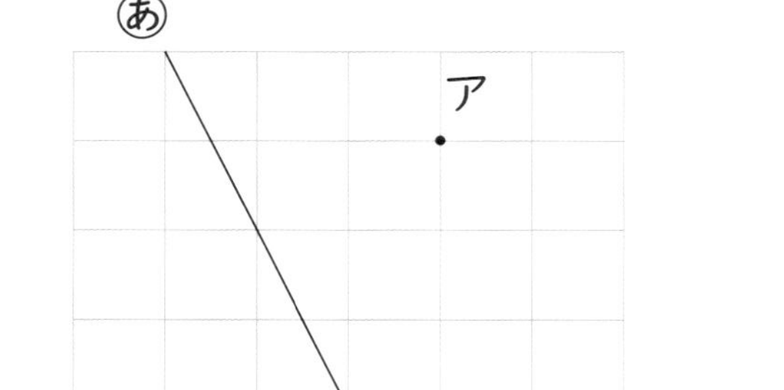

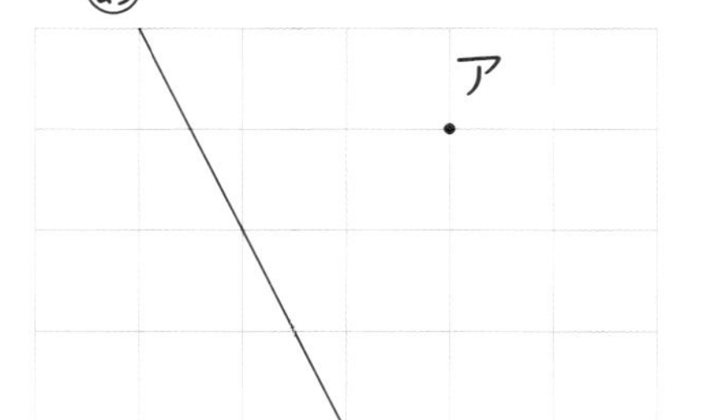

3 色紙をあきらさんは117まい、ちかさんは65まい持っています。あきらさんはちかさんの何倍の色紙を持っていますか。 1つ5〔10点〕

式

答え（　　）

4 次の計算をしましょう。 1つ5〔20点〕

❶ 5.68＋1.45　（　　）

❷ 0.69＋0.36　（　　）

❸ 6.24－0.98　（　　）

❹ 9－3.43　（　　）

辺ABに垂直な辺はどれですか。

（　　）

❸ 辺ABに平行な辺の数を答えましょう。

（　　）

7 1こ120円のなしを買うとき、買う数を1こ、2こ、…と変え(か)ていきます。買う数と代金の変わり方を調べましょう。 1つ6〔18点〕

❶ 下の表を完成(かんせい)させましょう。

買う数(こ)	1	2	3	4	5
代金　(円)					

❷ 買う数を□こ、代金を○円として、□と○の関係(かんけい)を式に表しましょう。

（　　）

❸ なしを12こ買ったときの代金はいくらですか。

（　　）

ゴムひもBをいっぱいまでのばしたら100cmまでのびました。ゴムひもAとゴムひもBでは、どちらがよくのびるといえますか。〔10点〕

(　　　　　)

4 1こ182円のアイスクリームを29こ買うと、代金はおよそいくらになりますか。四捨五入して、上から1けたのがい数にして、答えを見積もりましょう。〔10点〕

(　　　　　)

5 重さ640gの箱に、3.52kgのりんごを入れると、全体の重さは何kgになりますか。1つ5〔10点〕

式

答え(　　　　　)

答えは小数第二位を四捨五入して、小数第一位までのがい数で求めましょう。1つ5〔10点〕

式

答え(　　　　　)

9 ゆみさんの体重は30kg、弟の体重は24kgです。ゆみさんの体重は、弟の体重の何倍ですか。

式　1つ5〔10点〕

答え(　　　　　)

10 家から図書館までは4kmあります。$\frac{2}{3}$kmは歩き、残りは電車に乗ります。電車に乗るのは何kmですか。

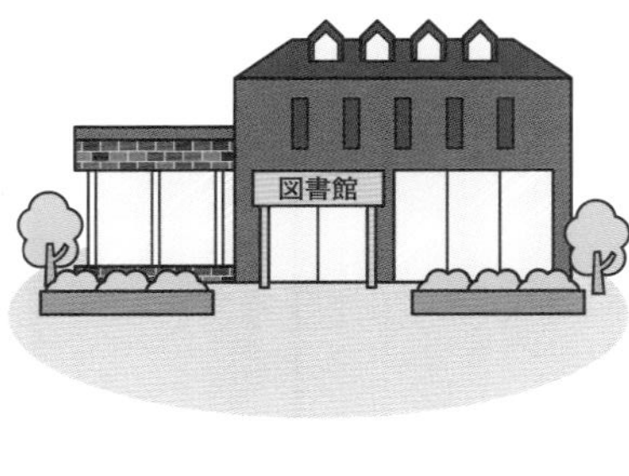

式　1つ5〔10点〕

答え(　　　　　)

13人で同じ数ずつ分けると、1人分は何まいになりますか。 1つ5〔10点〕

式

答え（　　　）

4 バケツには水が5.4L入っています。花びんには水が2.28L入っています。 1つ5〔20点〕

❶ 水はあわせて、何Lありますか。

式

答え（　　　）

❷ 水のかさのちがいは、何Lですか。

式

答え（　　　）

47.7g ありました。 1つ5〔20点〕

❶ コイン1まいの重さは、何gですか。

式

答え（　　　）

❷ コイン16まい分の重さは、何gですか。

式

答え（　　　）

8 $2\frac{5}{7}$Lのジュースがあります。そこへ$\frac{3}{7}$Lのジュースをたすと、ジュースは全部で何Lになりますか。 1つ5〔10点〕

式

答え（　　　）

●勉強した日　　月　　日

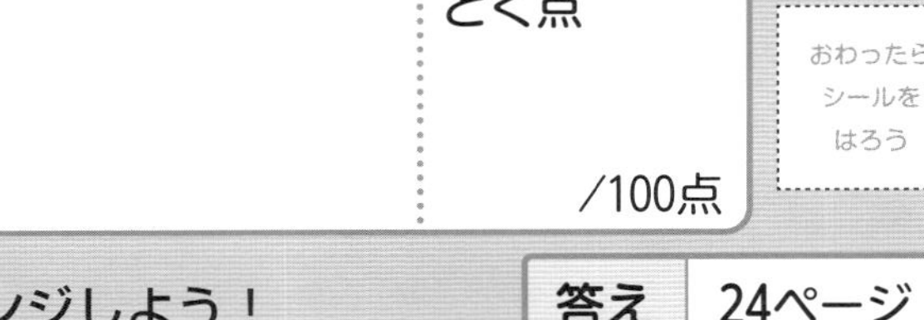

いろいろな文章題にチャレンジしよう！

答え　24ページ

1 0、2、4、5、9の5この数字を1回ずつ使ってできる5けたの整数のうち、3番目に小さい数を作り、数字で答えましょう。　〔10点〕

（　　　　　　）

2 4年生は137人います。6人ずつ長いすにすわっていくと、全員がすわるには、長いすは何こいりますか。

式　　1つ5〔10点〕

答え（　　　　　　）

3 折(お)り紙が481まいあります。この折り紙を

5 あきらさんはシールを14まい持っています。お兄さんはあきらさんの6倍のまい数のシールを持っています。お兄さんはシールを何まい持っていますか。　1つ5〔10点〕

式

答え（　　　　　　）

6 面積(めんせき)が128m²で、横の長さが16mの長方形の形をした畑があります。たての長さは何mですか。　1つ5〔10点〕

式

答え（　　　　　　）

7 同じコイン8まいの重さをはかったら、

●勉強した日　　月　　日

実力判定テスト

まるごと 文章題テスト②

時間 30分

名前　　　とく点　　/100点

おわったらシールをはろう

いろいろな文章題にチャレンジしよう！

答え 24ページ

1 276cm のはり金があります。8cm の長さのはり金が何本作れて、何cm あまりますか。

式　　　1つ5〔10点〕

答え（　　　）

2 色紙が 735 まいあります。けんたさんのクラスの 36 人で同じ数ずつ分けると、1 人分は何まいになって、何まいあまりますか。

式　　　1つ5〔10点〕

答え（　　　）

3 長さが 40cm のゴムひもA(エー)をいっぱいまでのばしたら 120cm までのび、長さが 20cm の

6 みかさんのたん生日に、1 こ 670 円のケーキと 1 こ 260 円のおかしをそれぞれ 1 こずつ買うことにしました。友だち 3 人で代金を等分すると、1 人分は何円になりますか。（　）を使って、1 つの式に表して、答えを求(もと)めましょう。

1つ5〔10点〕

（式…　　　答え…　　　）

7 1 辺(ぺん)が 300m の正方形の形をした公園の面積(めんせき)は何a ですか。また、何ha ですか。　1つ5〔10点〕

式

答え（　　　、　　　）

8 5.2L のオレンジジュースを 24 人に同じ量(りょう)ずつ分けます。1 人分は約(やく)何L になりますか。

教科書ワーク 答えとてびき

学校図書版 算数4年

使い方

まちがえた問題は、もういちどよく読んで、なぜまちがえたのかを考えましょう。正しい答えを知るだけでなく、なぜそうなるかを考えることが大切です。

1 数の表し方やしくみを調べよう

2・3ページ きほんのワーク

きほん1 一億、千、一

答え 一億二千六百五十三万三千四百六

❶ ❶ 四億三千百八十一万五千百七十六
② 八千二百六十五億四千三百万七千

きほん2 千億、一兆　答え 七十五兆三千八十四億

❷ ❶ 六十四兆千三百億五百二十万
② 百五十四兆二千三百八十億

きほん3 10　答え 46610000

❸ ❶ 7000億　② 5兆
③ 4兆　④ 9兆6000億
⑤ 2300兆　⑥ 1億4000万

きほん4 1000　答え ㋐ 2000万、㋑ 1億1000万

❹ ❶ 10億、40億、130億
② 2000億、6000億、1兆3000億

❺ ❶ <　② >

てびき ❸ 2回10倍すると100倍、3回10倍すると1000倍になります。また、$\frac{1}{10}$にすることは、10でわることと同じです。

❺ 2つの数を、位をそろえて、たてにならべてかくと、数の大小がくらべやすくなります。

❶ 980100325　② 7189600000 ㊤
8560913256 ㊤　7189530000

たしかめよう!
大きい数は、右から4けたごとに区切ると、読んだり、書いたりしやすくなります。

4・5ページ きほんのワーク

きほん1 答え 987654321000、100023456789

❶ ❶ 876543210　② 287654310
③ 301245678

❷ ❶ 40、200　② 4、2　③ 400200

きほん2 38、25、63、63　答え 63

❸ ❶ 95億　② 1530万　③ 143兆
④ 804兆

❹ ❶ 105億　② 9万　③ 28兆

きほん3 14、56、56　答え 56

❺ ❶ 184万　② 510億　③ 1730億

❻ ❶ 54万　② 10兆　③ 7億

てびき ❶ ② 3億より小さい数なので、一億の位の数字は2、千万の位の数字は8になります。
③ 3億より大きい数なので、一億の位の数字は3、千万の位の数字は0になります。

たしかめよう!
●億＋●億や●兆－●兆などのたし算やひき算では、億や兆をとって計算した結果に、億や兆をつけます。

6ページ 練習のワーク

❶ ❶ 二千八億五千万八千
② 七兆二百九億九千五百万

❷ ❶ 6兆　② 2兆8000億　③ 704
④ 3兆6000億　⑤ 1億

❸ 100011333666777

❹ ❶ 920万　② 15億　③ 240万
④ 7兆

❺ 式 60×60＝3600
3600×24＝86400
86400×365＝31536000
31536000×12＝378432000

答え 378432000 秒

てびき ❸ 15 けたの数でいちばん小さい数を作るので、いちばん左の位の数字を 1 とします。

7ページ まとめのテスト

1 ❶ 1000 億
❷ ㋐ 9000 億　㋑ 1 兆 4000 億

2 ❶ 10000 倍　❷ 100000 倍

3 ❶ 200070500000
❷ 57408300000000
❸ 600021600000
❹ 1087900000000
❺ 80300000000

4 9876543200

5 式 180 万×25＝4500 万　答え 4500 万円

てびき **2** ❶ 位が 4 けた左に進むので、10×10×10×10＝10000(倍)した数です。
5 1800000 円は 180 万円として計算します。

たしかめよう！
どんな整数でも、それぞれの位の数字は、10 倍するごとに位は 1 つずつ上がります。

② 変わり方がわかりやすいグラフを調べよう

8・9ページ きほんのワーク

きほん1 気温、17、2、21、1、2

答え 17、2、21、1、2

❶ ❶ 午前 10 時
❷ 時こく…午後 2 時　気温…30℃
❸ 午後 4 時から午後 6 時の間

きほん2 26、直線

答え
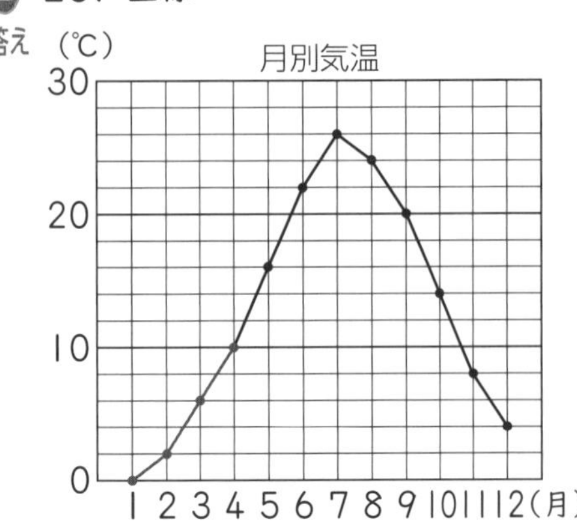

❷
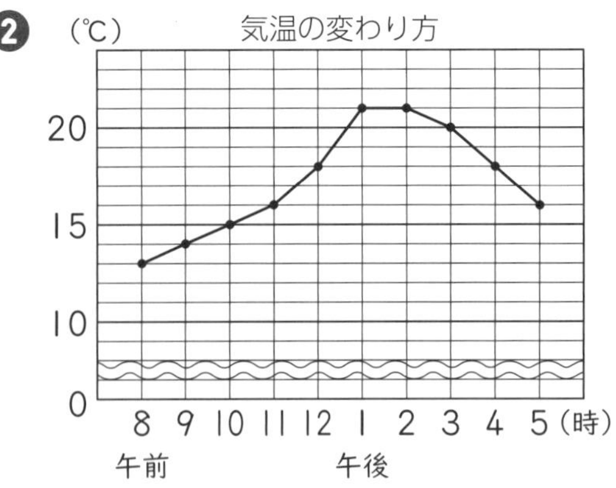

てびき ❷ どの時こくも 10℃より高い気温なので、10℃までの目もりを省くことができます。表題もわすれずに書きましょう。

10ページ 練習のワーク

❶ ㋐、㋒

❷ ❶ 横…時こく
たて…気温
❷ 右のグラフ
❸ 午前 4 時から午前 6 時の間
❹ (例)午前 6 時から気温が上がっていき、午後 2 時から午後 8 時まで下がっていった。

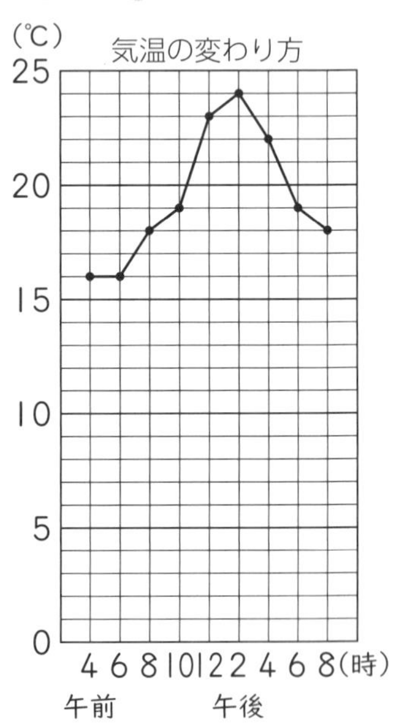

てびき ❶ ㋓は、いろいろな池の水温なので、折れ線グラフには合いません。㋑や㋔は、ぼうグラフにするとくらべやすくなります。

11ページ まとめのテスト

1
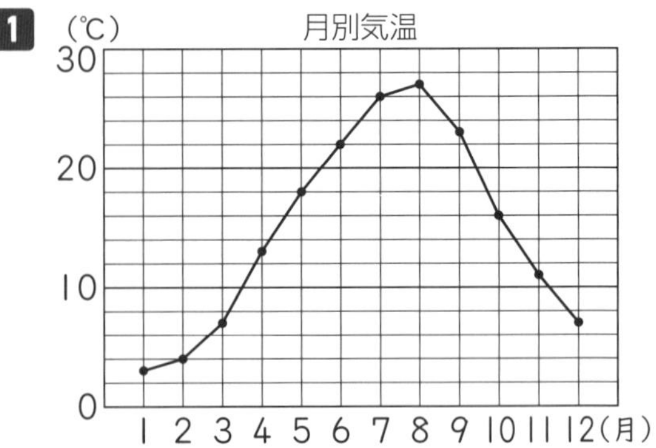

2 ❶ ㋐ 20　㋑ 15
❷ 6 月から 7 月の間

3 ❶ 月…１月　気温…５℃　❷ 最低気温

てびき **3** ❶ ２本の折れ線グラフで同じ月を見て、点と点の間がいちばんあいている月をさがします。
❷ 最低気温の方が、かたむきが急になっているので、変わり方が大きいといえます。

たしかめよう!
2 折れ線グラフでは、変わり方がよくわかるように、目もりのと中を省くしるしを使うことがあります。

３ 見つけたきまりをくわしく調べよう

12・13ページ　きほんのワーク

きほん１　４　　答え ４、４、４、４

❶ ❶ ３、３　❷ ６、６

❷ ❶ $8 \div 2 = 4$、$8 \div 4 = 2$（わられる数は同じで、わる数 ↓×２ のとき、答えは ↓÷２）
　❷ $12 \div 4 = 3$、$12 \div 2 = 6$（わられる数は同じで、わる数 ↓÷２ のとき、答えは ↓×２）

❸ ❶ ３人　❷ 12人

きほん２　３、９、９、３、300　　答え 300

❹ ❶ ２たば　❷ 20まい

❺ ❶ 10　❷ 40　❸ 60　❹ 100
❺ 200　❻ 600　❼ 800

てびき **3** ❶ $24 \div 8 = 3$
❷ $24 \div 2 = 12$
4 ❶ $8 \div 4 = 2$
❷ $80 \div 4 = 20$

４ 角の大きさのはかり方やかき方を考えよう

14・15ページ　きほんのワーク

きほん１　角、２、４　　答え ㊣

❶ ㋑の角、㊣の角

きほん２　分度器　　答え 60

❷ ❶ 75°
❷ 140°
❸ 25°

きほん３　50、50、230、130、130、230
答え 230

❸ ❶ 200°
❷ 300°
❸ 345°

きほん４　125、55　　答え 55

❹ 55°

たしかめよう!
2 分度器を使ってはかるときは、分度器の内側と外側のどちらの目もりを読んでいるのか注意しましょう。また、角の辺が短いときは、辺をのばしてからはかります。
3 180°より大きい角のはかり方
分度器ではかれる角の大きさをはかって、180°にたしたり、360°からひいたりして求めます。
4 ２本の直線が交わってできる角度
右の図のあとう、いとえのように、向かい合った角の大きさは等しくなります。

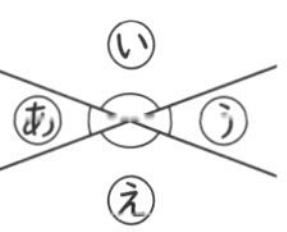

16・17ページ　きほんのワーク

きほん１　答え

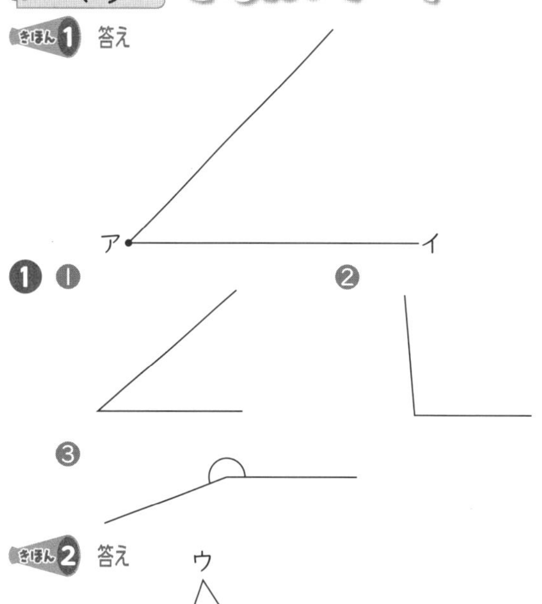

きほん２　答え

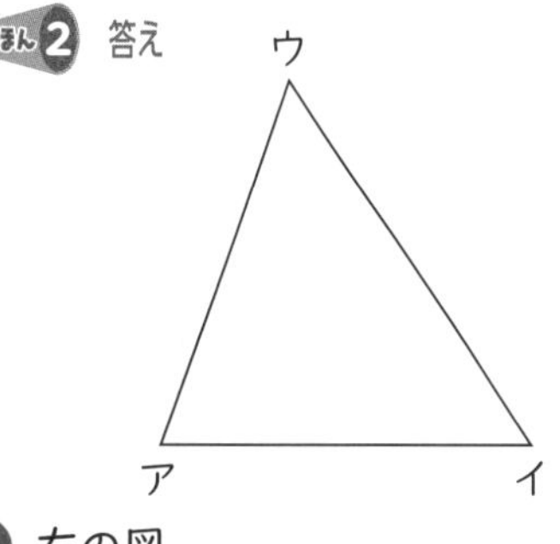

❷ 右の図

きほん３　答え 45、180、60、30、120

❸ ㋐ 90°　㋑ 75°
㋒ 135°　㊣ 15°
㋔ 90°　㋕ 15°　㋖ 105°　㋗ 150°

てびき **1** ❸ 200°が180°より20°大きい角であることを利用するか、200°が360°より160°小さい角であることを利用してかきます。
3 ㋐ $180° - 90° = 90°$　㋑ $45° + 30° = 75°$
㋒ $180° - 45° = 135°$　㊣ $60° - 45° = 15°$
㋕ $45° - 30° = 15°$　㋖ $45° + 60° = 105°$
㋗ $180° - 30° = 150°$

18ページ 練習のワーク

1 ❶ 1　❷ 270　❸ 360、4
❹ 180、2

2 ㋐ 135°　㋑ 45°　㋒ 135°

3 ❶　❷

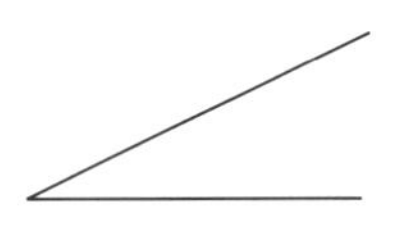

4 ㋐ 150°　㋑ 75°

てびき　**4** ㋐ 90°＋60°＝150°
㋑ 180°−45°−60°＝75°

たしかめよう!
3 ❷ 180°より大きい角のかき方
180°より何度大きいのか、360°より何度小さいのか、を考えます。

19ページ まとめのテスト

1 ❶ 50°　❷ 350°　❸ 240°

2 ❶

❷

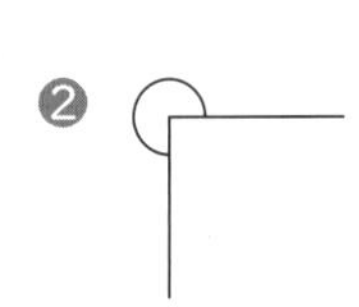

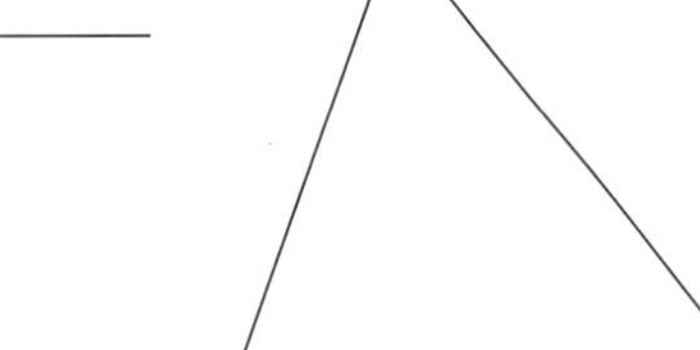

3 右の図

4 ㋐ 15°　㋑ 35°　㋒ 60°

てびき　**3** 4cm の辺→70°の角→50°の角の順にかいていきます。
4 ㋐ 60°−45°＝15°
㋑ 90°−10°−45°＝35°
㋒ 180°−(90°−30°)−60°＝60°

5 くふうして計算のしかたを考えよう

20ページ きほんのワーク

きほん1　72、4、9、2、2、18　答え 18

1 ❶ 10、8
❷ 式 10＋8＝18　答え 18

21ページ まとめのテスト

1 《1》2、2、14　《2》7、7、7、7、14

2 《1》90 を 3 つに分けると、90÷3＝30
30÷5＝6　6 が 3 つ分だから、6×3＝18
1 人分は 18 こになる。
《2》90＝50＋40 と考えると、
50÷5＝10、40÷5＝8 だから、
合わせて 10＋8＝18　1 人分は 18 こになる。

6 筆算のしかたを考えよう

22・23ページ きほんのワーク

きほん1　57　6 ➡ 5、4 ➡ 3　答え 6、3

1
❶
```
    4
7)31
  28
   3
```
❷
```
    8
5)42
  40
   2
```
❸
```
   2
3)8
  6
  2
```
たしかめ　7×4＋3＝31　たしかめ　5×8＋2＝42　たしかめ　3×2＋2＝8

きほん2　2、6 ➡ 1 ➡ 5 ➡ 5、1、5 ➡ 0　答え 25

2
❶
```
    9
5)45
  45
   0
```
❷
```
    4
7)28
  28
   0
```
❸
```
   3
3)9
  9
  0
```
たしかめ　5×9＝45　たしかめ　7×4＝28　たしかめ　3×3＝9

3
❶
```
   18
4)72
  4
  32
  32
   0
```
❷
```
   47
2)94
  8
  14
  14
   0
```
❸
```
   12
7)84
  7
  14
  14
   0
```
❹
```
   13
6)78
  6
  18
  18
   0
```

24・25ページ きほんのワーク

きほん1　3、9 ➡ 1　答え 30、1

1
❶
```
   43
2)87
  8
   7
   6
   1
```
❷
```
   22
3)67
  6
   7
   6
   1
```
❸
```
   11
5)59
  5
   9
   5
   4
```
❹
```
   22
4)89
  8
   9
   8
   1
```
❺
```
   30
2)61
  6
   1
```
❻
```
   20
4)83
  8
   3
```
❼
```
   10
7)72
  7
   2
```
❽
```
   10
9)96
  9
   6
```

きほん2　1 ➡ 2 ➡ 7、0　答え 127

2
❶
```
   342
2)684
  6
   8
   8
    4
    4
    0
```
❷
```
   138
6)828
  6
  22
  18
   48
   48
    0
```
❸
```
   238
4)953
  8
  15
  12
   33
   32
    1
```

3
❶
```
   283
3)849
  6
  24
  24
    9
    9
    0
```
❷
```
   113
7)795
  7
   9
   7
   25
   21
    4
```

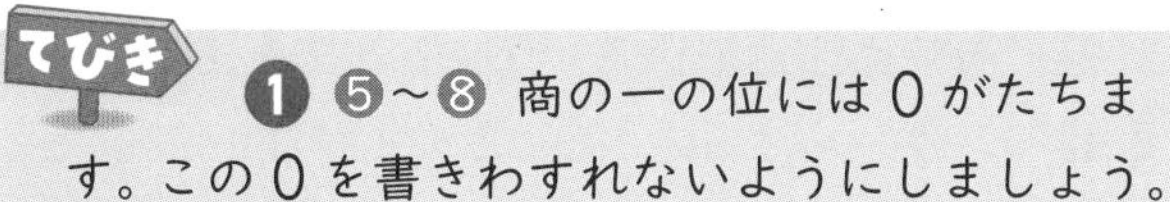

てびき ❶ ⑤～⑧ 商の一の位には 0 がたちます。この 0 を書きわすれないようにしましょう。

たしかめよう!
わり算の筆算では、大きい位から順に計算します。位はたてにきちんとそろえて書きましょう。

26・27 ページ きほんのワーク

きほん1 1 ➡ 0 ➡ 7、2、8、1　　答え 107、1

❶ ❶
```
  309
3)927
  9
   27
   27
    0
```
❷
```
  107
7)754
  7
   54
   49
    5
```
❸
```
  170
5)850
  5
  35
  35
   0
```
❹
```
  230
4)921
  8
  12
  12
   1
```

きほん2 60、20、9、29　　答え 29

❷ ❶ 49　❷ 16　❸ 16　❹ 240
❺ 203　❻ 71

きほん3 348、5　6 ➡ 9、3　　答え 69、3

❸ ❶
```
   54
7)378
  35
   28
   28
    0
```
❷
```
   77
4)310
  28
   30
   28
    2
```
❸
```
   91
6)548
  54
    8
    6
    2
```

❹ ❶
```
   67
2)134
  12
   14
   14
    0
```
❷
```
   35
9)315
  27
   45
   45
    0
```
❸
```
   36
8)295
  24
   55
   48
    7
```

てびき ❶ 商のと中やおわりに 0 がたつときは、0 を書きわすれないように注意しましょう。
❸❹ 商が百の位にたたないときは、十の位からたてて、計算を始めます。

28 ページ 練習のワーク

❶ ❶
```
  15
5)79
  5
  29
  25
   4
```
❷
```
  24
4)96
  8
  16
  16
   0
```
❸
```
  20
3)61
  6
   1
```
❹
```
  133
7)932
  7
  23
  21
   22
   21
    1
```
❺
```
  205
4)820
  8
   20
   20
    0
```
❻
```
   41
6)248
  24
    8
    6
    2
```

❷ 式 75÷4=18 あまり 3
答え 18 人に分けられて、3 まいあまる。

❸ 式 144÷3=48　　答え 48 人

❹ 式 708÷6=118　118+1=119
119×2 =238　　答え 238 本

たしかめよう!
わり算の筆算は九九を使って、たてる→かける→ひく→おろすをくり返して計算を進めます。

29 ページ まとめのテスト

1 ❶
```
  22
3)66
  6
   6
   6
   0
```
❷
```
  147
5)739
  5
  23
  20
   39
   35
    4
```
❸
```
  200
2)401
  4
    1
```
❹
```
   97
7)685
  63
   55
   49
    6
```

2 筆算は右
たしかめ 4×218+3=875
```
  218
4)875
  8
   7
   4
   35
   32
    3
```

3 式 98÷8=12 あまり 2
答え 12 こで、あまりは 2 こになる。

4 式 153÷9=17　　答え 17 本

5 式 113÷5=22 あまり 3
22+1=23　　答え 23 きゃく

6 36cm

てびき 2 ●×▲=▲×●のきまりを使って、
4×218+3=218×4+3=872+3=875
と、たしかめの計算をします。
5 あまりの 3 人がすわる長いすの分も考えます。

7 表のまとめ方を考えよう

30・31 ページ きほんのワーク

きほん1 6、12

答え けがの種類とけがをした場所　(人)

種類＼場所	校庭	教室	ろうか	体育館	合計
すりきず	正一 6	正 5	0	0	11
打ち身	止 4	0	0	止 4	8
切りきず	T 2	正一 6	T 2	0	10
ねんざ	0	0	一 1	T 2	3
合計	12	11	3	6	32

❶ 2組

けがをした場所と組 （人）

場所＼組	1	2	3	4	合計
校庭	一 1	正一 6	T 2	下 3	12
教室	止 4	T 2	T 2	下 3	11
ろうか	一 1	0	T 2	0	3
体育館	T 2	T 2	0	T 2	6
合計	8	10	6	8	32

きほん2 答え ㋐ 3　㋑ 2　㋒ 2　㋓ 1
㋔ 5　㋕ 3　㋖ 5　㋗ 3　㋘ 8

❷ ❶ 2人　❷ 23人　❸ 3人　❹ 28人

たしかめよう！
表にまとめるとき、「正」の字を書いていくと、まちがえずに調べられます。また、もれや重なりがないように、調べたものにはしるしをつけておきましょう。

32ページ 練習のワーク

❶ ❶ 男子…14人　女子…15人
❷ 書き取りテストの点数（人）

男女＼点数	10点	9点	8点	7点	6点	合計
男子	3	2	5	3	1	14
女子	4	5	3	3	0	15
合計	7	7	8	6	1	29

❸ 8点

❷ ㋐ 3　㋑ 8　㋒ 12　㋓ 9　㋔ 15
㋕ 17　㋖ 11　㋗ 21

❸ ❶ 42まい　❷ 11まい

てびき ❸ わかっていることから、右のような表にまとめられます。

形＼色	緑	黄	合計
ハート	8		12
星			30
合計		15	

❶ ハートのシール12まいと星のシール30まいをたします。
❷ まず、ハートで黄色のシールの数を求めます。ハートのシール12まいからハートで緑色のシール8まいをひいて、12−8＝4(まい)
次に、星で黄色のシールの数を求めます。
黄色のシール15まいからハートで黄色のシール4まいをひいて、15−4＝11(まい)

33ページ まとめのテスト

❶ ❶ 住んでいる町別の生まれた月調べ（人）

住んでいる町＼月	4~6月	7~9月	10~12月	1~3月	合計
南町	4	1	2	3	10
北町	2	3	3	2	10
合計	6	4	5	5	20

❷ 南町に住んでいる、7~9月に生まれた人

❷ ❶ ㋐ 3　㋑ 4　㋒ 2　㋓ 1　㋔ 5
㋕ 5　㋖ 7　㋗ 3　㋘ 10
❷ ふみやさん

てびき ❷ 科学読み物や伝記の好き(○)、きらい(△)によって、○○、○△、△○、△△の4つのグループに分けられます。

8 筆算のしかたを考えよう

34・35ページ きほんのワーク

きほん1 ÷、30、4　答え 4

❶ ❶ 3　❷ 5　❸ 7

きほん2 190、40、4、30、4、30　答え 4、30

❷ ❶ 4あまり10　❷ 3あまり20
❸ 5あまり10　❹ 7あまり30
❺ 9あまり40　❻ 8あまり60

きほん3 93、31　3 ➡ 9、3 ➡ 0　答え 3

❸
❶ $\begin{array}{r} 3 \\ 23\overline{)69} \\ 69 \\ \hline 0 \end{array}$
❷ $\begin{array}{r} 2 \\ 36\overline{)72} \\ 72 \\ \hline 0 \end{array}$
❸ $\begin{array}{r} 4 \\ 24\overline{)96} \\ 96 \\ \hline 0 \end{array}$
❹ $\begin{array}{r} 4 \\ 12\overline{)49} \\ 48 \\ \hline 1 \end{array}$
❺ $\begin{array}{r} 2 \\ 43\overline{)90} \\ 86 \\ \hline 4 \end{array}$
❻ $\begin{array}{r} 3 \\ 26\overline{)79} \\ 78 \\ \hline 1 \end{array}$

てびき ❸ ❶ わられる数の69を60、わる数の23を20とみて、商の見当をつけます。
❷ わられる数の72を70、わる数の36を30とみて、商の見当をつけます。

たしかめよう！
あまりがあるときはあまりがわる数より小さくなっていることをたしかめることが大切です。また、
わる数×商＋あまり＝わられる数にあてはめて答えのたしかめをしましょう。

36・37ページ きほんのワーク

きほん1 85、23　9、2、1、6　答え 3、16

❶
❶ $\begin{array}{r} 5 \\ 13\overline{)65} \\ 65 \\ \hline 0 \end{array}$
❷ $\begin{array}{r} 3 \\ 27\overline{)81} \\ 81 \\ \hline 0 \end{array}$
❸ $\begin{array}{r} 2 \\ 32\overline{)93} \\ 64 \\ \hline 29 \end{array}$
❹ $\begin{array}{r} 5 \\ 12\overline{)69} \\ 60 \\ \hline 9 \end{array}$
❺ $\begin{array}{r} 3 \\ 24\overline{)85} \\ 72 \\ \hline 13 \end{array}$
❻ $\begin{array}{r} 6 \\ 14\overline{)84} \\ 84 \\ \hline 0 \end{array}$
❼ $\begin{array}{r} 4 \\ 15\overline{)68} \\ 60 \\ \hline 8 \end{array}$
❽ $\begin{array}{r} 5 \\ 17\overline{)92} \\ 85 \\ \hline 7 \end{array}$

きほん2 7 ➡ 2、2、4 ➡ 0　　答え 7

❷ ❶
```
     8
61)488
   488
     0
```
❷
```
     6
23)138
   138
     0
```
❸
```
     5
45)232
   225
     7
```
❹
```
     6
59)354
   354
     0
```
❺
```
     7
24)170
   168
     2
```
❻
```
     5
38)213
   190
    23
```

きほん3 一、40　9 ➡ 3、8、7、3、9

答え 9あまり39

❸ ❶
```
     9
38)342
   342
     0
```
❷
```
     8
47)422
   376
    46
```
❸
```
     6
19)114
   114
     0
```

てびき

❶ ❶ わられる数の65を60、わる数の13を10とみて、かりの商をたてると、6ですが、13×6=78と大きすぎるので、かりの商を6→5と小さくします。
❻ わられる数の84を80、わる数の14を10とみて、かりの商をたてると、8ですが、14×8=112と大きすぎるので、かりの商を8→7→6と順に小さくしていきます。
❷ ❶ わられる数の488を480、わる数の61を60とみて、かりの商をたてます。
❸ ❶ わられる数の342を340、わる数の38を30とみて、かりの商をたてると11で、10より大きくなりますが、商は一の位からたつので、9をかりの商とします。

38・39ページ きほんのワーク

きほん1 375、25　1、1、2 ➡ 5、5、0

答え 15

❶ ❶
```
    17
13)221
   13
    91
    91
     0
```
❷
```
    42
18)756
   72
    36
    36
     0
```
❸
```
    32
27)864
   81
    54
    54
     0
```
❹
```
    24
26)624
   52
   104
   104
     0
```
❺
```
    58
14)812
   70
   112
   112
     0
```
❻
```
    19
47)893
   47
   423
   423
     0
```

きほん2 1、3 ➡ 9、3、9　　答え 10あまり39

❷ ❶
```
    30
28)845
   84
     5
```
❷
```
    20
31)639
   62
    19
```
❸
```
    60
13)791
   78
    11
```
❹
```
    10
45)483
   45
    33
```
❺
```
    50
17)850
   85
     0
```
❻
```
    40
23)920
   92
     0
```

きほん3 4、8、4、8、0　　答え 4

❸ ❶
```
      3
313)939
    939
      0
```
❷
```
      7
117)882
    819
     63
```
❸
```
      4
189)756
    756
      0
```

40・41ページ きほんのワーク

きほん1 30、100、100、30　　答え 30

❶ ❶ 90　❷ 60
❸ 80

きほん2 答え 6あまり200

❷ ❶ 9あまり500　❷ 7あまり200
❸ 96あまり40

きほん3 4、4、108　　答え 108

❸ 式 29×3=87　　答え 87dL

❹ 式 90÷5=18　　答え 18本

❺ 式 132÷6=22　　答え 22ふくろ

てびき

❶ 筆算では次のようにします。

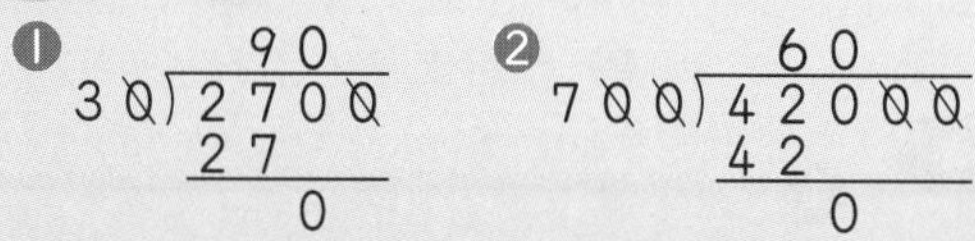

❸
```
       80
800)64000
    64
     0
```

❷ 筆算では次のようにします。

❶
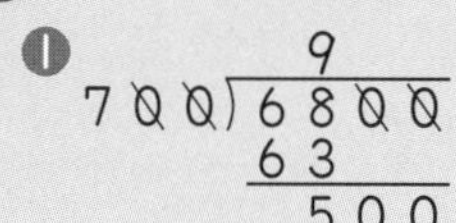

❷
```
      7
400)3000
    28
     200
```

❸
```
    96
60)5800
   54
    40
    36
     40
```

❸ 全体の数(ジュースの量)を求めるので、かけ算を使います。

❹
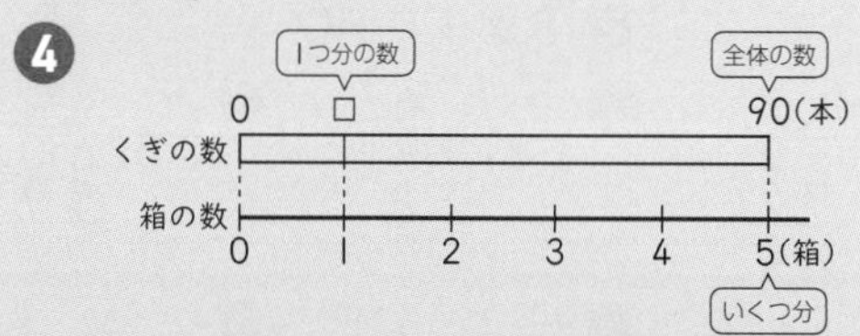

1つ分の数(1箱分の数)を求めるので、わり算を使います。

❺
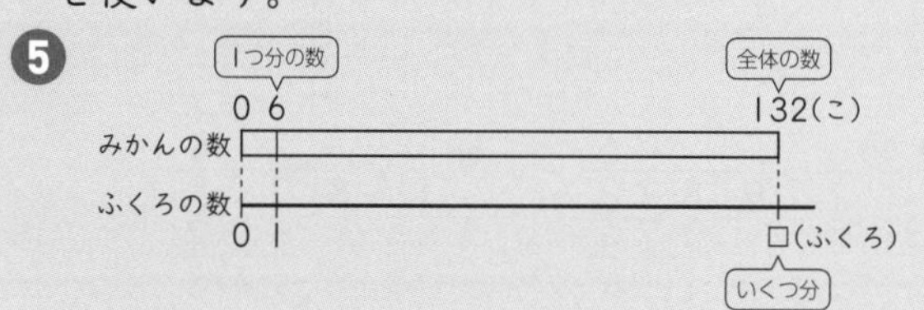

いくつ分(ふくろの数)を求めるので、わり算を使います。

42ページ 練習のワーク❶

❶ ❶ 11　❷ 5あまり30

❷ ❶
```
     4
21)84
   84
    0
```
❷
```
     2
29)71
   58
   13
```
❸
```
     5
15)84
   75
    9
```
❹
```
      7
43)301
   301
     0
```
❺
```
      6
39)260
   234
    26
```
❻
```
      8
18)144
   144
     0
```

❸ ❶
```
     35
14)490
   42
    70
    70
     0
```
❷
```
     17
55)949
   55
   399
   385
    14
```
❸
```
     21
27)571
   54
    31
    27
     4
```
❹
```
     40
18)732
   72
    12
```

❹ 式 740÷123=6あまり2

答え 6まいになって、2まいあまる。

❺ ❶ 16　❷ 6あまり600

てびき

❶ ❷ あまりは、10に33÷6のあまりをかけた数になります。

❷ ❶ 80÷20と考えてかりの商をたてます。

❸ わられる数の上から2けたの数がわる数より大きいので、商は十の位からたちます。

❹ 700÷100と考えてかりの商をたてます。

❺ 筆算では次のようにします。

❶
```
         16
500)8000
    5
    30
    30
     0
```
❷
```
         6
900)6000
    54
     600
```

43ページ 練習のワーク❷

❶ ❶ 2　❷ 8あまり50

❷ ❶
```
     3
24)72
   72
    0
```
❷
```
     6
12)79
   72
    7
```
❸
```
      7
85)602
   595
     7
```
❹
```
      4
39)156
   156
     0
```
❺
```
     41
15)615
   60
    15
    15
     0
```
❻
```
     30
26)794
   78
    14
```

❸ ❶
```
       6
129)893
    774
    119
```
❷
```
       4
168)718
    672
     46
```

❹ 式 320÷70=4あまり40

答え 4本とれて、40cmあまる。

❺ ㋐ 4　㋑ 1　㋒ 36　㋓ 2

てびき

❷ ❷ 70÷10と考えてかりの商をたてます。かりの商が大きすぎたときは、1ずつ小さくしていきます。

❸ 600÷80と考えてかりの商をたてます。

❹ 1m=100cmだから、3m20cm=320cmです。単位をそろえてから式をつくります。

❺ 3×6×12=216だから、たて、横、ななめのどの3つの数をかけても216になるような数を求めます。

44ページ まとめのテスト

1 ❶ 6　❷ 6あまり60　❸ 8あまり200

2 ❶
```
     3
26)78
   78
    0
```
❷
```
     3
16)61
   48
   13
```
❸
```
      8
78)624
   624
     0
```
❹
```
      4
37)182
   148
    34
```
❺
```
     31
32)992
   96
    32
    32
     0
```
❻
```
     30
23)698
   69
     8
```

3 ❶ 式 96÷12=8　答え 8まい

❷ 式 96÷16=6　答え 6人

4 式 525÷75=7　答え 7箱

5 式 208÷55=3あまり43

3+1=4　答え 4台

てびき

1 ❸ 筆算では右のようにします。あまりの大きさに気をつけましょう。

```
         8
300)2600
    24
     200
```

2 ❻ 商の一の位に0がたちます。この0を書きわすれないようにしましょう。

5 55人ずつ3台のバスに乗り、あまった43人が乗るバスがもう1台必要です。

倍の計算(1)

45ページ 学びのワーク

きほん1 わり、÷、3　答え 3

❶ 式 924÷132=7　答え 7倍

❷ ❶ 式 40×250=10000　答え 100m

❷ 式 80m=8000cm

8000÷250=32　答え 32cm

てびき

❶ 単位をそろえて計算します。□倍になっているとすると、132×□=924だから、□は924÷132で求められます。

9 四角形のせいしつを調べて仲間分けしよう

46・47ページ きほんのワーク

きほん1 垂直　　答え ㋒

❶ 直線㋓、直線㋕

きほん2 答え

※図の‥‥の線はあってもなくてもよい線です。

❷ ❶

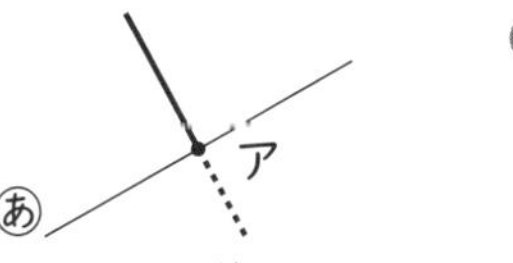

❷

※図の‥‥の線はあってもなくてもよい線です。

きほん3 平行、㋐、㋒、平行　　答え ㋐、㋒

❸ 直線㋓と直線㋕、直線㋑と直線㋖

❹ ㋐ 55°　㋑ 125°

きほん4 答え

あ

❺ ❶

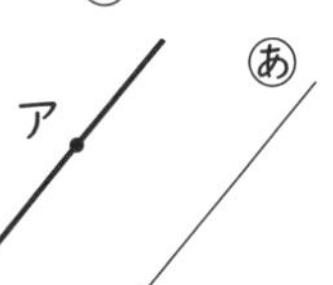

❷ あ

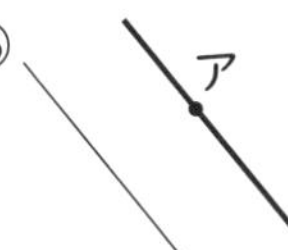

てびき ❸ 直線㋐に垂直に交わっている直線㋓と直線㋕は平行です。直線㋐に等しい角度で交わっている直線㋑と直線㋖も平行です。

❹ ㋑の角度は 180°から㋐の角度をひいて求めます。

たしかめよう!

直角に交わっている2本の直線⇨垂直
1本の直線に垂直な2本の直線⇨平行

48・49ページ きほんのワーク

きほん1 台形、平行四辺形

答え ㋐、㋔(㋔、㋐)、㋓、㋕(㋕、㋓)

❶ 辺AD…9cm　角A…120°

きほん2 ひし形、辺、角　　答え BC、C

❷

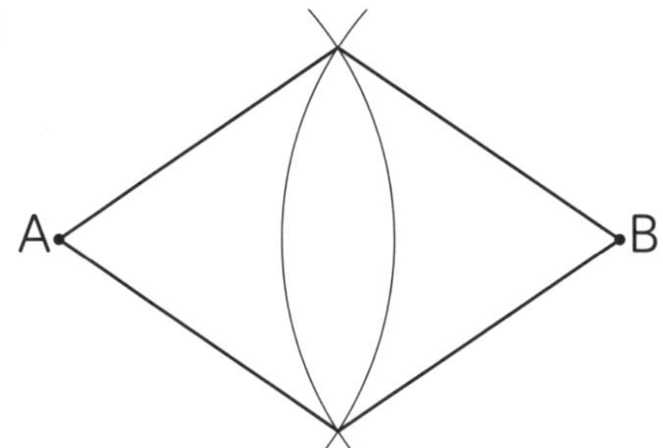

きほん3 対角線　　答え 正方形、ひし形、長方形

❸ ❶ ○　❷ ×　❸ ○　❹ ○

てびき ❸ ❶ ひし形と正方形の2本の対角線は垂直です。

❷ 長方形の対角線が交わってできる4つの角のうち大きさが等しいのは、向かい合った2組の角だけです。

❸ 正方形の2本の対角線の長さも等しいです。

50ページ 練習のワーク

❶ 右の図

❷ ㋐ 118°
㋑ 118°
㋒ 62°
㋓ 118°

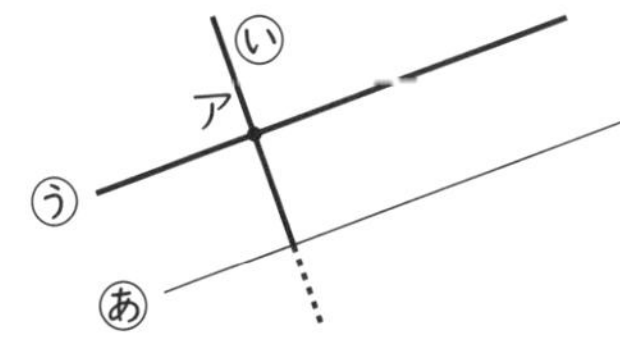

※図の‥‥の線はあってもなくてもよい線です。

❸ ❶ 平行　❷ 平行　❸ 等しい

❹ ❶

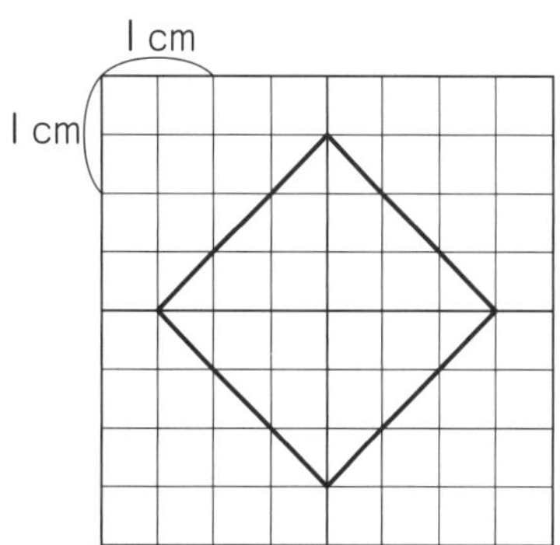

❷

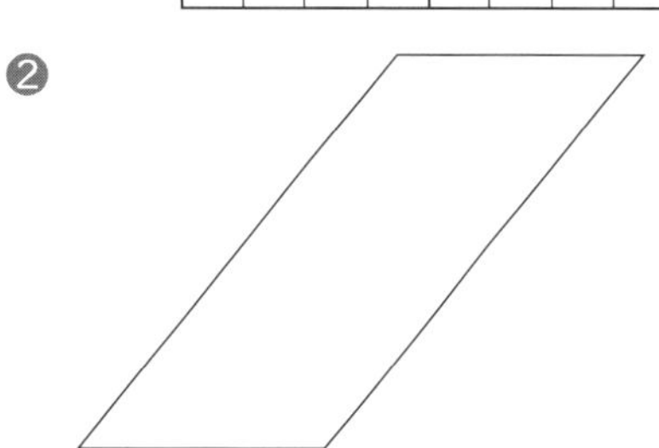

てびき ❷ 一直線の角度は 180°(2直角)だから、㋐の角度は 180°−62°=118°です。

直線㋐と直線㋑は平行だから、㋐と㋓の角度は等しくなります。

たしかめよう!

❹ ❶ 正方形の対角線のせいしつ

- 2本の対角線の長さが等しい。
- 2本の対角線が垂直である。
- 2本の対角線がそれぞれの真ん中の点で交わる。

51ページ まとめのテスト

❶

あ

2 ❶ 平行…直線㋒　垂直…直線㋓　❷ 95°
3 ❶ 8cm　❷

4 ❶ ㋐、㋑、㋓、㋔　❷ ㋐、㋔
❸ ㋐、㋔　❹ ㋐、㋑

てびき **1** 直線㋐に垂直な直線を引き、その直線上に直線㋐と交わった点から1cmはなれた点を2つとります。この点を通り直線㋐に平行な直線を2本引きます。
2 ❶ 直線㋐と直線㋒は、どちらも直線㋔に75°で交わっているので平行です。また、平行な直線は、ほかの直線と等しい角度で交わるので、直線㋓をのばすと直線㋐と直角に交わり、直線㋐と直線㋓は垂直です。
❷ 直線㋐と直線㋒は平行なので、どちらも直線㋕と85°で交わります。㋐の角度は、180°−85°=95°です。

たしかめよう!
・台形…向かい合った1組の辺が平行な四角形
・平行四辺形…向かい合った2組の辺がそれぞれ平行な四角形
・ひし形…4つの辺の長さがみな等しい四角形

倍の計算(2)

52・53ページ 学びのワーク

きほん1 60、60、3、120、60、2、3、2、赤い
答え 赤い

❶ ばねB
❷ ゴムひもB
❸ ❶ 式 80÷20=4　90÷30=3
答え Aスーパー…4倍　Bスーパー…3倍
❷ Aスーパー
❹ りんご

てびき ❶ もとの長さがちがうので、それぞれもとの長さの何倍にのびたか求めてくらべます。
ばねA…24÷12=2(倍)
ばねB…9÷3=3(倍)
❷ のばす前の長さをもとにする大きさ1とみて、のばした後の長さをくらべられる大きさとしてどれだけにあたるかを求めます。
ゴムひもA…45÷15=3より、
3倍の長さにのびました。
ゴムひもB…40÷10=4より、
4倍の長さにのびました。
よくのびるのは、ゴムひもBといえます。
❸ ❶ Aスーパー、Bスーパーそれぞれのきゅうりのねだんについて、式は、
ねト上がり後のねだん ÷ ね上がり前のねだん
です。Aスーパーは80÷20=4より4倍、Bスーパーは90÷30=3より3倍にね上がりしました。
❷ ❶より、Aスーパーのほうがねだんの上がり方が大きいといえます。
❹ りんご1こ、もも1このね上がり前のねだんをもとにする大きさ1とみて、ね上がり後のねだんをくらべられる大きさとしてどれだけにあたるかを求めます。
りんご…360÷120=3より、3倍
もも　…480÷240=2より、2倍
にね上がりしました。ねだんの上がり方が大きいのはりんごといえます。

たしかめよう!
もとにする大きさがちがうときには、それぞれの大きさを1とみて、くらべられる大きさの割合(倍)を求めてくらべます。

10 およその数の表し方や計算のしかたを考えよう

54・55ページ きほんのワーク

きほん1 3000、4000　答え 3000、4000
❶ ❶ ㋐ 4000　㋓ 5000
❷ ㋐ 約4000　㋑ 約4000　㋒ 約5000
㋓ 約5000
きほん2 四捨五入、3、6　答え 280000、284000
❷ ❶ 8000　❷ 2000　❸ 1000
❸ A市…約40000人　B市…約220000人
❹ ❶ 60000　❷ 850000　❸ 260000

てびき ❶ ❷ 4150、4383は4000に近い数で、4620、4845は5000に近い数です。

たしかめよう!
❷❹ 四捨五入して□の位までのがい数にするときは、□の位のすぐ下の位の数字を四捨五入します。

56・57ページ きほんのワーク

きほん1 3 答え 4000、3900

❶ ❶ 7000 ❷ 40000 ❸ 30000

❷ ❶ 6100 ❷ 15000 ❸ 40000

きほん2 205、214 答え 205、214

❸ ❶ 2750 以上 2850 未満

❷ 71500 以上 72500 未満

きほん3 0、1 答え 700、8

❹ ❶ 17000 ❷ 6200 ❸ 84000

❺ ❶ 50000 ❷ 8000 ❸ 100000

てびき ❷ ❸ 上から3けた目は7なので、四捨五入して、上から2けた目の数を1大きくします。上から2けた目は9なので、これを0にかえ、上から1けた目の3を1大きくして4とします。上から3けた目から下の位の数字はすべて0とします。

❸ ❶「2850未満」は、2850より小さい整数を表しています。

❹ 上から2けた目の数はそのままで、上から3けた目から下の位の数字をすべて0とします。

❺ 上から1けた目の数を1大きくして、上から2けた目から下の位の数字をすべて0とします。

たしかめよう!

❶❷ 四捨五入して、上から1けたのがい数にするときは、上から2けた目を、上から2けたのがい数にするときは、上から3けた目を四捨五入します。

58・59ページ きほんのワーク

きほん1 300、100、700 答え 700

❶ ❶ 約4000人 ❷ 約200人

きほん2 200、200、80000 答え 80000

❷ 約30kg

きほん3 50000、50000、250 答え 250

❸ 約15か月分

きほん4 200、100、500 答え たりる

❹ こえる。

てびき ❶ ❶ 千の位までのがい数にして、
2054 → 2000、1869 → 2000 とします。
2000+2000=4000

❷ 百の位までのがい数にして、
2054 → 2100、1869 → 1900 とします。
2100−1900=200

❷ 上から1けたのがい数にして、
315 → 300、98 → 100 とします。
300×100=30000
30000g=30kg

❸ 上から1けたのがい数にして、
2576 → 3000、184 → 200 とします。
3000÷200=15

❹ 少なめに考えて、500円以上であればよいので、切り捨てて百の位までのがい数にしてから計算します。
165 → 100、325 → 300、120 → 100
として、100+300+100=500

60・61ページ きほんのワーク

きほん1 10

答え ㋐ 1240
㋑ 990
㋒ 900
㋓ 1060
㋔ 1100

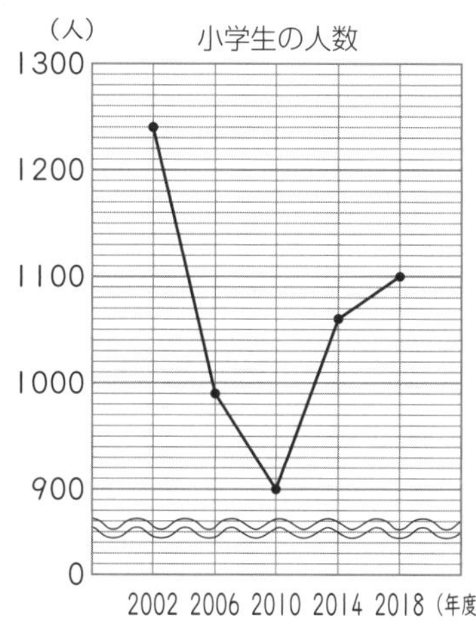

❶ ❶ ㋐ 8500
㋑ 9400
㋒ 7900
㋓ 8800

❷

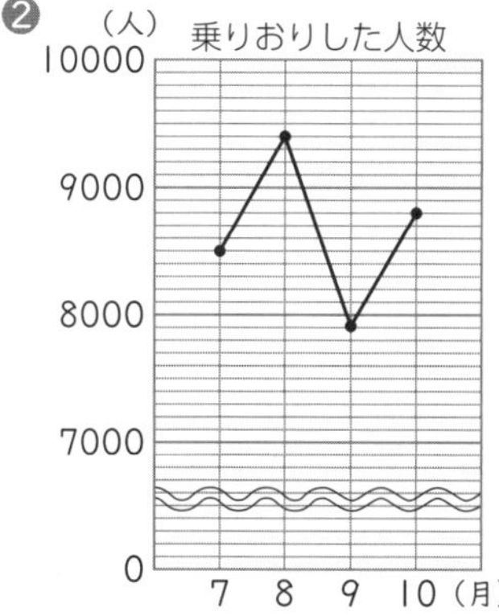

❷ ❶ 5180000
(518万)
5580000
(558万)
5640000
(564万)
5680000
(568万)
5510000
(551万)

❷

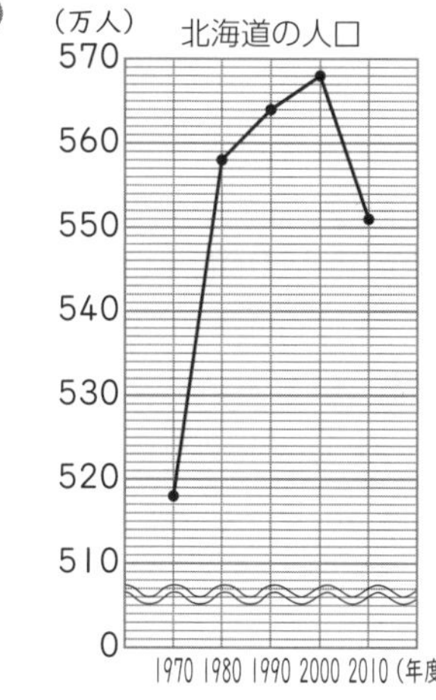

❸ ❶ ㋐ 4100
㋑ 6600
㋒ 4800
㋓ 5400

❷

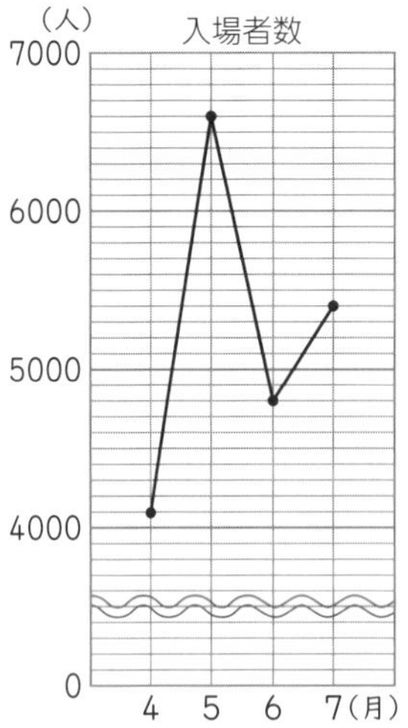

（人）入場者数
7000
6000
5000
4000
0
4 5 6 7（月）

てびき ❶ ❶ 十の位を四捨五入して百の位までのがい数にします。
❷ たてのじくの１目もりの大きさは100人です。
❷ ❶ 千の位を四捨五入して一万の位までのがい数にします。
❷ たてのじくの１目もりの大きさは１万人です。

62ページ 練習のワーク

❶ ❶ 760000 ❷ 800000
❸ 7000 ❹ 360000
❷ いちばん大きい数…7049
いちばん小さい数…6950
❸ ❶ 9000 ❷ 11000
❹ ❶ 1200000 ❷ 300
❺ ❶ 4 ❷ 17)89 商5、85、あまり4

てびき ❷ 十の位を四捨五入することに着目します。十の位の数字が0～4のときは切り捨てるので、7000になるのは、70□□となるときです。十の位の数字が5～9のときは切り上げるので、7000になるのは、69□□となるときです。一の位は0～9のすべての数字が考えられることに注意しましょう。
❸❹ 先にがい数にしてから計算します。
❸ ❶ 4000＋5000＝9000
❷ 20000－9000＝11000
❹ ❶ 40000×30＝1200000
❷ 90000÷300＝300
❺ ❶ 90÷20と考えて、かりの商をたてます。
❷ ❶で求めたかりの商4は小さすぎるので、かりの商を１大きくします。

63ページ まとめのテスト

❶ ㋑、㋒ ❷ 150以上249以下
❸ 約5200m ❹ 約24000円
❺ たりる。

てびき ❶ がい数で表してよいのは、「くわしい数がわかっていても、目的におうじて、おおまかな数がわかればよいとき」や、「ある時点の人口など、くわしい数をつきとめるのがむずかしいとき」などです。
❷ 十の位を四捨五入することに注意しましょう。
❸ それぞれを四捨五入して、百の位までのがい数にしてから道のりの合計を求めます。
1000＋1200＋900＋900＋700＋500
＝5200(m)
❹ 上から１けたのがい数にして、積を見積もると、300×80＝24000(円)となります。
❺ 多めに考えて、1000円以下であればよいので、切り上げて計算します。
200＋300＋100＋400＝1000(円)より、たります。

⑪ 計算のきまりを使って式を読み取ろう

64・65ページ きほんのワーク

きほん1 120、120、270、230 答え 230
❶ 式 500－(180－20)＝340 答え 340円
きほん2 150、300、350 答え 350
❷ ❶ 3 ❷ 99 ❸ 20
きほん3 2、7、39 答え 39
❸ ❶ 46 ❷ 12 ❸ 48 ❹ 17
きほん4 500、787、100、3600 答え 787、3600
❹ ❶ 145 ❷ 826 ❸ 600 ❹ 23000

てびき ❶ 安くなったクッキーの代金を(　)を使って１つにまとめます。
500－(180－20)＝500－160＝340(円)
❹ 計算のきまりを使って、くふうして計算します。
❶ 45＋18＋82＝45＋(18＋82)
＝45＋100＝145
❷ 239＋326＋261＝326＋239＋261
＝326＋(239＋261)＝326＋500＝826
❸ 4×6×25＝6×4×25＝6×(4×25)
＝6×100＝600
❹ 23×8×125＝23×(8×125)
＝23×1000＝23000

66・67ページ きほんのワーク

きほん1 22、176、272、96、176 答え ＝

❶ ❶ 7、72
❷ 7、12

❷ (210−50)×6＝160×6＝960
210×6−50×6＝1260−300＝960

❸ ❶ 120 ❷ 49 ❸ 210 ❹ 32

きほん2 350、30、1750、150、1600
350、30、320、1600 答え 1600

❹ ❶ 2、5
❷ 5、3

❺ ❶ 7、7、7、140
❷ 100、100、800、816

❻ ❶ 415
❷ 882
❸ 2929
❹ 8729

てびき ❸ ❸ 47×3＋23×3
＝(47＋23)×3＝70×3＝210
❹ 80×8−76×8
＝(80−76)×8＝4×8＝32

68・69ページ きほんのワーク

きほん1 3、3、2、2 答え 3、3、2、2

❶ ❶ 2、2 ❷ 2、2 ❸ 3、3
❹ 5、5 ❺ 4、4 ❻ 2、2
❼ 3、3 ❽ 3、3

きほん2 7、6、3、4、6
4、7、2、1、8 答え 76346、47218

❷ ❶ 99847
❷ 21359

きほん3 1、5、3、6、1、7、4、5、9、2
1、6、0、4、2、1、8
答え 174592、71 あまり 18

❸ ❶ 76818
❷ 104

❹ 式 3000÷89＝33 あまり 63 答え 33 こ

たしかめよう!

❶ かけ算では、かける数とかけられる数のどちらかを□倍すると、積も□倍になり、かける数とかけられる数のどちらかを□でわると、積も□でわった数になります。また、かけられる数とかける数のどちらかを□倍して、もう一方を□でわると、積は変わりません。

70ページ 練習のワーク

❶ ❶ 145 ❷ 520 ❸ 84
❹ 492 ❺ 67 ❻ 31

❷ 式 200−40×3＝80 答え 80円

❸ ❶ 4、4、100、900
❷ 100、100、35、3395

❹ ❶ 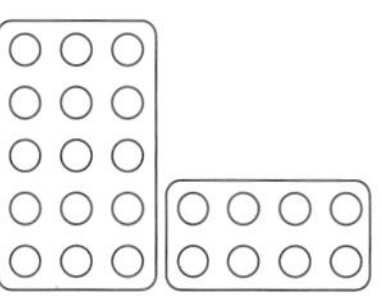 ❷ 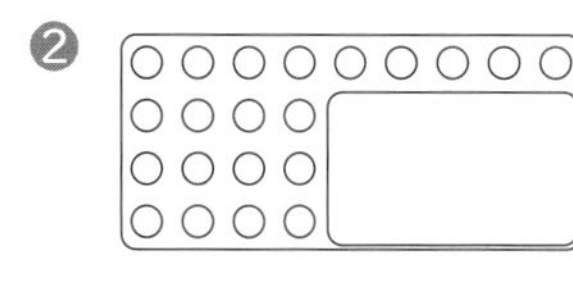

てびき ❶ ❶ 400−(300−45)
＝400−255＝145
❷ 360＋(240−80)＝360＋160＝520
❸ 4＋16×5＝4＋80＝84
❹ 500−200÷25＝500−8＝492
❺ 52÷4＋18×3＝13＋54＝67
❻ 71−48÷6×5＝71−8×5
＝71−40＝31

❷ −、×のまじった式では、かけ算を先に計算します。
200−40×3＝200−120＝80(円)

❸ ❶ 36＝4×9 と考えます。
❷ 97＝100−3 と考えます。

71ページ まとめのテスト

1 ❶ 83 ❷ 79 ❸ 14
❹ 180 ❺ 18 ❻ 55

2 ❶ 式 230＋70×4＝510 答え 510円
❷ 式 (170＋550)÷3＝240 答え 240円

3 ❶ 34021 ❷ 83021
❸ 287584 ❹ 317

4 ❶ 5、5 ❷ 2、2

てびき 2 ❶ かけ算を先に計算するので、
230＋70×4＝230＋280＝510(円)
❷ チョコレートとケーキの代金を( )でまとめて式をつくり、先に計算します。
(170＋550)÷3＝720÷3＝240(円)

4 ❶ かけられる数を5でわって、かける数を5倍して計算すると、積は変わりません。
❷ かける数を2倍すると、積は2倍した数になります。

⑫ 小数の表し方やしくみを調べよう

72・73ページ きほんのワーク

きほん1 4、0.4、3、0.03、1.43　　答え 1.43

❶ ❶

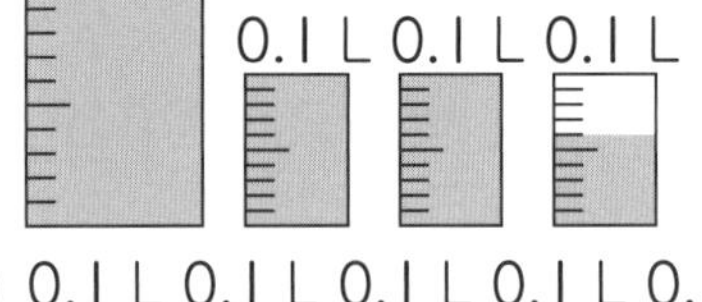

❷

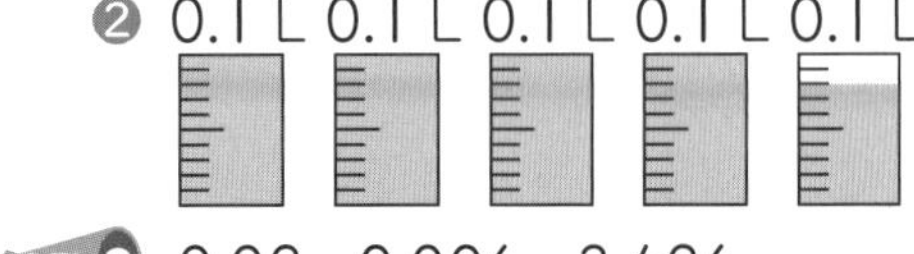

きほん2 0.02、0.006、3.426　　答え 3.426

❷ ❶ 1.782kg　❷ 2.403L
❸ 0.659km

きほん3 6、3、7、5　　答え 6、3、7、5

❸ ❶ 0.074　❷ 0.927

きほん4 2、0、0.82、0.809　　答え 0.82

❹ ❶ 2.761、2.759、2.708
❷ 3、0.3、0.03、0.003、0

てびき ❶❶ 1L1こ、0.1L2こ、0.1Lを10等分した目もりの6つ目までに色をぬると、合わせて1.26Lになります。
❷❷ 1000mL=1Lなので、100mL=0.1L、10mL=0.01L、1mL=0.001Lです。2403mLは2000mLと400mLと3mLを合わせたかさだから、2Lと0.4Lと0.003Lを合わせて2.403Lです。
❸❶ 0.01が7こで0.07、0.001が4こで0.004、合わせて0.074です。
❷ 0.001が900こで0.9、20こで0.02、7こで0.007、合わせて0.927です。

74・75ページ きほんのワーク

きほん1 1、1　　答え 4.8、0.048

❶ ❶ 10倍…31.9　$\frac{1}{10}$…0.319　❷ 10倍…406.2　$\frac{1}{10}$…4.062

きほん2 2.86、1.1、0.11、35、286、321　　答え 3.21

❷ 式 1.46+2.6=4.06　　答え 4.06L

きほん3 3、5、9 ➡ 3、5、9　　答え 3.59

❸ ❶ $\begin{array}{r} 5.04 \\ +2.13 \\ \hline 7.17 \end{array}$　❷ $\begin{array}{r} 3.85 \\ +5.67 \\ \hline 9.52 \end{array}$　❸ $\begin{array}{r} 0.48 \\ +3.42 \\ \hline 3.9\not{0} \end{array}$
❹ $\begin{array}{r} 6.74 \\ +1.8 \\ \hline 8.54 \end{array}$

きほん4 1、2、2 ➡ 1、2、2　　答え 1.22

❹ ❶ $\begin{array}{r} 4.73 \\ -3.22 \\ \hline 1.51 \end{array}$　❷ $\begin{array}{r} 6.82 \\ -2.18 \\ \hline 4.64 \end{array}$　❸ $\begin{array}{r} 7.54 \\ -6.84 \\ \hline 0.7\not{0} \end{array}$
❹ $\begin{array}{r} 5.1 \\ -1.39 \\ \hline 3.71 \end{array}$

てびき ❶❶ 10倍すると、小数点は右へ1けたうつるので、31.9になります。また、$\frac{1}{10}$にすると、小数点は左へ1けたうつるので、一の位の3の左に0を1つ書いて、小数点をうつします。

たしかめよう!
小数のたし算・ひき算は、整数の場合と同じように、位をそろえて計算します。小数点のつけわすれに注意しましょう。

76ページ 練習のワーク

❶ ❶ 1326　❷ 7.89　❸ 3950
❹ 0.46

❷ ❶ 0.845　❷ 0.18　❸ 6.7
❹ 0.531

❸ ❶ <　❷ >

❹ ❶ 13.33　❷ 3.63

❺ 式 1−0.76=0.24　　答え 0.24kg

てびき ❶❶ 1000g=1kg、100g=0.1kg、10g=0.01kg、1g=0.001kgを使います。
❷❸ 1000m=1km、100m=0.1km、10m=0.01kmを使います。
❹ 100mL=0.1L、10mL=0.01Lを使います。
❹❶ 4.56+3.33+5.44=(4.56+5.44)+3.33=10+3.33=13.33
❷ 12.47−6.37−2.47=(12.47−2.47)−6.37=10−6.37=3.63
❺ 1000−760=240(g)と求めてから、kg単位になおすこともできます。

77ページ まとめのテスト

1 ❶ 0.481km
❷ 7050mL

2 ❶ 3、2、7、6
❷ 743
❸ 544、5440、54400、5.44

3 2.11、2.1、2.09

4 ❶ $\begin{array}{r} 4.37 \\ +1.35 \\ \hline 5.72 \end{array}$　❷ $\begin{array}{r} 0.54 \\ +9.86 \\ \hline 10.4\not{0} \end{array}$　❸ $\begin{array}{r} 12.8 \\ +\ \ 3.72 \\ \hline 16.52 \end{array}$

❹ 7.02 − 5.68 = 1.34　❺ 6.4 − 0.46 = 5.94　❻ 3.45 − 2.95 = 0.50

5 式 7−0.85=6.15　6.15−0.68=5.47

答え 5.47m

てびき

1 ❶ 100m=0.1km、10m=0.01km、1m=0.001km を使います。

❷ 1000mL=1L、10mL=0.01L を使います。

2 ❷ 0.001 が 10 こで 0.01、100 こで 0.1 になります。

4 ❸の 12.8 は 12.80 と、❺の 6.4 は 6.40 と考えて、位をそろえて書きます。

5 使った紙テープの長さを求めてから、残りの長さを求めることもできます。

0.85+0.68=1.53　7−1.53=5.47

たしかめよう!

4 ❷❻ 小数のたし算・ひき算では、答えの小数点以下のおわりにある 0 は消します。

⑬ 数の表し方や計算のしかたを考えよう

78・79 ページ　きほんのワーク

きほん1 2、6、0、1、2

答え 601256207、5.12

1 ❶ 182693047　❷ 2.59　❸ 1.374

2 ❶

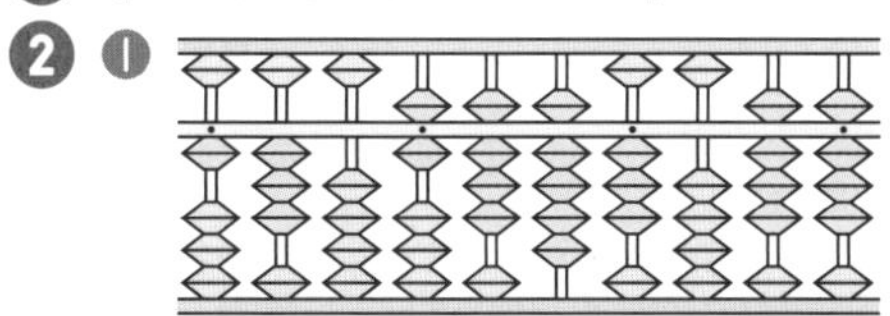

❷

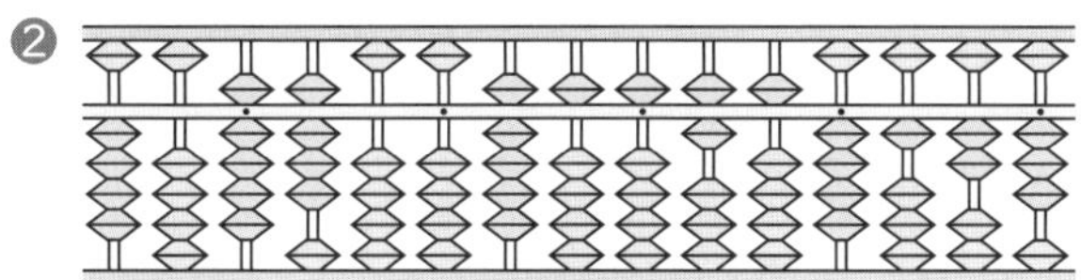

❸

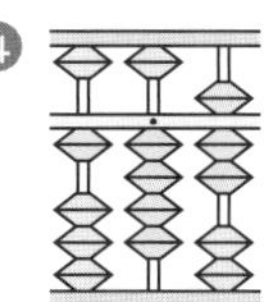

❹

きほん2 答え 142、34

3 ❶ 35　❷ 115　❸ 400

❹ 88　❺ 29　❻ 64

4 ❶ 2.1　❷ 13　❸ 8.34

❹ 3.1　❺ 6.9　❻ 2.91

5 ❶ 120億　❷ 80兆

たしかめよう!

そろばんでは、
定位点の 1 つを一の位と決めて、
左へ順に、十の位、百の位、…、
右へ順に、小数第一位、小数第二位、…となっていて、
たし算やひき算は大きい位から順に計算をします。

⑭ 広さの表し方や求め方を調べよう

80・81 ページ　きほんのワーク

きほん1 面積、1cm²、11、11、10、1、1、12

答え ㋑

1 ❶ 15cm²　❷ 14cm²　❸ どちらも同じ。

❹ ㋐が 1cm² 大きい。

きほん2 15、25、15、25、375、375

18、18、18、324、324

答え 375、324

2 ❶ 式 12×24=288　答え 288cm²

❷ 式 30×30=900　答え 900cm²

3 ❶ 式 48÷6=8　答え 8cm

❷ 式 6×6=36　36÷4=9　答え 9cm

てびき

1 ❶ 1cm² の正方形が 15 こならんでいます。

❷ 1cm² の正方形が 14 こならんでいます。

❸ どちらもまわりの長さは 16cm です。

❹ ㋐と㋑の面積は、1cm² の正方形 1 こ分のちがいがあります。

3 ❶ たての長さを□cm として、面積の公式にあてはめると、□×6=48 となるから、□=48÷6 として、□にあてはまる数を求めます。

82・83 ページ　きほんのワーク

きほん1 6、3、5、8、8、3　答え 42

1 ❶ ❷ ❸

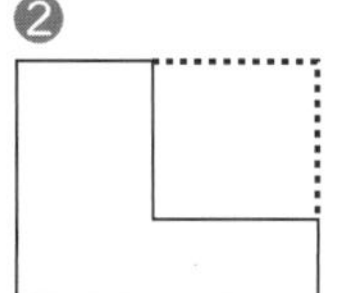

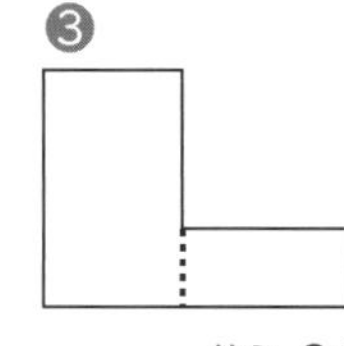

きほん2 5、4、20　答え 20

2 式 10×8=80　答え 80m²

きほん3 1a、1ha、150、400、60000

答え 60000、600、6

3 式 800×800=640000

答え 6400a、64ha

きほん4 4、6、24　答え 24

4 式 $2\times3=6$　答え $6km^2$

5 ㋐ cm　㋑ 10　㋒ m^2　㋓ 10
㋔ 100　㋕ ha　㋖ km

てびき ❶ 面積は $190cm^2$ になります。
❸ $1a=10m\times10m=100m^2$ だから、$640000m^2=6400a$ となります。
$1ha=100m\times100m=10000m^2$ だから、$640000m^2=64ha$ となります。

たしかめよう!
5 正方形や長方形では、となり合う2つの辺の長さがそれぞれ10倍になると、その面積は100倍になります。

84ページ 練習のワーク

1 ❶ 式 $16\times16=256$　答え $256cm^2$
❷ 式 $3\times8=24$　答え $24km^2$

2 式 $40\div8=5$　答え 5cm

3 式 $120\times120=14400$　答え 144a

4 ❶ 100　❷ 100、10000

5 式 $(8-2)\times(12-3)=54$　答え $54m^2$

てびき ❸ $100m^2=1a$ です。
5 道をはしに動かすと、たての長さが $8-2=6$(m)、横の長さが $12-3=9$(m)の長方形になって、この長方形の面積が花だんの面積に等しくなります。

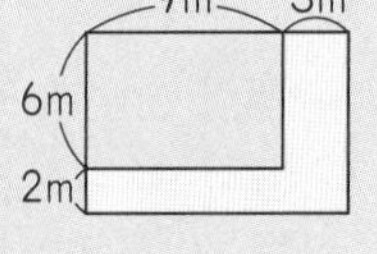

85ページ まとめのテスト

1 ❶ 式 $80\times100=8000$　答え $8000cm^2$
❷ 式 $20\div4=5$　$5\times5=25$　答え $25m^2$
❸ 式 $25\times12=300$　答え 3a
❹ 式 $700\times700=490000$　答え 49ha

2 ❶ 式 $18\times22-8\times10=316$　答え $316cm^2$
❷ 式 $4\times7-3\times2=22$　答え $22m^2$
❸ 式 $13\times26-6\times6=302$　答え $302m^2$

3 式 $(4+3)\times9=63$　$87-63=24$
$24\div4=6$　答え 6

てびき 1 ❶ たてと横の長さの単位をcmにそろえて、面積を求めます。$1m=100cm$ より、$80\times100=8000(cm^2)$
❸ $100m^2=1a$ です。
❹ $10000m^2=1ha$ です。
2 大きい長方形の面積から小さい長方形(正方形)の面積をひいて求めます。
❶ 長方形や正方形に分けて考えることもできます。
(例)$18\times12+10\times10=316(cm^2)$
❷ 3つの長方形に分けて考えることもできます。
(例)$4\times3+(4-3)\times2+4\times2=22(m^2)$
3 右のように、㋐、㋑の2つの部分に分けて考えます。㋐、㋑を合わせた面積が $87cm^2$ で、㋑の面積は $(4+3)\times9=63(cm^2)$ だから、㋐の面積は $87-63=24(cm^2)$ です。

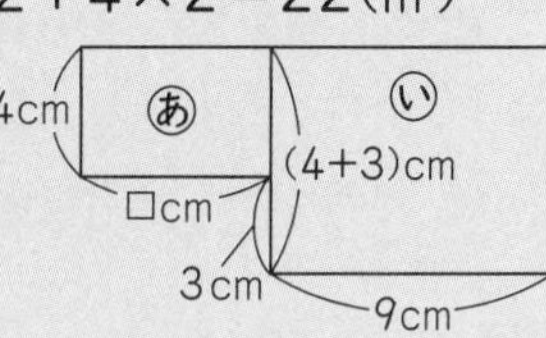

15 くふうして小数をふくむ計算のしかたを考えよう

86ページ きほんのワーク

きほん1 0.4、12、12、1.2　答え 1.2

1 ❶ 0.8　❷ 3.5　❸ 3.9　❹ 7.5

きほん2 5.2、13、13、1.3　答え 1.3

2 ❶ 2.1　❷ 4.3　❸ 1.2

87ページ まとめのテスト

1 ❶ 1.8　❷ 2.4　❸ 5.6　❹ 0.7
❺ 0.2　❻ 1.6

2 式 $0.4\times6=2.4$　答え 2.4km

3 式 $1.8\times5=9$　答え 9L

4 式 $6.5\div5=1.3$　答え 1.3m

5 式 $6.4\div4=1.6$　答え 1.6kg

てびき 1 0.1が何こ分かを考えます。
2 「1周の長さ×周数」から、走った全部の長さを求める式を考えます。
4 「全部の長さ÷本数」から、1本の長さを求める式を考えます。

⑯ 小数のかけ算やわり算の筆算のしかたを考えよう

88・89 ページ　きほんのワーク

きほん1　1.6、16、112、11.2
1、1、2 ➡ .　　答え 11.2

❶ ❶ 5.8×4　❷ 23.2 cm²

```
  5.8
×   4
 23.2
```

❷
```
❶  1.4    ❷  2.9    ❸  6.7
  ×  9      ×  5      ×  8
  12.6      14.5      53.6

❹  4.5    ❺  0.8
  ×  6      ×  5
  27.0̸      4.0̸
```

きほん2　7、6、6、7 ➡ .　　答え 67.2

❸
```
❶   1.4    ❷    3.8    ❸    7.5
  × 3 7      × 8 2      × 2 4
    9 8        7 6      3 0 0
  4 2      3 0 4      1 5 0
  5 1.8    3 1 1.6    1 8 0.0̸

❹   9.6
  × 4 0
  3 8 4.0̸
```

きほん3　7.36　2、9、4、4 ➡ .　　答え 29.44

❹
```
❶  5.9 3    ❷  0.4 7    ❸   0.1 4
  ×    8      ×    7      ×   8 5
  4 7.4 4      3.2 9          7 0
                            1 1 2
                            1 1.9 0̸
```

たしかめよう!
「小数×整数」の筆算は、整数のかけ算と同じようにできます。積の小数点をつける位置や、小数点以下のおわりにある0や小数点は省くことに注意しましょう。

90・91 ページ　きほんのワーク

きほん1　7.2　. ➡ 4、1、2、0　　答え 2.4

❶
```
❶     1.3    ❷      6.3    ❸       1.2
  7)9.1       4)2 5.2       4 3)5 1.6
    7           2 4             4 3
    2 1           1 2             8 6
    2 1           1 2             8 6
      0             0               0
```

❷ ❶ 43.2÷18　❷ 2.4 cm

```
        2.4
 1 8)4 3.2
     3 6
       7 2
       7 2
         0
```

きほん2　1.8、0、0.1
3、1、8、0
答え 0.3

❸
```
❶   0.8    ❷   0.6    ❸   0.7 3
  8)6.4      7)4.2      5)3.6 5
    6 4        4 2        3 5
      0          0          1 5
                            1 5
                              0
```

きほん3　2.8、8　5　　答え 0.35

❹
```
❶   0.5 5    ❷   1.8    ❸   0.7 5
  6)3.3        5)9        4)3
    3 0          5          2 8
      3 0        4 0          2 0
      3 0        4 0          2 0
        0          0            0
```

てびき　❹ ❶は 3.3 を 3.30、❷は 9 を 9.0、❸は 3 を 3.00 と考えて、わり切れるまでわり算をします。

たしかめよう!
「小数÷整数」の筆算も、整数のわり算と同じようにできます。商の小数点は、わられる数の小数点にそろえてつけます。商の整数部分が0のときもあります。

92・93 ページ　きほんのワーク

きほん1　第二　4、2、4 ➡ 0、3、5、5 ➡ 7
答え 2.7

❶
```
      9
❶   0.8 8̸    ❷     3.1 4̸    ❸       0.6 1̸
  7)6.2        9)2 8.3        2 3)1 4.1
    5 6          2 7              1 3 8
      6 0          1 3                3 0
      5 6            9                2 3
        4            4 0                7
                     3 6
                       4
```

きほん2　9、3　　答え 19、2.3

❷ 式 90.1÷7=12 あまり 6.1
答え 12 こできて、6.1 L あまる。
たしかめ 7×12+6.1=90.1

きほん3　1.8、7.2　　答え 7.2

❸ ❶ あ 3.6　い 5　う 3.6　え 5
❷ 式 3.6÷5=0.72　　答え 0.72 L

てびき　❷ 筆算は右のようにします。水そうの数を求めるので、商は整数になることに注意しましょう。

```
     1 2
  7)9 0.1
    7
    2 0
    1 4
      6.1
```

たしかめよう!
❷ あまりがあるときは、
・あまりがわる数より小さくなっていること
・(わる数)×(商)+(あまり)の計算をして、
　(わられる数)になっていること
をたしかめると、あまりの小数点のつけ方にまちがいがないかなどがわかります。
❸ 全部の数＝1つ分の数×いくつ分
　1つ分の数＝全部の数÷いくつ分
　いくつ分＝全部の数÷1つ分の数

94 ページ　練習のワーク❶

❶
```
❶  2.4    ❷  0.8    ❸    1.7    ❹  5.9 5
  ×  7      × 3 6      × 6 5      ×    2
  1 6.8       4 8        8 5      1 1.9 0̸
            2 4      1 0 2
            2 8.8    1 1 0.5
```

2 ❶
```
      1.8
46)82.8
   46
   368
   368
     0
```
❷
```
   0.68
7)4.76
  42
   56
   56
    0
```
❸
```
  1.55
4)6.2
  4
  22
  20
   20
   20
    0
```
❹
```
  0.875
8)7
  64
   60
   56
    40
    40
     0
```
❺
```
     2
  7.1(8)
7)50.3
  49
   13
    7
    60
    56
     4
```
❻
```
     2.8(1)
23)64.71
   46
   187
   184
     31
     23
      8
```
3 式 $2.8\times15=42$ 答え 42cm

4 式 $9.7\div2=4$ あまり 1.7

答え 4本できて、1.7dL あまる。

てびき **4** 右の計算で、あの17は、0.1が17こあることを表しているので、9.7÷2=4 あまり 1.7 となります。
```
   4
2)9.7
  8
  17←あ
```

95ページ 練習のワーク❷

1 ❶ 28.8 ❷ 14.4 ❸ 0.3 ❹ 123.83

2 ❶ 0.8 ❷ 1

3 式 $0.26\times35=9.1$ 答え 9.1kg

4 式 $28.8\div8=3.6$ 答え 3.6cm

5 式 $43.5\div7=6$ あまり 1.5

答え 6本できて、1.5cm あまる。

てびき

1 ❶
```
  3.6
×   8
 28.8
```
❷
```
  1.2
× 12
   24
  12
 14.4
```
❸
```
 0.06
×   5
 0.3(0)
```
❹
```
   4.27
×    29
   3843
   854
 123.83
```
2 ❶
```
   0.8(3)
9)7.5
  72
   30
   27
    3
```
❷
```
     1.0(3)
81)84.2
   81
    320
    243
     77
```

96ページ まとめのテスト

1 ❶
```
 7.2
×  3
21.6
```
❷
```
 1.9
×45
  95
 76
85.5
```
❸
```
  8.4
×  90
756.(0)
```
❹
```
 1.36
×  28
 1088
 272
38.08
```
2 ❶
```
   4.6
9)41.4
  36
   54
   54
    0
```
❷
```
     3.8
21)79.8
   63
   168
   168
     0
```
❸
```
    0.12
43)5.16
   43
    86
    86
     0
```
❹
```
   0.13
7)0.91
   7
   21
   21
    0
```
❺
```
  1.05
8)8.4
  8
   40
   40
    0
```
❻
```
     1.4
15)21
   15
    60
    60
     0
```
❼
```
  9.5(3)
6)57.2
  54
   32
   30
    20
    18
     2
```
❽
```
      3
    2.2(8)
28)63.9
   56
    79
    56
    230
    224
      6
```
3 式 $67.5\div8=8$ あまり 3.5

答え 8本できて、3.5cm あまる。

4 式 $3.4\div12=0.28\cdots$（8を消して3） 答え 約0.3L

5 式 $5.4\times8\div2=21.6$　$21.6\div6=3.6$

答え 3.6

てびき **2** ❺は8.4を8.40、❻は21を21.0と考えて、わり切れるまでわり算をします。

3 テープの本数を求めるので、商は整数になります。あまりに小数点をつけるのをわすれないようにしましょう。

4 小数第二位までわり算を進めたあと、小数第二位を四捨五入します。

5 まず、㋐と㋑を合わせた長方形の面積を2でわって、㋑の面積を求めます。次に、㋑の面積は、□×6で求められることから、㋑の面積を6でわります。

倍の計算(3)

97ページ 学びのワーク

きほん1 12、9、19.2 答え 2、1.5、3.2

1 ❶ 式 $19.2\div12=1.6$ 答え 1.6倍

❷ 式 $21\div12=1.75$ 答え 1.75倍

17 分数の大きさや計算のしかたを考えよう

98・99ページ きほんのワーク

ふくしゅう $\frac{4}{5}$、5

きほん1 $\frac{2}{4}$、$1\frac{2}{4}$、$\frac{6}{4}$ 答え $1\frac{2}{4}$、$\frac{6}{4}$

1 ㋐ $\frac{1}{6}$ ㋑ $\frac{4}{6}$ ㋒ $1\frac{5}{6}$、$\frac{11}{6}$

㋓ $2\frac{2}{6}$、$\frac{14}{6}$

きほん2 2、3　　答え $2\frac{3}{5}$

2 ❶ $\frac{53}{10}$　❷ $2\frac{1}{9}$　❸ 4

きほん3 $\frac{2}{4}$、$\frac{3}{6}$、$\frac{4}{8}$　　答え $\frac{2}{4}$、$\frac{3}{6}$、$\frac{4}{8}$、$\frac{5}{10}$

3 ❶ $>$　❷ $>$　❸ $=$

100・101 ページ　きほんのワーク

きほん1 $\frac{7}{6}$、$1\frac{1}{6}$　　答え $\frac{7}{6}\left(1\frac{1}{6}\right)$

1 ❶ $\frac{9}{8}\left(1\frac{1}{8}\right)$　❷ $\frac{14}{9}\left(1\frac{5}{9}\right)$　❸ 1

きほん2 $4\frac{1}{4}$　　答え $4\frac{1}{4}\left(\frac{17}{4}\right)$

2 ❶ $4\frac{6}{7}\left(\frac{34}{7}\right)$　❷ $5\frac{4}{9}\left(\frac{49}{9}\right)$　❸ 3　❹ $2\frac{1}{4}\left(\frac{9}{4}\right)$

きほん3 $\frac{4}{5}$　　答え $\frac{4}{5}$

3 ❶ $\frac{7}{10}$　❷ 1　❸ $\frac{5}{8}$

きほん4 13、7　　答え $1\frac{7}{8}\left(\frac{15}{8}\right)$

4 ❶ $3\frac{1}{5}\left(\frac{16}{5}\right)$　❷ $3\frac{4}{9}\left(\frac{31}{9}\right)$　❸ $\frac{2}{4}$　❹ $1\frac{6}{7}\left(\frac{13}{7}\right)$

❺ $1\frac{5}{6}\left(\frac{11}{6}\right)$　❻ $\frac{7}{8}$　❼ $2\frac{3}{10}\left(\frac{23}{10}\right)$

てびき　**1**~**3** 答えが整数になおせるときはなおします。

4 ❸ $1\frac{1}{4}-\frac{3}{4}=\frac{5}{4}-\frac{3}{4}=\frac{2}{4}$

❹ $3\frac{2}{7}-1\frac{3}{7}=2\frac{9}{7}-1\frac{3}{7}=1\frac{6}{7}$

❺ $5\frac{2}{6}-3\frac{3}{6}=4\frac{8}{6}-3\frac{3}{6}=1\frac{5}{6}$

❻ $1-\frac{1}{8}=\frac{8}{8}-\frac{1}{8}=\frac{7}{8}$

❼ $5-2\frac{7}{10}=4\frac{10}{10}-2\frac{7}{10}=2\frac{3}{10}$

102 ページ　練習のワーク

1 ❶ $\frac{43}{8}$　❷ $\frac{16}{9}$　❸ $1\frac{4}{7}$　❹ 6

2 ❶ $>$　❷ $=$　❸ $<$

3 ❶ $\frac{7}{5}\left(1\frac{2}{5}\right)$　❷ $\frac{9}{6}\left(1\frac{3}{6}\right)$　❸ $2\frac{5}{6}\left(\frac{17}{6}\right)$

❹ 4　❺ 3　❻ $2\frac{1}{5}\left(\frac{11}{5}\right)$

4 ❶ $\frac{5}{4}\left(1\frac{1}{4}\right)$　❷ $2\frac{4}{9}\left(\frac{22}{9}\right)$　❸ 2

❹ $\frac{3}{5}$　❺ $1\frac{5}{7}\left(\frac{12}{7}\right)$　❻ $3\frac{1}{10}\left(\frac{31}{10}\right)$

103 ページ　まとめのテスト

1 ❶ $\frac{7}{9}$、$\frac{5}{9}$、$\frac{3}{9}$、$\frac{2}{9}$

❷ $\frac{9}{8}$、1、$\frac{9}{10}$、$\frac{9}{11}$

❸ $2\frac{4}{5}$、$2\frac{3}{5}$、$2\frac{2}{5}$、$2\frac{1}{5}$

❹ $4\frac{1}{6}$、$3\frac{2}{6}$、$2\frac{3}{6}$、$1\frac{5}{6}$

2 ❶ $\frac{11}{7}\left(1\frac{4}{7}\right)$　❷ $2\frac{3}{4}\left(\frac{11}{4}\right)$　❸ $2\frac{1}{6}\left(\frac{13}{6}\right)$

❹ $3\frac{4}{5}\left(\frac{19}{5}\right)$　❺ $5\frac{1}{9}\left(\frac{46}{9}\right)$　❻ 5

❼ $1\frac{5}{9}\left(\frac{14}{9}\right)$　❽ $2\frac{3}{10}\left(\frac{23}{10}\right)$　❾ $2\frac{1}{5}\left(\frac{11}{5}\right)$

❿ $2\frac{7}{8}\left(\frac{23}{8}\right)$　⓫ $\frac{10}{11}$　⓬ $1\frac{3}{4}\left(\frac{7}{4}\right)$

3 式 $1\frac{2}{12}+\frac{5}{12}=1\frac{7}{12}$　　答え $1\frac{7}{12}$L $\left(\frac{19}{12}\text{L}\right)$

4 式 $5\frac{1}{3}-\frac{2}{3}=4\frac{2}{3}$　　答え $4\frac{2}{3}$km $\left(\frac{14}{3}\text{km}\right)$

てびき　**1** ❷ $1=\frac{9}{9}$と考えると、分子が同じなので、分母が大きくなるほど、分数の大きさは小さくなります。

❸ 整数部分は同じなので、分数部分をくらべます。

❹ 分数部分はどれも1より小さいので、整数部分をくらべます。

2 ❺ $1\frac{2}{9}+3\frac{8}{9}=4\frac{10}{9}=5\frac{1}{9}$

❿ $3\frac{5}{8}-\frac{6}{8}=2\frac{13}{8}-\frac{6}{8}=2\frac{7}{8}$

⓬ $3\frac{2}{4}-1\frac{3}{4}=2\frac{6}{4}-1\frac{3}{4}=1\frac{3}{4}$

18 箱の形のとくちょうや作り方を調べよう

104・105 ページ　きほんのワーク

きほん1 直方体、立方体、6、12、8

答え ㋐ 6　㋑ 12　㋒ 8　㋓ 6　㋔ 12　㋕ 8

1 ❶ たて1cm、横4cmの長方形が2こ

たて1cm、横5cmの長方形が2こ

たて5cm、横4cmの長方形が2こ

❷ (あ) 4本　(い) 4本　(う) 4本

きほん2 展開図、DC、GF　　答え G、AB

2 ❶ 面HGKJ

❷ 面DCFE

きほん3 3、3　　答え

3 (あ)、(え)

てびき　**2** きほん2の展開図を組み立ててできる立方体は、右の図のようになります。

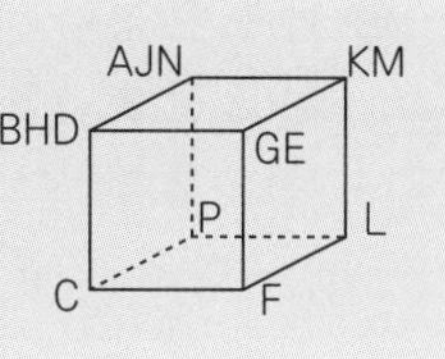

❸ 立方体の展開図は、次の11種類あります。

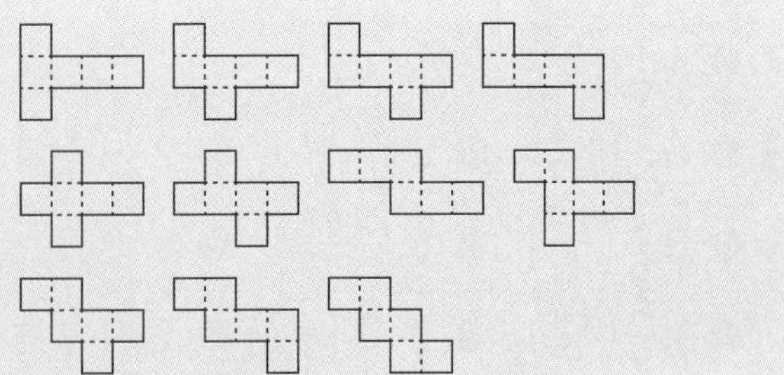

106・107ページ きほんのワーク

きほん1 平行、垂直

答え か、BA、BC、AE、BF、CG、DH

※〰〰の部分の順じょはちがっていてもかまいません。

❶ ❶ 垂直…あ、う、お、か　平行…え

❷ 垂直…辺BA、辺BF、辺CD、辺CG
平行…辺FG、辺EH、辺AD

❸ 垂直…辺AD、辺BC、辺FG、辺EH
平行…辺DC、辺CG、辺GH、辺HD

きほん2 見取図　❷

答え

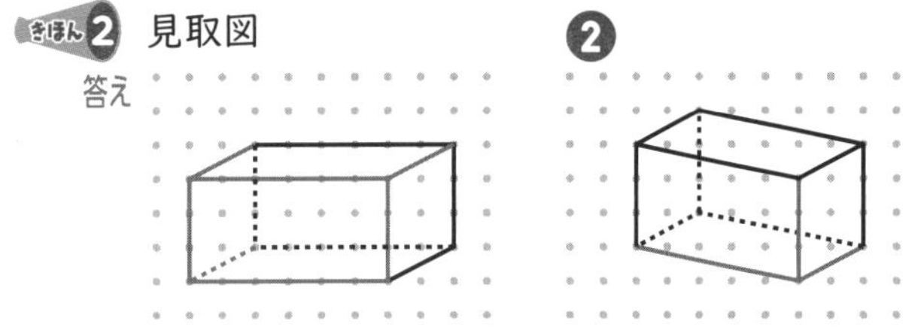

きほん3 3　答え 4、3、2、4

❸ ❶ (6の6)　❷ (0の0)

108ページ 練習のワーク

❶ ❶ 直方体　❷ 6、12、8

❷ ❶ か　❷ 点F、点M

❸ ❶ 4つ　❷ 辺EF、辺HG、辺DC

❸ 辺EF、辺FG、辺GH、辺HE

❹ ❶ (3の4の0)　❷ (0の0の5)

❸ (3の4の5)

てびき ❹❶ 頂点Gは、頂点Eから横に3、たてに4進んだところ(高さは0)にあります。

109ページ まとめのテスト

1 ❶ イを6まい

❷ アを2まいと
オを4まい

❸ ウを2まいと
エを2まいと
オを2まい

2

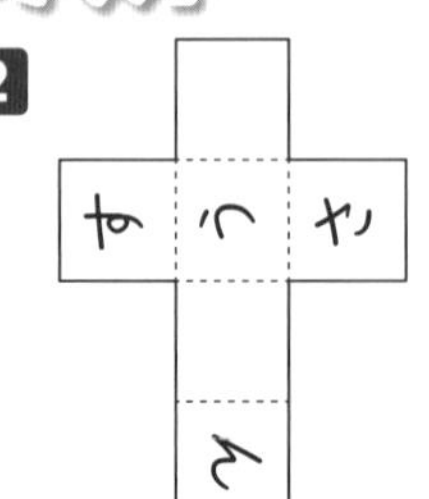

3 ❶ あとい、うとお、えとか

❷ 辺BA、辺BC、辺FE、辺FG

❸ 辺AE、辺BF、辺CG、辺DH

4 (0の0) (0の4) (1の0) (1の2) (1の4) (3の0) (3の2) (3の4) (4の0) (4の4)

てびき 2「ん」の上側の辺と重なる辺は「さ」の下側にあり、「ん」の下側と重なる辺は「す」の上側にあります。

4 取る位置の表し方で、書く順番にも注意しましょう。(1の2)と書くと、横に1、たてに2の位置を表します。

たしかめよう!

立方体は、6この正方形の面でかこまれています。
直方体は、長方形の面が6こ、または、長方形の面が4こと正方形の面が2こでかこまれています。

19 2つの量の変わり方や関係を調べよう

110・111ページ きほんのワーク

きほん1 5、4、3、2、1、1、8

答え 1こへる、8

❶ ❶

横の長さ(cm)	1	2	3	4	5	6
たての長さ(cm)	6	5	4	3	2	1

❷ 1cmへる。

❸ □+○=7

きほん2 4、4、4　答え 60

❷ 式 36÷4=9　答え 9だん

きほん3 答え

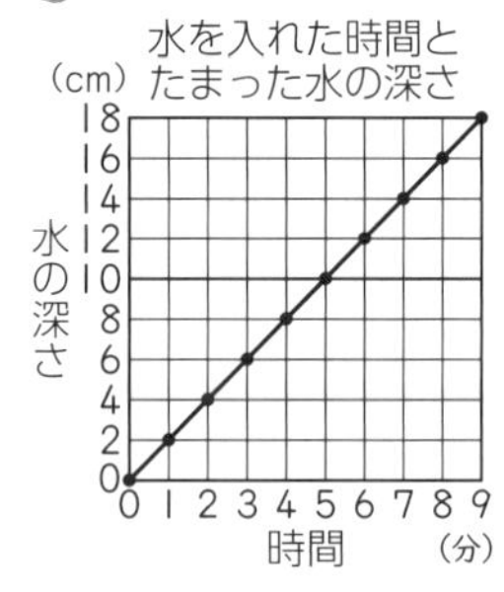

❸ ❶

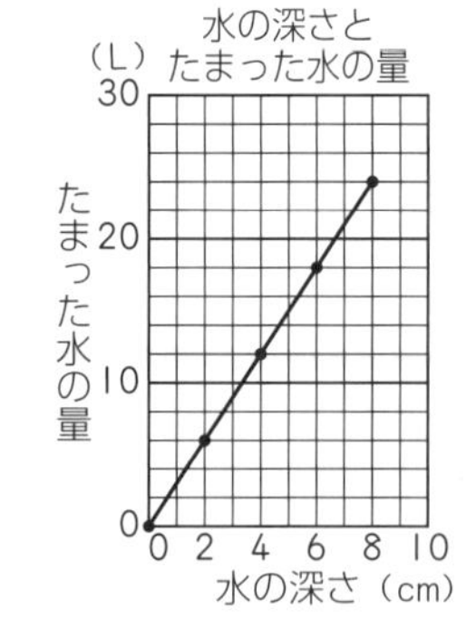

❷ 5cm…15L　10cm…30L

てびき ❶ まわりの長さが14cmだから、横とたての長さの合計は14÷2=7(cm)になることに注意します。

❷ きほん2の4×□=○の○に36をあてはめると、4×□=36となります。あとは、□にあてはまる数を求めます。

❸ 水の深さが1cmふえるごとに、水の量は3Lずつふえています。❷は、このことを利用するか、❶でかいたグラフから読み取ります。

112ページ 練習のワーク

1 ❶

だんの数(だん)	1	2	3	4	5
まわりの長さ(cm)	3	6	9	12	15

❷ 3×□＝○　または、□×3＝○

❸ 式 3×25＝75　答え 75cm

❹ 式 90÷3＝30　答え 30だん

2 ❶

水のかさと全体の重さ

(g)
800
600
400
200
0
全体の重さ
0 1 2 3 4 5 6 7
水のかさ　(dL)

❷ 850g

てびき **1** ❷ まわりの長さが3cmずつふえていることから、3×□＝○と表せます。
また、まわりの長さがだんの数の3倍になっていることから、□×3＝○と表せます。
❸ ❷の式の□に25をあてはめて、まわりの長さを求めます。
❹ ❷の式の○に90をあてはめると、3×□＝90となります。あとは、□にあてはまる数を求めます。
2 水のかさが1dLふえるごとに、全体の重さは100gずつふえています。❷では、表の続きを考えると、6dLのとき650＋100＝750(g)、7dLのとき750＋100＝850(g)となります。

113ページ まとめのテスト

1 ❶

たての長さ(cm)	1	2	3	4	5	6	7
横の長さ(cm)	4	5	6	7	8	9	10

❷ □＋3＝○

2 ❶ 29cm

❷

テープの数(本)	1	2	3	4	5	6
全体の長さ(cm)	16	29	42	55	68	81

❸ 133cm

3 ❶ 20m

❷ ㋐ 4　㋑ 1

❸ 56m

てびき **2** ❸ テープの数が1本ふえると、全体の長さは13cmふえます。テープ10本はテープ6本より4本ふえているので、テープを10本つなぐと、
81＋13×4＝81＋52＝133(cm)
になります。
3 ❶ 6本のはたを立てたとき、はたとはたの間の数は5になるから、4×5＝20(m)になります。
❷ はたとはたの間の数は、(はたの数−1)で表されます。
❸ ❷の式の□に15をあてはめて求めます。
4×(15−1)＝4×14＝56(m)

⑳ くふうしたグラフを読み取ろう

114ページ きほんのワーク

きほん1 気温、折れ線、2

答え 23、6500、12、4、7

1 ❶ 8、10　❷ 4、12　❸ 高

115ページ まとめのテスト

1 ❶ 月…8月　気温…32℃

❷ 月…12月　こう水量…40mm

2 ❶

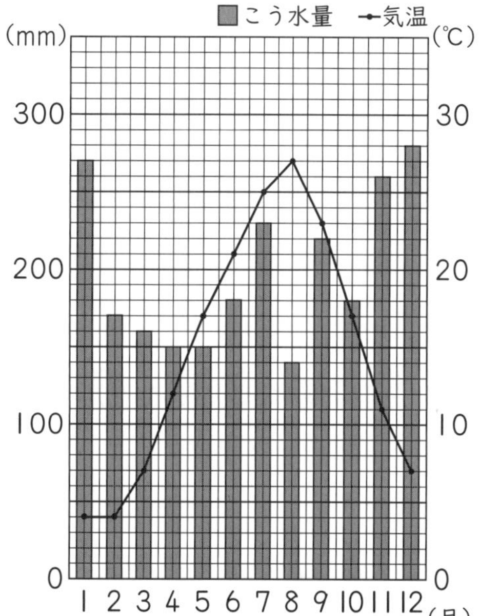

❷ 月…12月　こう水量…280mm

❸ ㋒

てびき **1** 右のたてじくと折れ線グラフが気温、左のたてじくとぼうグラフがこう水量を表しています。
2 ❶ 右のたてじくの目もりを見てかきます。

㉑ 4年のふく習をしよう

116ページ まとめのテスト❶

1 ① 三億六千八百四万五千二百九十一
② 二百八兆四千五十億三千五万

2 ① 54000　② 210000

3 ① 2003005000　② 3.104　③ $1\frac{4}{9}$、$\frac{13}{9}$

4 6、0.66、0.6、0.06、0

5 ① 334億　② 5676億　③ 800兆
④ 611706　⑤ 246433　⑥ 17
⑦ 52　⑧ 5　⑨ 52

6 式 287÷6=47あまり5　47+1=48　答え 48組

てびき **6** あまりの5人も一組になって走るので、答えは、商に1をたした数になります。

117ページ まとめのテスト❷

1 ① 3.82　② 11.03　③ 3.15
④ 3.47　⑤ $\frac{11}{6}$（$1\frac{5}{6}$）　⑥ $2\frac{1}{5}$（$\frac{11}{5}$）
⑦ $4\frac{1}{4}$（$\frac{17}{4}$）　⑧ 1　⑨ $2\frac{3}{10}$（$\frac{23}{10}$）
⑩ $2\frac{5}{7}$（$\frac{19}{7}$）　⑪ 11.9　⑫ 249
⑬ 16.45　⑭ 1.4　⑮ 2.6　⑯ 1.75

2 式 3.6÷24=0.15　答え 0.15kg

3 ① 100、100、1274　② 60、55、275

てびき **3** （■−▲）×●=■×●−▲×●を使ってくふうして計算します。
① 98=100−2と考えます。
② （　）を使って×5でまとめます。

118ページ まとめのテスト❸

1 ① 83°　② 265°

2 ① 式 15×35+5×15=600　答え 600m²
② 式 4×5−2×2=16　答え 16km²

3 ① 50°　② 50°　③ 130°

4 ①

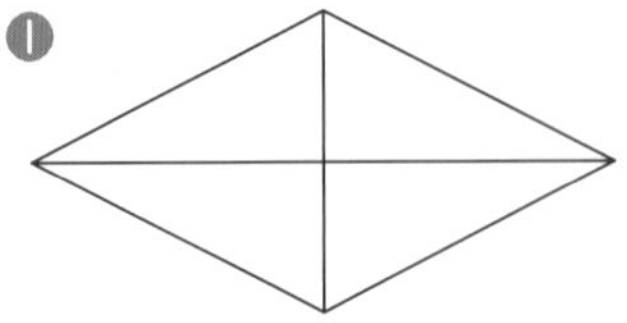

②

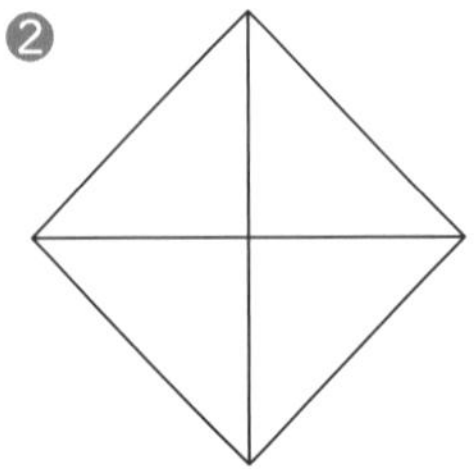

てびき **2** ① 2つの長方形に分けます。
② 長方形の面積から正方形の面積をひきます。

3 ① 向かい合った角の大きさは等しくなります。
② 平行な直線は、ほかの直線と等しい角度で交わるので、㋐の角度と等しくなります。
③ 180°から㋑の角度をひきます。

119ページ まとめのテスト❹

1 ① 点M　② 辺JH　③ 面LFEM

2 ① 26
③ 7月から8月の間

②

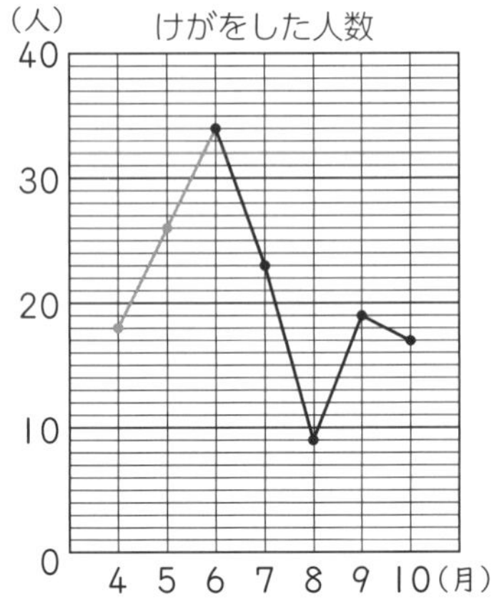

3 ① (あ) 75
(い) 90
② 15cm
③ 9こ

てびき **1** 問題の展開図を組み立てると、右のような直方体ができます。

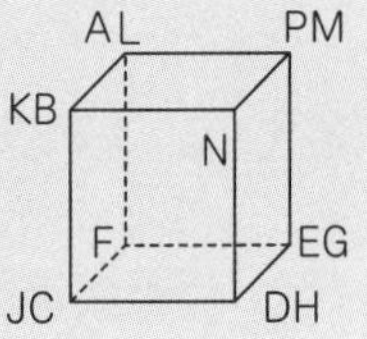

3 ③ 135÷15=9（こ）です。

すじ道を立てて考えよう

120ページ 学びのワーク

きほん1 ① ㋘　② ㋔　③ ㋗　④ ㋖　⑤ ㋕
⑥ ㋓　⑦ ㋒　⑧ ㋑　⑨ ㋐

てびき きほん1 の順番に㋐〜㋗をあてはめます。
① ㋐㋑㋒㋓と㋔㋕㋖㋗がつり合っているとき、㋐〜㋗の玉はすべて同じ重さです。重さのちがう玉は、㋘です。
②③④⑤ ㋐㋑と㋒㋓をくらべて、つり合っているので、㋐〜㋓は同じ重さで、㋔〜㋗のいずれか1つの重さがちがいます。②は、㋐㋑㋒と㋕㋖㋗をくらべて同じ重さなので、残りの㋔です。同じように考えると、③は㋗、④は㋖、⑤は残りの㋕です。
⑥⑦⑧⑨ ㋐㋑と㋒㋓をくらべて、つり合っていないので、㋐〜㋓のいずれか1つの重さがちがいます。⑥は、㋔㋕㋖と㋐㋑㋒の重さが同じなので、㋐〜㋓のうち、㋓です。同じように考えると、⑦は㋒、⑧は㋑で、⑨は残りの㋐です。

実力判定(はんてい)テスト　答えとてびき

夏休みのテスト①

1 ❶ 六十一億八千二百五十七万九百四十七
❷ 三十七兆四千三百十一億千五十二万

2 ❶ 26℃、午後１時
❷ 午後２時から午後３時の間
❸ 午前９時から午前10時の間

3 ❶ 50　❷ 200
❸ 90　❹ 12あまり３
❺ 100あまり５　❻ 50あまり７

4 ❶ 300°　❷ 30°

5 ❶ ７人　❷ ９人　❸ 10人

6 ❶ 3　❷ 26あまり22
❸ ５あまり20　❹ 9

3 あまりがあるときは、
わる数×商＋あまりの計算をして、その答えがわられる数になっているか、たしかめます。

4 ❶ 180°より大きい角度をはかるときは、180°より何度大きいかをはかるか、360°より何度小さいかをはかるかなどのくふうをします。

夏休みのテスト②

1 ❶ 7000000000000
❷ 1400000000000

2 ❶ 5℃、１月　❷ ５月から６月の間

3 ❶ 240　❷ 19あまり２
❸ 254　❹ 90あまり４

4 しょうりゃく

5 ❶ ㋐ 28　㋑ 18　㋒ 24
㋓ 38　㋔ 32　㋕ 84
❷ 両方ともある人が14人多い。

6 ❶ 14あまり６　❷ 14あまり21
❸ 10あまり12　❹ 120

てびき

4 ❶ まず、じょうぎを使って長さ５cmの辺を引いてから、40°と50°の角をかきます。

5 ❶ ㋕には、全体の人数の84が入ります。
㋓…84－46＝38、㋔…84－52＝32
㋑…32－14＝18、㋐…46－18＝28
㋒…38－14＝24
❷ ㋐の28人と14人をくらべます。

冬休みのテスト①

1 平行四辺形　㋐ 110°　㋑ 70°　㋒ 70°

2 スーパー㋑

3 ❶ 350000　❷ 50

4 ❶ 150円のりんご４こを30円の箱に入れて買うときの代金　代金630円
❷ 150円のりんごと200円のなしを１こずつ30円の箱に入れて４箱買うときの代金
代金1520円

5 ❶ 4.07　❷ 3.7　❸ 16.16
❹ 4.33　❺ 2.62　❻ 0.5

6 式 36×50＝1800　答え 1800m²、18a

てびき

1 直線㋐と直線㋑が平行なので、辺BCと辺ADは平行です。また直線㋒と直線㋓が平行なので、辺ABと辺DCは平行です。四角形は向かい合った２組の辺がそれぞれ平行なので平行四辺形です。

3 ❶ 500×700＝350000
❷ 20000÷400＝50

6 100m²＝1aです。

冬休みのテスト②

1 ❶ ３こ　❷ １こ　❸ ８こ

2 約30kg

3 ❶ 33　❷ 86　❸ 5712
❹ 3100

4 ❶ 7.58　❷ 5.9　❸ 6.67
❹ 14.18　❺ 3.41　❻ 0.56
❼ 1.62　❽ 0.6

5 ❶ 式 20×10＋(20－10)×20＝400
答え 400m²
❷ 式 20×10＋(12－5)×(30－10×2)＋12×10＝390　答え 390cm²

てびき

1 ❷ 四角形EFGHは、辺の長さがすべて等しいことから、ひし形です。
❸ 四角形ABCE、四角形EBCD、四角形ABGD、四角形AGCD、四角形AGHE、四角形EFGC、四角形EBGH、四角形FGDEの８こです。

3 ❹ 計算のくふうができます。
25×124＝25×(4×31)＝(25×4)×31
＝100×31＝3100

学年末のテスト①

1 ❶ 十億の位　❷ １億
❸ 4300000000

2

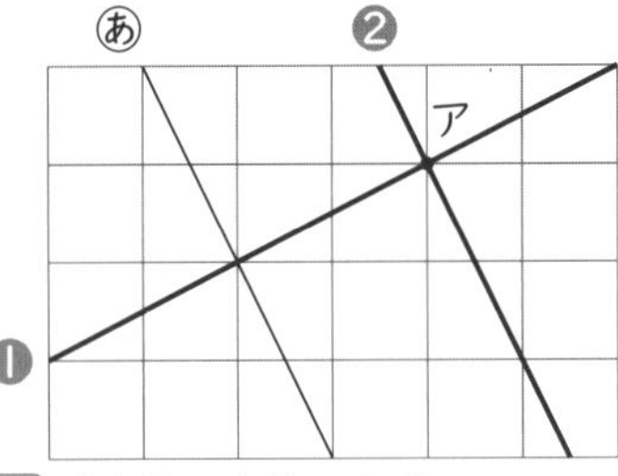

3 式 $117 \div 65 = 1.8$　答え 1.8倍

4 ❶ 7.13　❷ 1.05　❸ 5.26
❹ 5.57

5 式 $\frac{11}{8} - \frac{3}{8} = 1$　答え 1kg

6 ❶ い　❷ 辺AD、辺AE　❸ 3

7 ❶

買う数(こ)	1	2	3	4	5
代金（円）	120	240	360	480	600

❷ 120×□＝○　❸ 1440円

てびき **3** もとにする大きさの何倍かを求めるときは、わり算を使います。この問題のように、小数の倍になることもあります。

学年末のテスト②

1 ❶ 75°　❷ 60°

2 ❶ 600　❷ 100

3 式 $4 \times 14 + 4 \times 4 = 72$　答え 72cm²

4 ❶ 179.4　❷ 0.28
❸ 2　❹ $5\frac{1}{4}\left(\frac{21}{4}\right)$
❺ $\frac{4}{8}$　❻ $1\frac{3}{7}\left(\frac{10}{7}\right)$

5 （例）

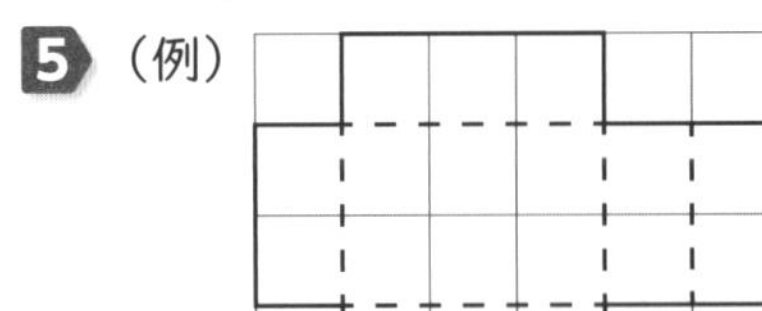

6 ❶

１辺の長さ　(cm)	1	2	3	4	5
まわりの長さ(cm)	3	6	9	12	15

❷ □×3＝○　❸ 36cm　❹ 48cm

7 ゴムい

てびき **3** 横の線を引いて２つに分けると、たての長さが4cmで、横の長さが14cmの長方形と１辺が4cmの正方形になります。

まるごと文章題テスト①

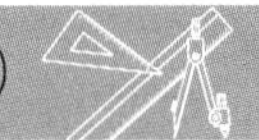

1 20549

2 式 $137 \div 6 = 22$ あまり 5
$22 + 1 = 23$　答え 23こ

3 式 $481 \div 13 = 37$　答え 37まい

4 ❶ 式 $5.4 + 2.28 = 7.68$　答え 7.68L
❷ 式 $5.4 - 2.28 = 3.12$　答え 3.12L

5 式 $14 \times 6 = 84$　答え 84まい

6 式 $128 \div 16 = 8$　答え 8m

7 ❶ 式 $47.7 \div 9 = 5.3$　答え 5.3g
❷ 式 $5.3 \times 16 = 84.8$　答え 84.8g

8 式 $2\frac{5}{7} + \frac{3}{7} = 3\frac{1}{7}$　答え $3\frac{1}{7}$L$\left(\frac{22}{7}\text{L}\right)$

てびき **1** いちばん小さい数は20459です。2番目が20495、3番目が20549です。
2 あまりの５人がすわるための長いすが必要です。
6 長方形のたての長さ＝面積÷横の長さ
8 $2\frac{5}{7} + \frac{3}{7} = \frac{19}{7} + \frac{3}{7} = \frac{22}{7}$ より、$\frac{22}{7}$L とすることもできます。

まるごと文章題テスト②

1 式 $276 \div 8 = 34$ あまり 4
答え 34本作れて、4cmあまる。

2 式 $735 \div 36 = 20$ あまり 15
答え 20まいになって、15まいあまる。

3 ゴムひもB

4 約6000円

5 式 $0.64 + 3.52 = 4.16$　答え 4.16kg

6 式…$(670 + 260) \div 3 = 310$　答え…310円

7 式 $300 \times 300 = 90000$　答え 900a、9ha

8 式 $5.2 \div 24 = 0.2\cancel{1}\cdots$　答え 約0.2L

9 式 $30 \div 24 = 1.25$　答え 1.25倍

10 式 $4 - \frac{2}{3} = 3\frac{1}{3}$　答え $3\frac{1}{3}$km$\left(\frac{10}{3}\text{km}\right)$

てびき **3** ゴムひもA…$120 \div 40 = 3$
ゴムひもB…$100 \div 20 = 5$
ゴムひもBはもとの長さの５倍のびます。
4 182円→200円、
29こ→30こより、$200 \times 30 = 6000$
5 640gは0.64kgです。
7 10000m²＝100a＝1haです。

3 2 1 0 9 8 7 6 5 4
＊ ＊ D C B A